萨苏 著

图书在版编目（CIP）数据

动物奇案 / 萨苏著 . — 北京 : 西苑出版社，2015.7
ISBN 978-7-5151-0488-1

Ⅰ . ①动… Ⅱ . ①萨… Ⅲ . ①动物－普及读物
Ⅳ . ① Q95-49

中国版本图书馆 CIP 数据核字（2015）第 033039 号

动物奇案

著　　者 萨　苏
责任编辑 刘小晖　李　涛
出版发行 西苑出版社
通讯地址 北京市朝阳区利泽东二路3号
邮政编码 100102
电　　话 010-88637126
传　　真 010-88637120
网　　址 www.xiyuanpublishinghouse.com
印　　刷 三河市鑫利来印装有限公司
经　　销 全国新华书店
开　　本 710毫米×1000毫米　1/16
字　　数 300千字
印　　张 20
版　　次 2015年7月第1版
印　　次 2015年7月第1次印刷
书　　号 ISBN 978-7-5151-0488-1
定　　价 36.00元

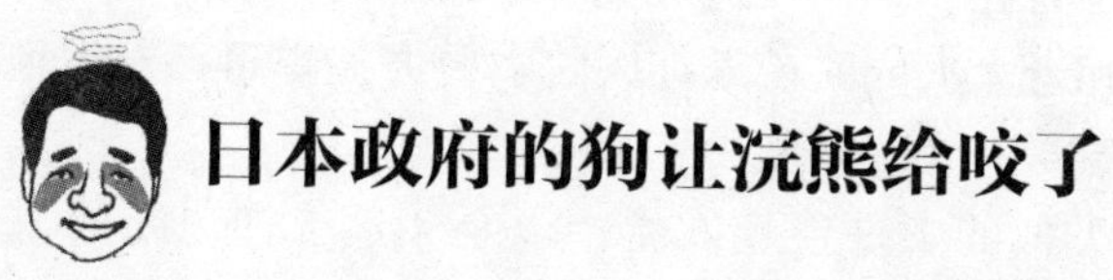

# 日本政府的狗让浣熊给咬了

——写在前面的话

写完《动物奇案》，忍不住向我家夫人小魔女炫耀一番。小魔女问："这里头有我什么事儿吗？"

"当然有了。"萨说，"你给我看过 ×× 市政府的预算，里面有日本政府养狗抓猴子的事情，兵不血刃解决闹猴灾，写进《动物奇案》让大家看看，会让人觉得日本人也不都是一根筋嘛。"

日本人是不是一根筋，对小魔女的形象十分重要，她频频点头。然而，仅仅几秒钟，仿佛想起了什么事情，小魔女忽然停止点头，两眼开始轱辘乱转，同时手脚似乎不知道该往哪儿放，嘴巴里发出类似宇宙功一样意义混乱的单词……

这是小魔女碰上啥说不清的事情时的典型形象！

坏了，不会是狗拿猴子拿出啥问题来了吧？萨赶紧逼问。

"不不不，当然不是狗抓猴子抓出问题来。"小魔女期期艾艾地说，"而是……而是……咱们市的狗，让浣熊给咬了！"

根据市政府提供的信息，2011 年 7 月 3 日早晨六点，在该市南町一座公园旁的道路上，某 75 岁的退休老太太在携犬散步途中，突然遭到浣熊的袭击。在搏斗中，老太太右手和右腿都被咬伤。幸而附近一名男性目击者看到情况不妙，连忙打 110 报警——日本的报警电话号码和中国没有两样。根据赶到现场的警署人员描述，这头浣熊是从路边突然出现的，先是和老太太的狗发生搏斗，当老太太试图上前帮狗打架的时候，浣熊竟然咬住老太太，企图将其拖走。这浣熊也就 60 公分左右长度，竟然准备把一个一百多斤的老太太拖走，这份胆色实在令人钦佩。

浣熊看到来的人多，不敢恋战，匆忙逃走。而老太太的狗，本来就是市政府养来抓猴子的，由于自明治维新以来，本市从无猴子出没的记录，虽然有备无患可以理解，但抓猴子的狗始终处于失业状态，情绪甚是低落。于是转交给孤寡老太太寄养，一方面市政府减少开支，另一方面老年

人也可以有个精神寄托。结果在这次交手中，此狗招架不住，鼻子和脸部都被浣熊抓伤，和老太太同时被送往医院。警方披露事件发生地在距离轻轨铁路车站仅仅 500 米的住宅区。

此后几天，类似的案件连连发生，以至于连《神户新闻》、《每日新闻》等媒体都发了消息。

听了这消息，萨第一个反应是问小魔女：那个目击者干嘛报警呢？旁边找根棍子什么的，赶紧上去救老太太啊，不就一头浣熊嘛，又不是狮子。

小魔女咽了口唾沫，说："日本人嘛……"

日本人从小受的教育就是"有事报警"，以至于经常出现列车里有人摸了某太太或小姐的俏臀，受害者喊叫时周围上百人掏出手机报警却无一人上前制止的奇特场面。这倒也不是说日本人缺乏见义勇为精神，而是形成了思维定势跳不出来。

"浣熊……"萨忽然想起这玩意儿好像原来日本没有嘛。

萨曾经把一种动物误解为浣熊，那就是《平成狸合战》中那些千变万化的狸子。狸是日本过去常见的小怪物，现在要是去乡野还时有所见。我开始以为狸就是浣熊，但是后来认识了北京动物园的功勋饲养员刘志刚，才知道动物里面有不少长得相似，却风马牛不相及的家伙。日本的狸，在我国叫作"貉"。

一丘之貉，说的就是这个家伙。

貉和浣熊长得有些相似，但实际上貉属于犬科，与狗算是亲戚，而浣熊属于浣熊科，这就决定了它们行为方式的完全不同。

要说，日本野生动物中，最会给人找麻烦的，就是狸和狐。它们经常在人类居住的地区狡猾地活动，并且和人发生各种各样的冲突。但是在这种冲突中，狸虽然喜欢钻到人们的家中偷吃有油脂的食物，但总是躲着人，是一种比较害羞的小动物。

然而，浣熊却与其憨憨的外表不同，颇有暴力倾向——至少在日本这地方如此。这一次，浣熊连续伤人事件，照小魔女的说法，就充分体现了这一点——浣熊攻击的人，有一个共同特点——都带着狗。

伊丹市的政府官员显然也不糊涂，干脆把专家请来，现场向被咬伤的老太太解释这一问题。很明显，如果专家还坚持浣熊善良的观点，八成会被变成浣熊的老太太抓一个满脸花。

这回专家也含糊了，终于认真看了案情，最后给出一个连小魔女都觉得十分离奇的结论——动物也是有个性的。

专家毕竟是专家，随后提供了真正有价值的见解——六起事件都发生在携犬散步的途中，两起受伤事件，一起发生在狗被抓伤时，主人试图上前助战的时候，一起发生在熊狗相斗，狗主人试图前去调解的过程中。

可见，浣熊并不是跟人有仇，而是与狗不能相容。

问题是，我问小魔女了，这和夫人有何干系呢?

当然有关啦。小魔女语气颇为急切。

原来，案件发生后，警察表示这种事情作为应急事件管管并不为过，但毕竟他们是处理人与人之间问题的，没有专门对付浣熊的部门，也没有相应装备预算，不能长期负责这种职权范围外的事情。

要说警察的意见并不是完全没道理的，兵库县闹浣熊不是一天两天了，据统计，2005 年共抓获 361 头，2006 年抓获 2100 头。然而，人的捕捉赶不上浣熊的繁殖，到 2009 年，被抓的浣熊已经达到 3281 头，堪称熊满为患。这也是本次抓住那头浣熊少年犯后加以处决并无多少人抗议的原因。

警方认为不能让部属花费大量时间处理这种不能报工作量的业务，否则长此以往必有降低警察工作效率，造成国将不国惨事云云。有必要由政府拿出章程来，确定负责部门，从根本上杜绝浣熊为恶的问题。

要说章程，那倒不难，从派人猎杀到给浣熊绝育，提案可谓五花八门（估计浣熊得知人类要将其太监的计划，引发更大规模流血冲突也说不定）。然而，让谁具体负责可就说不好了。

日本今年刚地震，各部门的预算都紧巴巴的，再加上涉及野生动物（虽说浣熊是家生子儿跑出去自立门户），容易诱发保护组织的关切，谁也不愿意多惹是非。警察推脱，消防队也不干，说要是谁家猫跑了我们帮着抓倒不是不可以。逮熊? 这可不是我们的工作范围。农业课态度要好得多，说这些年，只要是在农田里闹事的浣熊，我们都是管的，不过，要在居民区里闹，那可就超出我等职权范围……

中间，有人把球踢到议会，认为议会批的预算太少，导致大家缺乏足够的装备人员对付浣熊。几个白发苍苍的议员被激怒了，说既然如此，浣熊本来就不是日本物种，这事儿该让联合国负责啊!

让联合国负责不过是一句气话，但旁听的小魔女吓了一跳。日本一个市的议员当然是不敢跟联合国叫板的，可这个市有个管外交活动的国际和平课，万一哪位老爷子想起来可就麻烦了——浣熊既然是从外国来的，该

他们国际和平课负责啊！

俺家小魔女正在这个课里工作，而且在当年负责药物不良反应的时候养过兔子，杀过白鼠，难道让她去跟浣熊搏斗？！

还好，到目前为止，还没人想到这个，诛灭浣熊的任务交给了交管课。（交管课：为什么是我们啊？！回答：浣熊几次咬人都发生在公路边，你们不管，谁管？）

交管课的做法是：第一，在浣熊出没的地方树立广告牌予以警告，当然不是警告浣熊，它不识字，警告的是行人。第二，在全市进行宣传活动，要求出门遛狗的人要携带自卫武器。日本明治维新时公布的《刀铳法》依然有效，平民出门，合法的自卫武器主要是棍棒，而且如果狗和浣熊发生纠纷，作为第三物种的人一定不要干涉。

把这件事讲给朋友听，有个小朋友诙谐，作了"醉狸老萨"戏弄于我，观之忍俊不禁。老实说，到了周末，在日本经常可以看到居酒屋门前这种形象的家伙摇来摆去，只有看了宫崎骏的《百变狸猫》，你才会明白是怎么回事儿。

狸子，在日本传说中是类似蒲松龄作品中狐狸的动物，但远比中国的狐狸浮躁毛糙。当然它们也会变化，会耍小聪明。只是，随着现代化的进程，看到狸子，也就是前面说的貉的机会越来越少，孩子们不免问爸爸妈妈：你们故事里头那些狸子哪儿去了呢？

宫崎骏给出了解释——你看，狸子有什么特征呢？它们无论怎样变化，眼睛周围都少不了两个黑圈圈嘛。

所以，森林和草地消失后，狸子们并没有随之消失，而是因为贪吃人类制作的好吃东西，溜到了人的世界里，它们变化成人，也会装模作样地干活挣钱，陪酒偷东西。但是，狸子们变化成人是很消耗体力的，所以它们不时会显出疲惫的样子，而且眼睛周围闪出黑圈。这时候，它们或者会兽性发作，就地睡倒，或者就会赶紧喝些营养剂或到老狸开的居酒屋吃些有营养的东西，才能够不暴露原型。

所以，在日本的街头，您是经常可以看见狸子的……当然，现在北京的街头，似乎类似的动物也很不少哦。只是，有时候萨也搞不清自己是不是也属于狸子。

所以，这部《动物奇案》，就是一头狸子写给大家的——成年人的童话！

# 目录

## 一、兽之案

人间有着种种罪恶和案件，其实动物世界也是一样，它们会谋杀，诈骗，盗窃，甚至越狱。把这些发生在动物园中的疑案集中起来，其精彩程度不亚于刑警们的故事。

## 二、斗兽场

所谓斗兽场，是各科猛兽展示武艺的地方。一直觉得猛兽之间乃至人和动物的战斗是一个有趣话题，有的兄弟喜欢比较一百零八将的武艺，就不兴咱给狞猛恶兽按照战斗力排排队？

## 三、兽传奇

虽然我们都终将从这个世界消逝，但我们总是期望着，我们的所爱，走得慢一点，再慢一点。

## 四、古兽志

从科学的角度来说，在人类诞生之前告别世界的动物种类，比现存的动物要多得多。这些洪荒怪兽给我们带来了独特的魅力，也迫使我们施展类似福尔摩斯的手段，才能够揭开它们隐藏在化石和传说背后的秘密。

# 兽之案

人间有着种种罪恶和案件，其实动物世界也是一样，它们会谋杀，诈骗，盗窃，甚至越狱。把这些发生在动物园中的疑案集中起来，其精彩程度不亚于刑警们的故事。

# 1 越狱案：动物园的猩猩跑了

某次回北京，席上有一位动物园的老饲养员，于是忍不住和人家谈谈动物。说到自己养的这帮刺儿头，这位老大一个劲儿地摇脑袋，说这些家伙啊，没有一个省油的灯。没事儿就跟你斗智斗勇。别以为人比动物智商高，这人呢，要上班，要提级，要政治学习，他分心啊。哪儿像动物，一天到晚没别的事儿，就专门儿琢磨怎么给饲养员找事儿，还持之以恒。连懒猴这种看着老实得不能再老实的主儿，都能给你找麻烦。

懒猴？萨一愣。

一打听，还真没听错。动物园开始饲养懒猴的那一年，大约因为这东西总是懒洋洋的样子让饲养员忽略了它是攀登能手，没几天就有一只懒猴顺着树干爬到笼顶，掏了个窟窿跑了。懒猴是国家一级保护的珍贵动物，它跑了，饲养员的责任很大。但让饲养员更恼火的是，居然栽在这种傻乎乎的家伙手里，哪怕是让狗熊给耍了呢……

这懒猴跑了以后就没回来，倒霉的饲养员食不甘味整整一个星期——这小子不会跑天安门广场搞啥活动去了吧？好在一个星期以后终于有人发现了“逃犯”，将其锁拿归案。这时候大家才发现原来的担心实在多余，完全是出于对这种动物习性的不了解——这懒猴跑了一个星期，总共跑出去的距离还不到一百米。按懒猴的习性，这个速度已经可以算拼老命了。有点儿意思，萨想想忍不住问：这样的事儿，怎么没在新闻里头见过呢？

那位苦笑了一下还没答话，旁边一位记者说话了：人家动物园不支持报道这类事儿，说是老报道跑了这个跑了那个的，在老百姓眼里这动物园的形象难免有点儿那啥……

想起来萨认识一位民警在紫竹院抓过非洲蟒。心说，看来咱门口这动物园一片祥和的，这么些年跑过的动物恐怕不会太少，肯定不只个把懒猴的，有没有跑过更大的动物呢？想着，不由自主地就问出来了。

“狗熊？！不，那玩意儿倒没跑出来过，它出来我们就该‘进去’了。”那位动物园的老大把脑袋晃得跟拨浪鼓似的。北京话“进去”有特殊的意思，属于“进炮局胡同看守所”的简称，想想人家这话有道理，真要一狗熊顺着白颐路跑中关村来，抓个把动物园饲养员进看守所是轻的！

“不过”，可能觉得自己的语气有点儿生硬，这位又找补了一句，“猩猩倒跑出来过一回……”哎……萨的兴趣，一下就给勾起来了。应该说，一般情况下动物园的猩猩不具备跑出去的条件，动物园第一批安装摄像头的笼舍就有猩猩馆。谁都知道这厮头脑灵活，动作敏捷，属于重点盯防对象。

这有人注意和没人注意大不相同，您看足球场上再好的前锋，搁俩后卫盯着，他也很难有所作为。所以平时动物园的猩猩要想干点儿什么比马鹿、狗熊难度大多了。

其实，猩猩属于类人猿，智商和情商很高，住久了对饲养员和动物园都有感情，闹事儿也讲究个小错不断，大错不犯，按新四军反顽斗争的说法——有理，有利，有节。

这就是猿和猴不一样的地方了。咱动物园的非洲狒狒有一项传统集体体育项目，就是拆假山上的石头或者兽舍的砖头，然后几只狒狒叠罗汉举起来，砸展厅的玻璃。齐心协力，配合默契。每年总务科都得为这事儿准备预算。狒狒换了几代，只要还有它能拆的东西，这节目就屡教不改，怎么惩处都不行。相比起来，猩猩就从来不干这样惹人嫌、招人恨的事情。猩猩馆的玻璃，理论上来说实际禁不住它奋力一踹，但人家猩猩从没砸过玻璃，最多照饲养员扔个苹果核啥的“调戏”一下，它知道饲养员不能跟它一个畜生计较。同样是和饲养员斗智斗勇，猩猩和猴子的区别，就在它的智力足够掌握分寸。

这回猩猩出事儿，就发生在一个有点儿特殊的时候——串笼。

所谓串笼，是动物园的一个专用术语，指的是为了让动物搬家，给它换个临时的笼子住住。有的时候，一些珍贵的动物运到地方去巡展，就得串笼。

串笼的方法也不复杂，把新旧两个笼子的门对起来卡死，打开笼门，然后或威逼，或利诱，让动物进去，再把门一关就算完工。如果是巡展，把新的笼子拉上火车就运走了。

这一次呢，也是要巡展，送一头猩猩去河北某地展出一段，动物园的饲养员就准备给它串笼。这猩猩的名字萨不知道，暂且叫它“红毛”吧。

问题是，猩猩和其他动物不太一样。与马克思所说人类进入阶级社会才产生私有制的理论相悖，猩猩这种进化上还没有达到人水平的动物对私有财产就已经意识明确，我的就是我的，猩猩笼子里的毯子、笼箱，除了饲养员谁都不让动，否则，不用一个馒头也能引发血案。

所以，在它心里，这笼子也是它家的而不是动物园的，给它串笼，从来就不是一件容易的事情。而且，猩猩属于极为珍贵的保护动物，想让它进到新笼子里去，不能动用暴力——也不单是因为它珍贵，这东西感情丰富记性好，不像犀牛、河马皮糙肉厚，反应迟钝，你要打它一下，一个星期都过去了，它都能眼泪汪汪地举着大毛胳膊跟队长、园长告状，不扣你奖金不罢休。要赶它串笼，会大大影响猩猩和饲养员之间的感情。

至于吓唬，人家猩猩在森林里老虎、豹子什么没见过，你能吓住它？！

威逼不行，就只能利诱了。饲养员采用的方法是在要串的笼子里头放上它爱吃的香蕉、桔子，试图骗它进去。

这一招要是对付猴子，估计不会有问题。但是猩猩的智商可比猴子高多了。“红毛”斜眼看看，就明白了这帮两只脚的家伙又在挖坑让我跳。

得，你们挖吧，跳不跳的，可是我的事儿。

猩猩和猴子不同，是不同在智力上。猩猩和人也不同，很大的不同是在身体结构上——人只有两只手，猩猩呢，四肢都能当手用。“红毛”钻进串笼里去吃香蕉，却总是小心翼翼地留一只后“手”在外面，而且握住笼格上的铁丝，以免无意中出现大意失荆州的千古遗恨。

这下子麻烦了，猩猩比关云长警惕性还高，香蕉吃得津津有味，就是不肯全身进去。这怎么办？它不把那个爪子收回去，关不上笼门啊。总不能送一个三只手的猩猩去人家兄弟动物园吧，那还不让人家保卫科给赶出来？

一个多钟头都不能把事儿办了，组长来了。这组长到底是有经验的，看这情景挠挠脑袋，明白不出绝招是不行了。组长叫一个饲养员：去，把小梅（化名）叫来。小梅，是动物园最漂亮的女饲养员之一，早年“红毛”刚来的时候，就是归她饲养的。

猩猩和美女放在一块儿，很容易让人产生某种联想。

这倒不是平白无故产生的印象。我国和非洲的古代传说中，猩猩的形象都有点儿好色。非洲人传说黑猩猩会到农庄掳掠妇女，并有绘画为证。萨大学一个仡佬族同学说他们家乡女孩子都用青布盘头，因为猩猩喜欢袭击长发的女孩子，这样打扮可以让猩猩看不到女子的长发。

这可有点儿邪门儿，因为我国其实并不出产猩猩——金庸先生让华山上跑出猩猩来是怎么回事儿？这并不奇怪，他还能让甘肃人养大象（《神雕侠侣》之万兽山庄）呢！

上一次去北京动物园，也曾亲眼见到一头有名的“流氓猴”，此君是一头豚尾猴，因为一见到漂亮的女性就引吭高歌作满脸陶醉状而着称，其形象都上了中央电视台的节目。

不过，实地考察的结果是此猴实际男女不分，只要是穿漂亮花衣裳的它都感兴趣。

这一次，猩猩不肯串笼叫小梅来，难道是要饲养员“色诱”猩猩？

这当然是无稽之谈了，实际上猩猩好色实属传说，并无确凿的证据。新加坡动物园的饲养记录表明，相对于美女而言，猩猩还是对本族异性更感兴趣。

也许，随着进化现在的猩猩不再像以前那样有攻击性了？

之所以猩猩不进笼子把小梅叫来，原因是这猩猩从小是小梅带着长大的，灵长类动物恋旧，对于饲养员有深厚的感情。

北京动物园的许艳梅老师带我们参观动物园的时候，就曾经展示过这样一个场景——当她走进一头长臂猿的笼子时，那头长臂猿猛地冲了上来，一下子蹦到她的背上，用力抓她的肩膀。这个动作之凶猛，几乎让我们这些没有经验的访客开始呼救了。而它接下来的动作却是一个转身，轻柔地坐在许老师的腿上，乖乖地等待许老师给捋毛了。

整个过程中许老师若无其事，她解释说，这长臂猿最初的动作，意思无非是：你怎么这么长时间都不来看我呀！

“那是它想我了。”许老师给长臂猿捋着毛说。

所以，当动物不肯配合工作的时候，把它最早的饲养员找来，往往会产生特殊的效果。

果然，小梅一来，“红毛”立刻就顺从起来，和小梅哼哼呀呀地交流着，高高兴兴地串了笼。有回忆的人说当时“红毛”还给了小梅一根香蕉，后来萨想想应该是口误，小梅给了猩猩一根香蕉才比较正常。

看着“红毛”进了笼子，小梅和其他几个饲养员聊了几句天，觉得没什么事儿了，她在饲育中心还有工作，就告辞而去。一切似乎都很顺利，但是，当工作人员开始把“红毛”的笼子推走的时候，出事儿了。

原来，“红毛”看到小梅来了，久别重逢，满心欢喜。乖乖地换了笼子，是讨小梅的喜欢。小梅走了，它也没当回事，以为她好容易来一次，出去还会回来，总不会不要自己了。

没想到半天小梅都没回来不说，这几个两只脚的家伙还要把自己的笼子推走，很明显自己是上当了啊！

“红毛”上当了，“红毛”很生气！

“红毛”生气了，后果很严重。

几个工作人员忽然觉得笼子剧烈地晃动起来，停手一看，不禁大吃一惊——“红毛”用力一拉，拇指粗的笼格竟被它轻易地掰了开来！

接着，“红毛”把笼格向两边一拉，从笼子里钻了出来。出了笼子，四脚着地，顺着大门就出去了。

大家这才反应过来：啊，不好，“红毛”“越狱”了！

有人翻腕一看手表：糟糕，现在可是营业时间啊。

“红毛”能够掰开铁笼“越狱”而逃，并不是奇怪的事情。大型类人猿由于体重的原因在地面活动较多，离开了树栖生活，与虎豹等天敌交锋的机会大大增加。经过长期的生存竞争，生存至今的大型类人猿大多孔武有力，并懂得依靠集体的力量御敌，是丛林中的强者。试验发现性情温和的大猩猩可以轻易拗弯一根直径 16 毫米的铁棍。

还有一部分类人猿有向肉食动物发展的趋势。珍妮·古道尔在对黑猩猩的研究中发现，这些人类的近亲在饮食爱好上和萨颇有相似之处，那就是无肉不欢（当然古道尔也证实黑猩猩的生活习惯和萨有很多不同的地方，例如黑猩猩没有饮酒的习惯，而萨每天睡觉前都得喝点儿啥，黑猩猩已经具备在树上搭窝的能力，不会像萨一样满地乱刨）。为了满足口腹之欲，黑猩猩经常捕杀狒狒等小型兽类来开荤。而 2003 年刚刚在扎伊尔确证的黑猩猩大型地面亚种比利猿，更具备强大的攻击性，它们的犬齿和裂齿都很发达，甚至合伙袭击肉食猛兽。科学家目睹它们能吃掉豹子，而当地土人则干脆把它们叫作“吃狮子的猿”。

猩猩的体型介于大猩猩和黑猩猩之间，一般情况下性情温和，不过也是力大无穷之辈。平时它居住的笼舍比较牢固，虽然“红毛”冒死搞打砸抢，或许也能跑出来，但可能性比较小，而串笼时候给猩猩用的笼子比较轻便，就像马路上的人行横道一样，属于一种象征性的威慑。猩猩智商和情商高，通常不会冒犯这种双方默认的规则。想不到的是一向理智的“红毛”这次因为见不到小梅，精神受了刺激，不守规矩了，居然打破了长期的默契。饲养员们一时还真有些反应不过来。

“越狱”的“红毛”四脚着地冲出门去，外边就是游览区，游人看见好好的路上忽然出来一个猩猩，表情可想而知。

根据饲养员们分析，这“红毛”“越狱”，目的性十分明确，就是去追赶小梅。有些饲养员还给这家伙找理由：这一出门巡展就不定几个月，暂时是回不来了，“红毛”手里那几支深发展和泰山实业的股票是抛是进，它得跟小梅作个交待。

要真有这个能耐，“红毛”就不用在动物园呆着了，直接在建外 SOHO 找个办公室上班好喽。

反正，“红毛”是跑了。饲养员们愣了一下以后，立刻做出了正确的反应——快，追啊！

追是追，大家本来是给猩猩串笼的，手里没带什么武器，也不敢追太近了，也就是一个跟踪追击，若即若离的架势，不然“红毛”要不讲理跟

你比划比划，饲养员还真没冼东妹那两下子。

这时候队长也被惊动了——废话，猩猩跑了这么大的事儿，不惊动才怪呢。队长赶紧打电话叫兽医带麻醉枪来，然后也跟着跑了出来——这话形容得不太好，好像队长也跟猩猩似的……

出门一看，这架势可好看，整个一个一路纵队——最前头是猩猩“红毛”，一边走一边找地往前跑，紧跟着是“红毛”的饲养员，一边跟一边温言劝慰，徒劳地试图唤起“红毛”的理智返回笼子（“红毛”没理他：是啊，换我我也不回去），再后面是组长带着几个闲杂人员，一边跟着一边劝阻游人别靠近，最后是队长……

游人？游人倒没有多少惊恐，看见这么多饲养员跟着，还以为跟人家遛狗似的，动物园在遛猩猩呢。许多游人驻足观看，倒是没有谁有胆子上去和“红毛”交流，但也想不到后面这一帮饲养员都是摆设，这时候如果“红毛”突然掉头冲回来，那乐儿可就大了。“红毛”沿着大道跑了一段，跳到路旁边一块花圃里嗅了嗅，然后蹦到一个卖冰棍的推车前头。卖冰棍的一愣：爷，您不是圈禁着吗？怎么这就出来了？

“红毛”没理他，又跑到长臂猿笼子前头冲里边瞅，弄得里边长臂猿也一愣：嘿，每天都是人来看我，今儿连猩猩也来了，这什么世道啊！

事后分析，“红毛”可能是根据气味决定路线的，因为它和小梅从猩猩馆出来后走的路基本是重合的。

从长臂猿笼子那儿掉头，“红毛”下一个动作让饲养员们的心差点儿从嘴里蹦出来。

只见它三蹿两纵越过一条马路，略一犹豫，“噌”的一下就钻进了动物园东南角的女厕所！

猩猩进了女厕所，跟随的饲养员们第一个反应就是——这下儿“红毛”的祸可闯大喽！

现在是营业时间，如果厕所里面有游客正在方便，突然看见进来个“红毛”这样儿的，就它那长相，不发歇斯底里才怪。而猩猩和任何野生兽类一样，其实是十分敏感的动物，别看“红毛”是长期驯养的，平时人模狗样，一旦受了刺激，其反应和野兽没什么两样，那非出乱子不可。

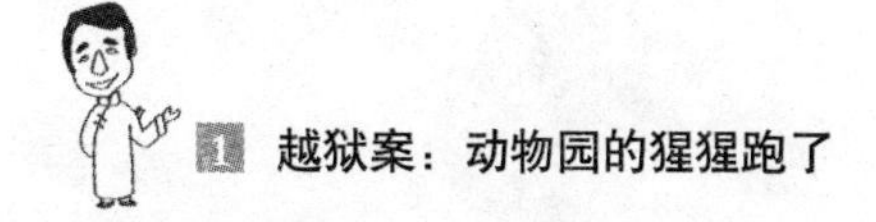


可现在要进去救人……虽说重赏之下必有勇夫，但给多少奖金，估计也没谁敢去跟发了狂的猩猩玩命。

饲养员又不是武松，武松也没打过猩猩不是？

还好，半天，里边也没什么声音。

事后分析，“红毛”是在上午出逃的，这时候动物园刚开门，游人还不多，很幸运地，厕所里当时没有人在里面。

这厕所今天还在，如果去看会发现它装的是所谓的弹簧门，一推就开了，人进去，门就自动回位，所以里面的情况谁也看不清楚。估计“红毛”在方便。

见到没出大问题，队长看到便宜，一声招呼，饲养员一拥而上，抢着扫把和墩布的就把这厕所的门儿给堵了——别小看这些简陋的家伙什儿，萨在民航的时候看过一个通报，飞广州的一个机组遇到劫机，就是用扫把和墩布制服了三个持枪歹徒，终于顺利返航。这厕所是个封闭空间，把“红毛”堵在里面等兽医比让它出去乱晃和谐多了。

问题是“红毛”肯定不是这样想的，人家方便完了一看，咦，门儿堵了，这算怎么回事儿啊？

“红毛”肯定是不高兴——废话，搁您给关公共厕所里您能高兴吗？

于是，堵门的饲养员们感到“红毛”开始冲撞弹簧门，这家伙力气虽大，但外面一大帮人呢，喊着号子往上顶，一时却也僵持不下。

里面的猩猩想出来，外面的人不想进去，此围城与围厕所之不同也。

周围的游人和过路的人渐渐看出不对来了，纷纷离远了驻足观看——一帮大老爷们喊着号子堵女厕所，堵在里面的肯定不是什么善茬，就算FR吧，估计也没这个待遇。

冲了两次，“红毛”不冲了。

有的饲养员松口气，只有“红毛”的专职饲养员心说不对，这厮一向诡计多端，这肯定是琢磨什么新招数呢……

不等外面的人想清楚，围观众人忽听砰的一声巨响，只见一个大毛拳头在厕所门上方墙上的窗户里一闪，窗户玻璃顿时粉身碎骨，碎玻璃哗啦啦向外面的饲养员们头上撒来。

实际上，后来饲养员说“红毛”还是很理智的。如果它从门口硬冲，就算大家的力量不亚于猩猩，夹在中间的那扇门肯定也撑不住，那样猩猩就要和饲养员发生正面冲突。“红毛”攀上窗棂，打碎玻璃，表明它心地不坏，并不想伤人，只是想把大家吓跑而已。

是啊，人家本来不过想跟小梅探讨探讨股市的事儿，犯得着弄个防卫过当啥的罪名么？

在这个强大的威慑下，深通兵法的饲养员们发一声喊，立刻开始战略转进，作鸟兽散。“红毛”顺利从厕所里出来了。

这回，周围的观众可不再像刚才那样表情轻松，大伙儿都明白这不是动物园遛猩猩了，赶紧躲得远远的。但中国人喜欢看热闹的习惯又使他们绝不会就此听劝回家，大家都想看“红毛”下面要干什么。

从厕所出来的“红毛”，似乎也有点儿迷惘。可能是厕所里过于强烈的气味影响了猩猩的嗅觉，“红毛”此后的路线，变得不规则起来。

这家伙走走停停，饲养员们在后面停停走走，后面还跟着一帮看热闹的，不一会儿就走到了海兽馆旁边，那里有个场馆维修，两个工人正在筛沙子。这玩意儿猩猩可没见过，一下就吸引了“红毛”的注意力。“红毛”走过去，坐在马路牙子上，把手指头搁进嘴里，饶有兴味地开始看工人筛沙子。

两个工人正在一边筛沙子一边讲荤笑话，说得兴高采烈，根本就没注意旁边过来一个猩猩。后来其中一个工人余悸未消地说，当时也隐约意识到有个穿黄色皮大衣的过来了，坐一边看他们筛沙子。虽然有点儿觉得这人穿衣服不合季节，但北京这年头什么人没有啊，这也不算稀奇的事情，俩人根本就没在意。

问题是筛着筛着，俩工人忽然觉得有点儿不对——平时旁边这条路上人来人往的，挺热闹，这怎么忽然静下来了，半天也没人过来呢？

两位神经大条的家伙这才转头看看。

俩人一转头，正好瞅见“红毛”的那张脸。

猩猩啊！谁把这姑奶奶给放出来了？！

这个刺激可太强烈了，俩工人愣了一秒钟，然后“嗷”的一声扔了筛子就跑。

这下子可坏了。

两个工人掉头就跑，还大声惊叫，违反了面对野兽的金科玉律。

记得中学英语课本里面有一课，提到旅行者在野外碰上了狗熊，这时候应该怎么办。

好像当时的答案是躺下来装死，因为野生动物不吃死物。

事实证明这是很不靠谱的说法，写这个答案的主儿肯定没在野外碰上过狗熊。谁说野生动物不吃死物的？狮子就专门从鬣狗嘴里夺猎物尸体吃，老虎会深埋吃不完的肉食，豹子会把羚羊叼到树上风干储备，更不要说杂食类的狗熊了。

再说了，你装死也不能闭气吧？你装死也不能跟蟑螂似的没有体温吧？谁要是信狗熊那种连钻火圈都能学会的家伙分不清死人活人，那脑袋肯定是有问题。野生动物要判断手里的这个家伙是死是活的办法多了，萨听说过用装死应付狗熊唯一生还的事例是东北一个农妇，这位的确是装得太像了，真的让狗熊分不清她是死是活，于是熊大爷用自己的方式进行了检验——一屁股坐上去……没动静？再一屁股……最后这位农妇全身一百多处骨折，仍然忍着没动，总算把狗熊的好奇心给消磨没了，带伤脱险。这可算是人生奇迹。

那么，面对狗熊，什么才是最正确的对付方法呢？

萨曰：附耳过来，自有妙计——第一，撒腿就跑；第二，保证跑赢你的同类。二者缺一不可也。

这是有点儿玩笑性质了，实际上面对野兽装死自然是胡闹，但保持镇静还是有道理的。许多有山林经验的人，都有与野兽对视而野兽退却的经历。

猝然的惊叫和仓皇逃跑，只会刺激动物，使它作出本能的激烈行为来。

这次，两个工人的奔逃立刻引发了“红毛”的野性，俗语说就是“惊了”。受到刺激的猩猩开始紧紧追赶两个工人。

那么，谁跑得快呢？

如果是长距离奔跑，猩猩肯定不是人的对手。可能令人难以置信，但非洲某些部族至今保留着人类最早的狩猎方式，就是在干旱的草原上追赶

草食动物，直到其体力耗尽倒下。这是因为用两腿奔跑的人可以更有效地利用能量，而且腾出的双手可以随时帮助自己补充水分或营养。想想看，就算你给羚羊背上水壶，在奔跑中它能拧开瓶盖喝水么？更重要的是，猩猩没有跟腱，所以根本不可能长距离奔跑。也许正是因为这个原因，“红毛”猩猩一生基本不到地面上来，因为在树丛中依靠神奇的“臂行法”，它们灵活异常，但到了地面它将因为行动不便面对极大的危险。这个情况近年来有所改变，科学家们发现加里曼丹的猩猩最近有时也下到地面了，其原因说来让人哭笑不得：由于人类滥捕滥杀，这一地区的爪哇虎和巴利虎已经绝灭，苏门答腊虎也濒临绝种，没有了老虎这个最大的天敌，猩猩的胆子变得越来越大。

无奈双方距离太近，这时候要比的不是速度而是爆发力和灵活性，这个时候，手足并用的猩猩比惊惶失措的工人动作快多了。

混乱中一名工人按照萨某人的嘱托，准确地做到了“第一，撒腿就跑；第二，跑过自己同类”，安然脱险，而另一位老哥则光荣地被“红毛”抓住了！

猩猩的力气到底有多大？

原来咱是没有感性概念的，但饲养员下面的描述就能让我们有概念了。

“红毛”追上那个工人，一把抄住了他的脚腕子——猩猩在地面，如果不是表演马戏，是四脚着地奔跑的，所以它攻击人总是往下三路去。

抄住了这个工人的脚腕子，“红毛”抬腰就把这个一百多斤的大活人抡了起来，接着撒手一丢，那工人就在众人的惊呼中头前脚后地飞了出去。

像“红毛”这种抓住人当风车耍的动作，按照记载，有些爆发力特别好或者有武术功底的人类也能做到。比如曲波的《桥隆飙》里头桥老爷摔死五少爷，《武林志》里头洋人大力士狂甩东方旭都是例子，哪怕是大学舞会中，也有个别男生把女生悠起来转着圈儿抡的，倒也没人觉得太怪异。

但是这种动作，要人来做的话主要得靠腰劲儿，讲究的是一叫丹田气如何如何。而这位饲养员形容“红毛”的动作，活脱脱就是某人买个柚子装网兜里乱抡的样子，全靠臂力。柚子才多重啊，大活人这个抡法，感觉

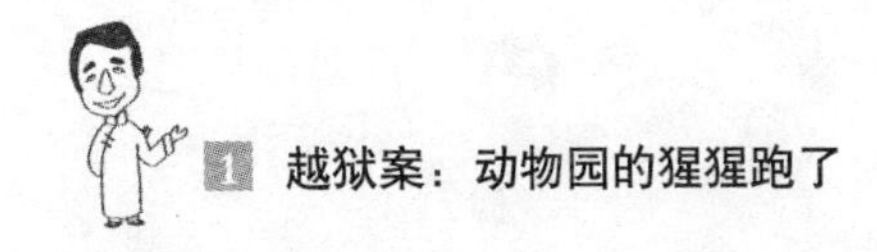


就泰森那样生猛的家伙也未必能办得到。

看来猩猩的生理结构和人的确有点儿不一样。

那工人腾云驾雾之后，在众人的惊呼中一头就扎进刚筛好的沙子堆里去了。从把工人扔进沙子堆来看，“红毛”虽然发狂，仍然是一头很有理智的猩猩。在饲养员多年的教育积威之下，它还是有一条底线的，那就是两只脚的动物惹不起，不能给弄死或弄伤了。现在这工人只是一脑门沙子惊魂未定，若是它随便找个地方一丢，这位估计脑袋上就能开染坊。

也幸好“红毛”有分寸，不然还真不知道以后会怎么处理它。

这种观念，可能比较聪明的动物都有。许艳梅老师有一次和一只猴玩耍，猴子一高兴就在许老师手上抓了一把，顿时鲜血迸流。伤好了以后，许老师给猴子们看伤疤说委屈，只见一个个猴子或惋惜，或好奇，或惊讶，或愤懑，咬牙切齿，叽叽喳喳，那反应真是千奇百怪，匪夷所思。唯有一个猴子在旁边高卧不起，一副事不关己，高高挂起的样子—— 实际上，它就是罪魁祸首！

得，这事儿要是让你想起了小时候闯祸之后掩耳盗铃的表现啥的，那肯定是误会，误会啊。

问题是现在怎么办，兽医迟迟不到，好像还真没有谁能降得住“红毛”。

要让某些著名经济学家来处理，那事儿就简单了——猩猩不是怕老虎么？去，把狮虎山的华南虎放一个出来……

扔了一个工人，“红毛”开始追另一个。就在这时，忽听一声清脆的叫声：“红毛！”

正如临大敌准备上去抢人的饲养员们都松了一口气：好了，小梅来了。

小梅怎么来了？

原来队长叫兽医的同时就给她打了电话：解铃还需系铃人，“红毛”既然是因为小梅“越狱”的，她自然是解决这个问题的最佳人选。

关心则乱，兽医还在兽忙脚乱地找麻醉药和麻醉枪（动物麻醉枪射程只有三四米，这样近距离和猩猩交锋足以让人心神不宁），小梅已经急急地追过来，正看到“红毛”发狂扔人，赶紧大声呼唤它的名字。

真是神奇，一声呼喊之后，“红毛”立刻恢复了理智，蹦蹦跳跳地朝小梅奔过来，嘴里啾啾有声，举着大毛胳膊要小梅抱。

大家都松了一口气。

以后怎样呢？

以后就没什么了，在小梅的安抚下，“红毛”不一会儿就安定下来，一人一猩交流了一阵感情以后，小梅和“红毛”一起回猩猩馆。换个笼子以后“红毛”出发去巡展（和兄弟动物园有合约，没法现在惩罚它），饲养员写检查，组长扣奖金，组长写检查，队长扣奖金，队长开会，园长开会，园林局开会……

这件事，总算有惊无险。唯一值得一提的是，回猩猩馆的时候，“红毛”耍赖，一定要小梅抱它回去。

抱它回去？！

“红毛”已经成年，体重虽然不过分也有将近二百斤，娇怯怯的小梅如何抱得动？

别的饲养员要代劳，“红毛”无论如何不肯。

最后小梅一咬牙，和“红毛”说：抱你是不行的，我背你回去吧。

“红毛”同意了。

于是小梅就背上了二百斤的“红毛”，开始一步一趔趄地往猩猩馆走。

“红毛”太大了，小梅属于那种比较娇小玲珑的女孩子，还没有它高。别的饲养员看到，这猩猩的两只脚都拖在地上，就是揽住小梅的脖子不撒手。

队长和组长赶紧上来，一人托着“红毛”一只脚，算是分了小梅些负担，这样一个奇怪的组合，画着不规则的曲线，总算是熬到了猩猩馆。

这老饲养员回忆，到猩猩馆的时候，小梅的脸上又是汗水，又是泪水，一塌糊涂，“红毛”趴在她背上，舒服得哼哼。

汗水可以理解，泪水呢？

是辛苦的难过，还是说不清的感动？

或许有孩子的人们，都知道。

# 2 谋杀案：是谁杀死了狮子

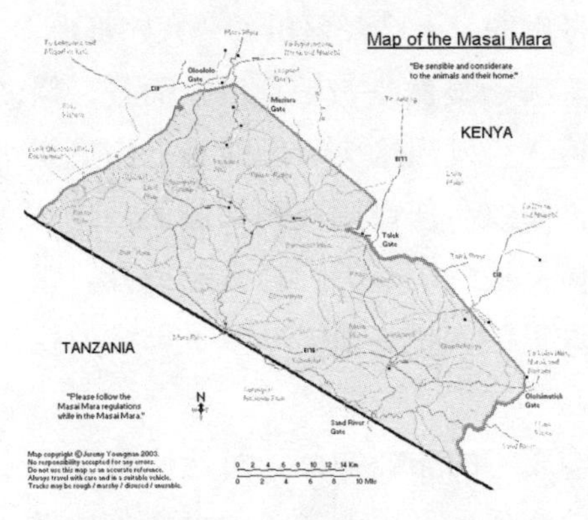


▲ 马塞马拉自然保护区

动物世界，经常充满不可思议的事情，有些与我们想当然的看法大相径庭。

约翰·赫尔斯是马塞马拉自然保护区的工作人员之一，这个保护区，是肯尼亚最大和保存最好的国家公园之一。

2008年四月下旬，他和几个助手接到可靠举报，说保护区里进来了七名偷猎者。这些偷猎者的目的是射杀河马。他们不仅自己杀死河马剥皮吃肉，还高价出售河马肉，河马嘴里类似象牙的珍贵牙齿也被卖掉，以攫取可观利润。

和每次接到这样的举报一样，赫尔斯和他的助手亨利·谢尔斯分乘两辆吉普车出动巡逻，开始了对这伙偷猎者的搜索。非洲的偷猎者通常携带精良的武器，凶残地攻击和杀害妨碍他们的工作人员。1985年12月27日，美国卓越的野外动物学家，《迷雾中的大猩猩》的作者黛安·弗西在卢旺达的营地中被杀害，凶手据推断就是被她惩罚过的偷猎者。

但是，赫尔斯他们经验丰富而且装备精良，他们的远程通讯系统可以直接呼叫肯尼亚政府的军事力量提供帮助。因此，偷猎者对他们畏如蛇蝎。

经过一个星期的追踪，谢尔斯的小队活捉了七名偷猎者中的五名，并发现了刚刚被他们杀害的一头河马。赫尔斯的巡逻小队没有追上偷猎者，却碰到了一个意外的场面。

▲这是一头约十岁的成年母狮，体格强健。

在巡逻中，他们接到报告，说有游客看到一头受伤的狮子。当闻讯赶去调查的赫尔斯等人赶到现场时，的确发现了一头倒在草丛中的母狮。这头母狮因为受伤过重，已经死亡。

当赫尔斯把它翻过来的时候，发现母狮的身下已经蓄积了一大摊鲜血，这头狮子显然是被杀死的！而且，经过检查，发现这头母狮的身上伤痕累累，而致命伤口则在颈部侧面，颈动脉仿佛被刺了一刀一样完全撕开。正是这里的大量失血，导致了母狮的死亡。

▲母狮

成年的非洲狮体长可达两米，体重 190 公斤，母狮虽然体型稍小，最轻也有 120 公斤。非洲狮战斗力很强。在我国丹东的动物园，就曾经发生过两头狮子将隔壁一头金钱豹杀死的事件——豹子在散步时不小心将尾巴落入狮笼一侧，被母狮一口咬住，接着公狮一掌将笼子像纸灯笼一样撕开，连抓带咬，硬生生要将豹子拖过来。可怜的豹子只惨叫两声就送了命，根本没有力量还手。

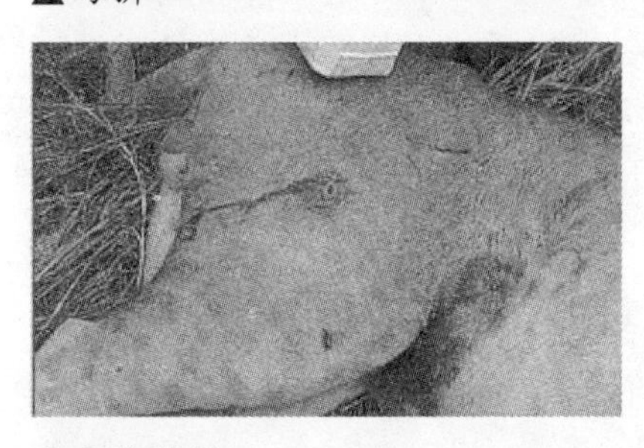

▲母狮的伤口

这样的猛兽，在草原上谁能将它杀死？

从震惊中清醒过来，赫尔斯等人立即开始调查，很快就判明——杀死母狮的，并非人类，而是另一头野兽。

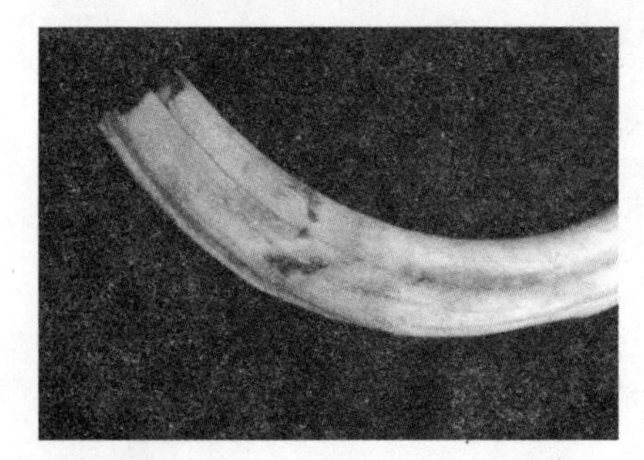

▲利齿

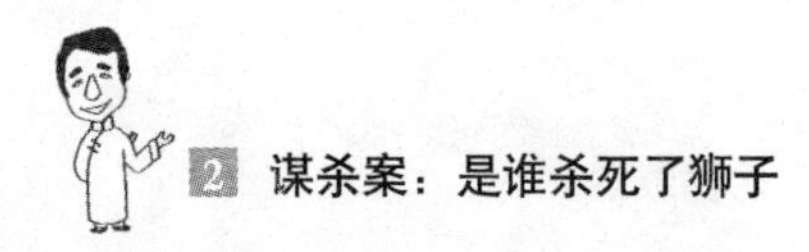



它的“凶器”还留在母狮的伤口里，正是这件证据，使人们终于分辨出了凶手的真容。

杀死母狮的，是一根弯刀状的利齿，长达三十厘米，显然是母狮挣扎使它从中部折断，负伤的母狮虽然带伤而走，最终还是因为流血过多死亡。看到这枚利齿，不禁让人心中一愣——难道是剑齿虎干的？！

不幸的是，和所有剑齿类动物一样，剑齿虎早已经从这个世界绝灭了，它们最后的子孙，从这个世界消失也已经有十几万年，自然不可能到非洲草原上来咬死母狮。经过动物学家的检查，真正的凶手浮出水面——这个凶手有点儿令人意外，它并非我们熟知的肉食猛兽，而是一头丑陋的非洲疣猪。

疣猪，体重在50—150公斤之间，与家猪相类，但外形狰狞，脑袋和身体的比例严重失调，巨大的头部约占体长的三分之一，生满赘疣，四颗巨大的獠牙突出唇外让人望而生畏。疣猪善于掘土，通常挖洞而居。它就是《狮子王》里面蓬蓬的原型。

◀疣猪

不过，就像《狮子王》中蓬蓬遇到辛巴时候的表现，疣猪是非洲狮的食物之一，面对狮子时便往往没有反抗余地。幸运的是狮子平时似乎不大喜欢吃疣猪，只有当食物不足时，狮子才会去杀猪吃肉。既然如此，这头母狮怎么会死在疣猪的手里呢？

▲ 疣猪的洞穴

赫尔斯等人的困惑很快就有了答案。他们在距离母狮尸体不远的地方发现了一个土洞。赫尔斯从侧面接近洞穴，把一台照相机伸进里面拍摄照片，来确定洞内的情况。检查的结果把赫尔斯吓了一跳——洞里居然正藏着一头左侧獠牙折断的疣猪！不过，这头疣猪在闪光灯面前一动不动。进一步的检查证实，这头体重八十多公斤的雄性疣猪，也已经死亡。

根据发现的情况，赫尔斯等人大致还原了这场搏斗的过程——母狮发现了躲藏在洞中的疣猪，由于饥饿而犯了一个致命的错误，居然把头伸进了疣猪的洞口。

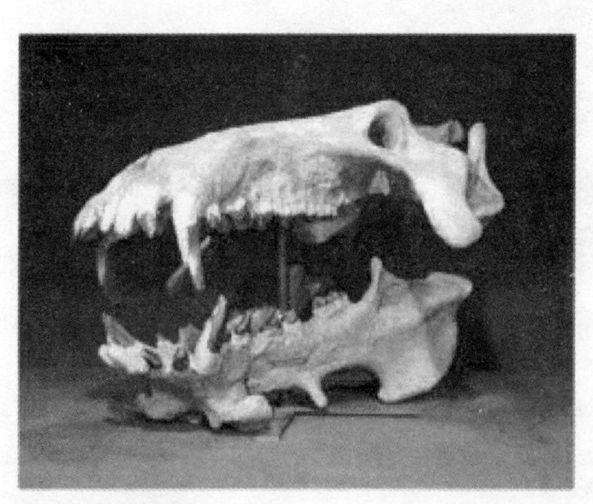
▲ 疣猪的牙齿

在非洲的科考中，有一个不成文的纪律，那就是永远不要站在一头疣猪的洞口，更不要说把脑袋放进洞口了。这是因为疣猪警惕性很高，晚上回家休息时会倒退着进洞以窥伺周围是否有肉食兽跟踪尾随，早晨出门时则以最快的速度冲出家门以防被埋伏在洞口的猛兽打个措手不及——所以你站在疣猪的洞口有被无辜撞翻的危险。疣猪的领地感很强，敢于反击一切侵入自己洞穴的敌人。

可以想象母狮把脑袋往洞里一伸的后果了——尽管看到对手是狮子吧，在自己地盘上，疣猪退无可退，只能硬着头皮奋力向前，先发制人发动攻击！此时，狮子和人一样，都要经历一个从明亮处看暗处瞳孔放大的过程，很难一下看清洞内的情况。电光火石之间只有一次出招的机会，疣猪已经一击而中，左侧的獠牙深深刺入母狮的颈部左侧。受伤的母狮拼命挣扎，折断了疣猪的牙齿退出洞口，在大量失血后倒毙，疣猪也因为在搏斗中负了内伤，或者精神受刺激太强烈（和狮子当面搏斗的刺激，能不强烈么？）而猝死洞中。

事后，赫尔斯等人发现这头母狮已经怀孕，也可能是这个原因使它的动作有些不协调，反应不够灵活，才会“不幸”被疣猪重创。狮子和猪的搏斗，想当然狮子美餐一顿而已，最后居然是两败俱伤，若不是亲眼看到证据，实在是难以相信的事情。

幸好这种动物没有活到今天，否则狮子和老虎都有绝种的危险。

忽然想起淮海战役国军以肥胖而无能的刘峙镇守徐州，时人议论。“徐州乃南京之大门，不派一虎，也应派一狗，今派一猪守门，眼看大门是守不住了。”徐州果然失守。

嘿嘿，刘总司令要真有疣猪的本事啊，只怕还不至于把大门儿给守丢了呢。

## 3 调戏案：谁在逗弄山魈

瞧见这题目估计有人要一哆嗦——山魈?！这玩意儿是好耍弄的吗?

单看五颜六色的这张脸，您也能猜出来，这主儿绝对不是一个好招惹的。

还真说对了，您要在网上查山魈这个词，能查出如下记载来：“山魈，乃是山中怪物一种，身长体黑，力大无穷。传说中，它可以跑的比豹子还快，可徒手撕裂虎豹，乃是山中霸王，且寿命非常长，被人视为妖怪。”

▲山魈，学名Mandrillus sphinx，原产非洲，以性情凶暴著称。

山魈是我国古代传说中的妖怪之一。《神异经》里曾言及燃爆竹惊山魈之举，民间传说山魈能吃人，会七十二变。

不过，我们今儿说的山魈，和精灵妖怪之属没有关系，咱说的是动物园，确切说，是中国某动物园的山魈。

动物园的山魈，当然不会七十二

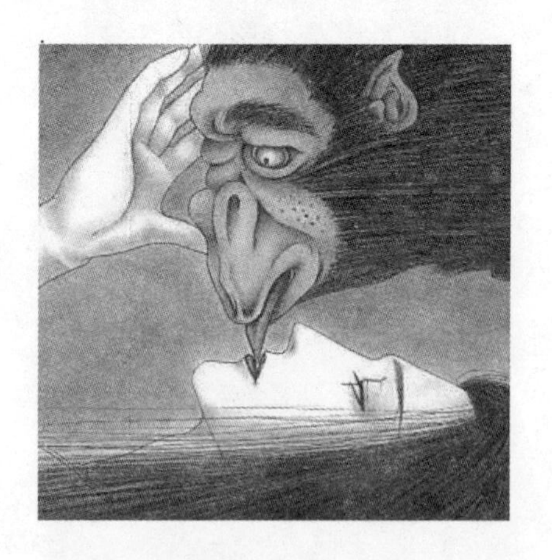

▲日本神话传说中的山魈，善于诱惑女性。

变，但也不是好戏弄的。这东西原产非洲，是猴子中的一种。很奇怪的是它的习性与中国传说中的山魈有几分相似，确是身长体黑，力大无穷，而且性情凶残，在自然界可与狮豹等猛兽搏斗。

▲山魈与豹子搏斗的画面

难道中国古代也进口过这种动物？要不怎么会对它的习性如此熟悉？

反正，不管你是妖精也罢，力大无穷也好，到了动物园，你是龙也得盘着，是虎也得趴着，都得乖乖听饲养员的。不过，要说到谁敢戏弄它，那可让人难以相信。山魈具备三个特点，戏弄它类似于玩死亡游戏。

第一，山魈攻击力很强，性情凶暴。如上面说的，豹子它都敢打。公山魈体重60公斤，动作如电，在野外的时候，虽然它也是猴，却经常抓别的猴子来当早餐。萨有个朋友是当兽医的，敢跟狗熊掰腕子，但每次面对山魈都极为小心，他说灵长类要进化出肉食猛兽来，第一个估计就是山魈。这可不是开玩笑的，草食兽变成肉食是有先例的，袋鼠袋熊那个有袋类里面，进化出过食肉袋鼠一类的怪物呢。

▲食肉袋鼠复原图

第二，山魈这东西智力不低，面对猛兽能够相互配合群起而攻之，颇合用兵之道。而且术业有专攻，被称作动物园的“拆房专家”，经常把所住

的地方拆成烂尾楼似的。别的地方不敢说，北京动物园，好好的山魈馆，住进去没两天愣让山魈把墙上贴的所有瓷砖都揭了下来，其破坏力和智力可见一斑。

第三，动物园管理人员深知山魈的凶猛，所以看管很严，谁要敢戏弄山魈是会被罚款的。而且山魈和游人之间的笼隔很小，游人就想戏弄一下山魈，也根本无从下手。

问题是，愣有那吃螃蟹的主儿出来了，专门拿山魈涮着玩。

谁呢？

列位看官定睛看了，没错，这位敢拿山魈开涮的就是大名鼎鼎的马戏明星——黑猩猩，让美女科学家珍妮·古道尔（Jane Goodall）伴随一生的那种动物。今天，在世界上的野生黑猩猩已经不多了。

珍妮·古道尔，英国动物学家，这位金发碧眼的女郎20岁时到非洲，为了研究和保护黑猩猩，她在那里度过了38年的野外生涯。之后她又奔走于世界各地，呼吁人们保护野生动物，保护地球的环境。萨始终认为珍妮·古道尔是和特蕾莎修女·南丁格尔一样伟大的女性。

黑猩猩体重比山魈略大，也有一定攻击性，不过暴力水平没有山魈那么高。黑猩猩能用草棍钓蚂蚁，会用手语，在动物界属于斗智不斗力的类型。在野外，虽然两者都生活在非洲，但没听说黑猩猩和山魈之间有过什么瓜葛，大概是，彼此都为生活忙碌，顾不上吃饱了撑的找茬吧。都是智力满发达的动物，你也吃不了我，我也吃不了你，那种为了什么普世真理发生战争的事情是干不出来的。

问题是到动物园事情发生了变化。我们说到的这头猩猩，大号明明，它的生活可说豪奢，作为珍贵动物，黑猩猩吃的喝的，住的用的，哪样都堪称精挑细选。甚至在园子里还有豪华的宅子——为何说豪华呢？猩猩馆是带着后花园的，带着花园的宅子，您说是不是豪华呢？

这地方吃的喝的饲养员都给预备好了，猩猩们不用费心思讨生活，那种没事儿找事儿的性格就开始发酵了。要说动物园里最顽皮的动物大约非黑猩猩莫属。真是“不在放荡中变态，就在无聊中变坏”啊。

黑猩猩和人的基因98%相同，假如这种猩猩的行为让我们产生某种似

◀古道尔和黑猩猩幼崽

曾相识的感觉，那纯属巧合。

说起来，这黑猩猩在动物园的生活虽然不能说丰富多彩，至少也不能说无趣。

比如，这位明明就经常和游人开玩笑。它擅长的把戏是拿了一个篮球在地上团团乱转，引得游人纷纷驻足围观。等到聚集的人足够多了，这家伙会突然变出一副穷凶极恶的样子，恶狠狠地把球砸向游人面前的玻璃隔板。尽管人类号称万物之灵，这时候照样会因为没反应过来被吓得尖声叫喊，四处乱窜。等发现那球根本砸不过来，明明已经懒洋洋地躺下了，似乎为戏弄了一下比他聪明的人类感到十分满意。

不过，对于它的把戏，人的反应千篇一律。时间长了，明明渐渐对这种游戏感到了厌倦。

那怎么办?

一来二去，它看上了隔壁的山魈——这东西长得神头鬼脸的，要要弄起来，比脸上没毛的那种动物一定有趣得多。

当然这也就是那个年代，因为条件限制，猩猩和山魈的笼舍之间只隔一张铁丝网。照一些饲养动物的老人说法，现在动物园设备是越来越好了，大多数动物都住了单间，舒服是舒服了，可估摸着它们的乐趣也减了不少。这是因为，动物们没有邻居了。想当年，简陋是简陋了点儿，可小

▲其实黑猩猩有的时候心地善良，可是，环境造就人，也造就猩猩不是？

白眉长臂猿和小蜘蛛猴隔着笼网手拉手的样子，怎么看，怎么让人觉得温馨。现在是不可能看到这样的场景了。有位洋插队的女“知青”描述德国慕尼黑动物园里面山魈的样子：“它们不像别的猴子一群一群，再不抵也是一家人在一起。它们就是单个一间。我当时推着才不到一岁的女儿看它们，结果发现山魈都选在特远离游人的地方，背对着玻璃，望着房子上巴掌大小的一块窗户里的蓝天发呆……那背影，看得我鼻子都酸了……”

别鼻子酸了 MM，闹不好这帮家伙也拆过慕尼黑动物园的房子，把园长惹毛了，才混到这个份儿上。这种设备的进步，就跟把老北京人从大杂院搬到单元房一样让人难以评价。住进了方便的楼房，可是没法在院子里和老邻居八卦，闻不着街坊炒菜的香味儿，那老头老太太怎么都找不着感觉。

不说北京老头老太太了，接着说山魈。

本来，黑猩猩和山魈在园子里也是井水不犯河水，黑猩猩是势利眼的动物，不会主动去和山魈交朋友。山魈，一群呢，又好斗，黑猩猩也犯不着去招惹它，双方的生活根本没有交集。

然而，黑猩猩比山魈珍稀，伙食上享有特殊待遇，每次开饭，都比山魈的好。怎么个好法呢？比喻一下吧，要是明明有西瓜吃，那山魈也就是能啃啃西瓜皮。于是，一到喂食儿的时候，明明的伙食经常看得隔壁几头山魈口水直流，抓耳挠腮。山魈的馋样，就让这猩猩看在眼里了。于是，黑猩猩明明每顿饭，都故意吃得很慢很慢……

而且，它还专门把食物摆在靠近山魈的网子边儿上，不紧不慢地大吃

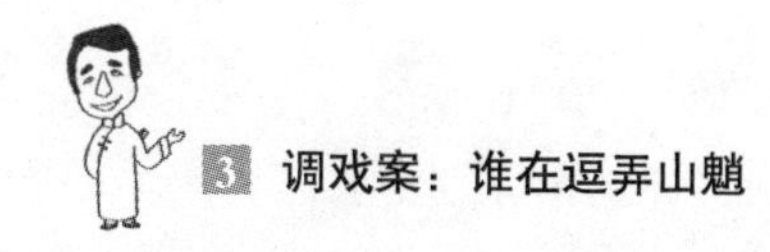


大嚼。

再看那山魈，就开始一头接一头陷入抓狂的状态……

黑猩猩戏弄山魈的事儿，开始饲养员并没太注意，是有一天忽然听到猩猩馆发出震耳欲聋的砰砰声才匆忙赶来的。

只见一边是细嚼慢咽的黑猩猩明明，一边是几头眼都绿了的山魈，口中呵呵怪叫，正在疯狂地撞击黑猩猩与山魈笼子之间的隔网！

看来的确是气疯了。山魈本来就脾气暴躁，再加上头脑有点儿简单，被黑猩猩看得见吃不着的这一挑逗，没弄出点儿割手指一类的自残举动来就算是好的。

可那位黑猩猩明明呢，此时却泰然自若，坐在那儿若无其事地大吃大嚼——它好像早就明白对山魈这类暴力狂，动物园不敢拿不合格的笼子糊弄人！

山魈撞网子的结果是让自己鼻青脸肿，完全于事无补。

这么冲了几次，山魈虽然脑筋比猩猩简单，毕竟也是灵长类，吃不着东西还把自己撞得生疼总不是好买卖。山魈们再衰三竭，最终决定认栽，看着黑猩猩吃，虽然有时候也咽咽口水，反应却不再那样激烈了。这时候，看着山魈转身走去，黑猩猩会爬到网子上，嘴里发出吧唧吧唧的声音，把山魈吸引回来。然后，依然是自己坐在地上慢慢地吃。

虽然恼恨，但认识到自己无可奈何，山魈几次上当以后悻悻而去，干脆不往这边儿来了。人知道眼不见心不烦的道理，山魈看来也懂得。

▶这猩猩犯起坏来，可不是一般的坏法。

不过，这样一来黑猩猩明显觉得不好玩儿了。过了几天，饲养员们惊奇地发现明明又出了新花样儿。它会爬到笼子高处，用爪子抓起食物，从网子的洞眼中塞过去。这山魈忽然发现食物进了自己的笼子，大喜过望，纷纷从树架上荡向网子来抓吃。这时候技高一筹的猩猩把手一缩，正好在山魈抓到之前把吃的收回来。

失去了目标的山魈，多半会因为扑空一头栽下去……

而黑猩猩明明就会因为这个游戏乐不可支。

自此以后，每天黑猩猩都会拿这个招儿戏弄山魈。

不过，人类有句话叫乐极生悲，对猩猩又何尝不是如此呢?

这天，明明拿了一只自己最喜欢吃的香蕉又在笼子那儿伸伸缩缩。不过，可怜的山魈大概被捉弄苦了，冲了两次，就对这个游戏不再感兴趣，连看都不再看一眼。明明逗着逗着，自己大概也觉得没了意思，于是就有点儿心不在焉，不时走神看起周围的游人来。

没想到这是山魈给明明设了个套，等别的山魈都做出没反应的样子，诱使猩猩放松了警惕，一头早就隐藏在不起眼地方的大山魈突然一跃而起，飞快地冲上来，一把将香蕉夺了过去，坐在地上大吃起来。

▲ 气煞我也

再看那黑猩猩，先是一愣，似乎有点儿不相信，等看看自己空空如也的手，终于明白过味儿来。

只见它挥动双臂不断地拍打地板，用力地摇晃脑袋，嘴里发出一种含糊不清、沉闷滞涩的声音，神情极是郁闷。提供这段描述的饲养员形容这种表情为——“顿足捶胸”。

从此以后，这猩猩就很少玩戏弄山魈的游戏了。

▲郁闷的黑猩猩

这段事情发生在沈阳动物园，当时《与老虎做邻居》的作者、北京动物园的动物保育专家刘志刚恰巧借调到那里，亲眼目睹了这段古怪的猩猩山魈大斗法。由此可见，山魈也是很聪明的动物，和猩猩的差别，不过一线之隔。

但老饲养员们说起这个故事时认为，并不能说山魈比猩猩笨，只能说它们各走一经。这山魈虽然生活上斗智比猩猩略逊一筹，但堪称天生的艺术家，对颜色极为敏感。山魈喜欢鲜艳的颜色，只看那张脸吧，是不是很有艺术感觉？公山魈的鼻子越到发情期越红，红艳欲滴。母山魈的臀部亦然。

这大红大蓝的，是不是让人想起咱们某位大腕导演的拍摄风格？

那一定是巧合。

您也许会说，这山魈的脸是天生的，不能说它有艺术细胞。要是越有艺术细胞脸越花，那梵高的长相就该向窦尔顿看齐了。

然而，山魈对于颜色的敏感，却不局限于天生的长相，这是有实证的。

某日，动物园的一位饲养员洗了自己一条红色短裤，随手晾在了山魈馆的笼子上，因为笼子四面透风，干得快。不料晾出去没一会儿，忽听外面游人大哗。饲养员不知发生了什么事情，跑出去一看，自己晾在笼子上的短裤已经不翼而飞。

再看山魈馆里面，却是热闹非凡，假山上群猿聚啸，似乎在举行什么仪式，惹得游人哄笑不已。仔细一看，只见一群山魈正围在那里，上蹿下跳，神情兴奋，当中一头大山魈，正举着饲养员那条红裤衩如同旗帜一样挥舞。

拿短裤做大旗，这种悟性堪与先锋派艺术家相比！

不过，饲养员却没有兴趣看它们表演，这位小伙子恼羞成怒地一声大吼，拉开笼门就冲了过去，一群山魈见他扑来，顿时丢下短裤作鸟兽散。

拿着短裤出来，饲养员才后怕出一身冷汗——山魈是猛兽，性情凶暴，平时都是要保护齐全才敢接近它们，自己刚才就这么不管不顾地冲进去，也太莽撞了。

不过，他的同伴们并不这样认为，有位老大慢条斯理地总结道——山魈啊，主要看你的眼神儿能不能镇得住它，你刚才眼睛瞪得跟包子似的，不把山魈吓出毛病来就算是好的……

看来，在裤衩被抢的前提下，人类也是可能进化出猛兽来的。

# 4 “反革命”案：对老干部不恭的猩猩

估计有人一看这题目就不干了——萨，你瞧瞧。

翻跟头它大概会，没听说猩猩还能“反革命”的。你说，他怎么“反革命”吧？是贴大字报？还是喊反动口号？

▲猩猩，都这模样的。

萨说了，猩猩怎么了？摆 Pose 比阿扁还牛，猩猩里边出个把“反革命”新鲜么？这可不是开玩笑。萨有位编辑朋友宛爷帮街坊的老动物饲养员编了本书。聊这个话题的时候，宛爷说，老饲养员说起当年咱们北京动物园，就曾经有过这么一头“反革命”猩猩。

萨当时也很好奇，于是使劲撺掇宛爷给我学说学说，看看这猩猩，它怎么能“反革命”。

谈起这猩猩“反革命”，还是一位开国将军下的结论呢。

这位将军有一回参观动物园，先是跟猩猩对了半天眼儿，然后背着手绕着笼子转了两圈，最后挠挠脑袋，困惑地问身边的人——你们这猩猩怎么回事儿？怎么看我这眼神儿跟杜长官刚被抓着时候一个样啊？

杜长官，指的是国民党陆军中将杜聿明，那可是曾经统兵数十万的大人物。毛公写给他的信称谓都是很尊重的，一开头就是“杜聿明将军”，那真是客气得很。淮海战役的时候杜长官兵败被俘，依然硬气得很，撞石头自杀。说这猩猩的眼神儿跟杜长官一样？什么意思？

老将军末了加了一句——你们这猩猩不是“反革命”吧？这话把大伙儿都逗乐了。

不过，这句话还真提醒大伙儿了，饲养员们想起来，这猩猩是有点儿个别，经常在一些领导干部来参观的时候做出种种愤怒、不满、仇恨、厌恶的表情来，龇牙咧嘴，爪子乱挠，表现极为恶劣。猩猩属于灵长类，跟人很相似，连表情都差不多，那绝不是一次两次的误认。

那年月，当领导的很多都是战场上出身，直觉比一般人灵敏。这猩猩的“反革命”表现，来参观的领导人几乎人人都觉出来了。但是，总不能跟畜生一般见识吧。所以，跟饲养员叨唠两句的有，跟猩猩对着龇牙的倒是没见过。

有意思的是，这猩猩平时的表现并不差，特别喜欢小孩儿，脾气温顺得很，不明白的是为何见了领导干部就变成这个模样。

当然也不是见着每个领导人都这样儿，比如周总理，连猩猩都卖他面子。许和尚？那就整个一苦大仇深了。这怎么回事儿呢？

等到猩猩对着西哈努克亲王龇牙以后，这事儿几乎上升到政治高度了。

大伙儿纳闷儿啊，如果说猩猩它们家是地富反坏，让无产阶级给专了政，那这种表现有点儿道理，可能是源于强烈的阶级仇恨。问题是这猩猩是一个苏门答腊种，它们家七姑八大姨都在爪哇呢，咱土改也改不到那地界儿不是？猩猩“仇视”领导干部的说法渐渐传开，有一位过去养它的退休老饲养员回动物园参加活动，听说此事赶紧出来解释——这猩猩可没有反党的意思，它作出这副样子，只因为动物也是有感情的。

这里的“有感情”，指的是它也会记仇。

此猩猩到动物园之前，是一位老相声演员养的。

那位问了，说相声演员怎么家里养猩猩呢？哪儿来的？这一点儿也不奇怪。解放前有些老艺术家喜欢在家里养些稀奇古怪的动物。“面人汤”汤子博老先生曾养过一对墨猴儿，和拳头差不多大，能给主人磨墨，平时就睡在笔筒里；张大千的哥哥张善孖老先生气派大，家里养老虎玩。所以，有人养个猩猩，也是很正常的事情。

开始，老先生还挺喜欢这猩猩的——废话，不喜欢怎么会养它？猩猩又不能当保姆使。问题是养的时间久了，猩猩却日渐淘气，经常演出些类似飞檐走壁的活动，把老先生家弄得一塌糊涂。

▲这表情，还能是误会吗？

老先生虽然是说相声的，但生活中极讲规矩，教徒弟手里都攥着藤条棍子的，看到这猩猩如此顽皮，认为是“学坏了”，唯一的教育方法就是——揍。

揍来揍去依然不管事儿，老先生一怒之下把猩猩送动物园了。

老先生长得气宇轩昂，爱穿个中山装，倒背手站着，头发斑白又剃得极短。

结果，猩猩得了个毛病，对这种形象的人十分仇视，一见到就龇牙咧嘴，做攻击动作。非常不幸的是，偏巧一些领导干部正跟这位老演员有几分相似之处……宛爷讲完这故事，萨问他——那位老先生还健在么？宛爷说早就去世了，有事儿吗？

没事儿，随便问问。萨说。

可惜了。萨心说。假如老先生还在世，该给他解释一下，这猩猩的顽皮，其实不能怪它的，这是一种自然现象。

猩猩在幼年性情乖巧，是很多马戏团的宠儿。然而，猩猩在马戏团总是不能养得太大。因为七八岁的猩猩要进入成熟期，这个时候，它会变得情绪不安，焦躁易怒，这就像小孩儿进入青春期的时候那种逆反一个劲

儿。

此时，萨的女儿忍不住发表意见：咦，俺爹这个话，怎么让我觉得有借题发挥，指桑骂槐的意思啊？

所以，老先生用揍解决问题是不对的，这是猩猩成长过程中的必然阶段。专业的马戏团对这种事也没办法，大多数这时候只好把猩猩送到动物园去。萨在日本看过一个电视片，有位著名的马戏驯兽员三木先生曾饲养过一头叫さくら（樱）的猩猩，带着它走南闯北，这一对搭档在台上可以表演拳击、交际舞，甚至划拳，一度是日本全国的明星。

后来，さくら长大了，也发生了同样的问题，马戏团只好把它送到了动物园里。为了避免刺激它，三木守着“规矩”，一直也没有到动物园去看过さくら。

几年以后，一家日本电视台的怀旧节目找到三木采访，他才表露了自己心中的不安——さくら是一头非常喜欢热闹的猩猩，最喜欢坐着大篷车沿途看风景，突然把它关在那么小的猩猩馆里，它会不会受不了？

在记者们的怂恿下，三木终于走进了动物园。

秋末的动物园万象萧索，原来娇小的さくら已经长成了庞然大物，蹲坐在笼子里茫然地望着外面。三木呼唤它，对它拍手，做了很多努力，但さくら始终茫然地坐着，没有任何表示。

失望的三木摆摆手，转身离去。

已经走到大门的三木先生忽然听到身后的摄影记者一声惊叫。回头看去，只见さくら依然蹲坐在那里，两只“手”却在连续做着猜拳的手势，动作敏捷而准确。

三木愣了半晌，忽然加快脚步跑了出去。摄影记者感到奇怪，也跟着跑去，只见他在门外双手捧着头蹲下来，已经泪流满面，喃喃地重复着：“さくら啊，さくら，我不是来接你出去的啊……”

挺好的故事，弄了个带点儿悲伤的结尾，是萨的不是。

# 5 赌博案：赌王章鱼的故事

现如今法制社会，这人要是赌球，早晚要赌进大牢里去。可要是动物呢？说不定赌着赌着，就发达了，混到家喻户晓的地步。

2010年世界杯决战的比赛以西班牙夺冠告终。“红魔”的胜利是历史性的，从电视镜头中看去，场地上漫天飞舞着金色的彩纸屑，让人想起当年在布宜诺斯艾利斯，阿根廷人夺冠后的疯狂。十几年以前，曾经看到一篇我国记者采访一名西班牙球迷的文章，叫作《背鼓走四方》，说的是一名忠实的拥趸，背着大鼓随西班牙队走遍天涯海角。那时，西班牙队并不十分出众，所以这种忠诚不免带了一丝凄绝之美。而今，这支优雅美妙的球队第一次夺得大力神杯，想来，那一刻整个比利牛斯半岛都在跳弗拉门戈了吧。

弗拉门戈舞姿优美，据说是仿自火烈鸟的动作。不过，鸟族这一天可能都有要作鸵鸟的感觉，因为对于决赛结果，它们的预言专家鹦鹉曼妮输给了一条叫作“保罗”的德国章鱼。

◀鹦鹉曼妮

▲章鱼“保罗”

鹦鹉曼妮是新加坡一只会说两国外语的鸟儿，据说可以通灵。章鱼“保罗”是德国奥伯豪森水族馆的镇馆之宝，不知何时被发现具有卡桑德拉般的预言能力，于是在世界杯开幕后，它们都被体育记者们选来当了比赛的预报员。

后者虽然从进化来说更为低等，但是对各场比赛的预测连取八寨，无论比赛结果怎样匪夷所思都准确无误，让人不服不行。以至于世界杯期间走在日本大阪街头，卖章鱼烧的小贩这几天都十分兴奋，叫卖得特别精神——这些天，他们的营业额普遍比平时要好得多，似乎干这一行的这些天都比卖烤鸡的更有荣誉感。

决赛前一天晚上，萨曾在一家日本小店一边看电视，一边要了一盘章鱼烧，问那个日本小贩这玩意儿跟德国那个预言怪物有没有关系。

和大多数日本男人一样，碰上这样突然的问题这位海鲜贩子瞠目结舌。倒是在忙碌切章鱼的他太太反应灵敏，马上过来指着电视里的“保罗”说：“亲戚，亲戚，它们都是亲戚……”

这纯粹是为了拉客不择手段，日本的章鱼和德国的，在动物分类学上有着较大的区别。不过，不得不承认，它们智力都很高，甚至有时可以捉弄人，都是海中堪称精灵的存在。

曾有潜水员亲眼看到章鱼和螯虾的搏斗，那场面十分经典。

螯虾和章鱼都是海底世界的肉食者，一旦相遇，双方必是一场恶斗。战斗开始后，章鱼会首先不断变换身体的颜色，激怒和困惑螯虾，消耗它的精力、体力，一旦找到机会就进行试探进攻。螯虾也不示弱，会举起锋利的大螯，反复对章鱼进行攻击，逼迫章鱼一次次释放出墨汁掩护自己。不过，让潜水员奇怪的是，随着战斗的进行，螯虾动作越来越慢，逐渐落入下风。原来，章鱼的墨汁中含有毒液，螯虾在一次次看似凶猛的进攻中不断中毒，其实已经上了套。

终于，章鱼抓住机会猛扑上来，用八只脚将螯虾紧紧缠住。螯虾的大钳虽然有力，却切不断章鱼柔软的腕足。而遍体柔软的章鱼，却有一张和鹦鹉一样锋利的嘴巴。海底的搏斗，最终以章鱼用它的鹦鹉嘴咬破螯虾的后脑，注入毒液后将其杀死，而后慢慢享用龙虾大餐告终。

如果章鱼的战术让你想起了绿茵场上流行的防守反击战法，那只能说您想象力丰富，并不是萨的本意。

▲ 螯虾也是海中一霸，但碰上章鱼就算是碰上了克星。

不过，章鱼的这套诡异战术，说明它本质是一个阴谋家。而能干足球比赛结果预测的，恐怕非阴谋家莫属——这条叫“保罗”的章鱼肯定是充分了解各队的实力，更衣室中的风波，赌球和黑哨的内幕，不然不可能有这样准确的预测。萨当时的看法是世界杯之后章鱼“保罗”还会继续火爆下去，因为记者们如果成功地采访它，一定可以让老章爆出无数世界足坛的内幕消息来。

▲ 其实，章鱼甚至有捕杀鲨鱼的记录。

不过，其前提首先是“保罗”有命来接受采访。如今，几乎所有预测中失利的队伍，都有大量的拥趸在世界各地大吃章鱼海鲜饭。甚至干脆有人成立了“杀死保罗”的组织。

这不是跟因为要刮台风就枪毙气象局长一样没有逻辑的事情吗？

尽管这样占理，估计章鱼“保

▲ 加利西亚章鱼烧

罗”也没胆量跟这些人计较——吃着人类的，用着人类的，住着人类的，水族馆里的动物嘴软手短是肯定的。

其实，“保罗”真可以算大公无私了，要知道，世界各国中，把章鱼做得最美味的，莫过于西班牙人。他们的名菜加利西亚章鱼烧Pulpoala Gallega天下闻名，被称作西班牙传统到不能再传统的食物。在西班牙任何的Tapas连锁店都可以找到。做法是弄来一条章鱼，用滚水煮一个多小时，直到肉质柔软，然后，加马铃薯胡椒橄榄油等……

不知道章鱼“保罗”听到这样的食谱，对它青睐的这个国家会有怎样的腹诽，也不知道西班牙人在庆祝中为了感谢“保罗”的鼓励会不会吃掉更多的Pulpoala Gallega。

哦，那几乎是一定的。

后续：德国那家水族馆发出令人悲伤的消息——章鱼“保罗”因为年事已高，终于寿终正寝，一代赌王驾鹤归西。不过，水族馆已经成功培养出了“保罗”二代章鱼，据说已内定将主持下一次世界杯的预测活动。

▲ “保罗”二世已经显示出天才的一面，图为其在水族馆中弹吉他。

看来，阴谋家总是不缺乏继承者的。

# 6 自杀案：百年老鳖死亡之谜

百年老鳖……自杀？！

估计看到这个标题，有朋友会说：萨，你吃多啦？撑糊涂啦？百年老鳖自杀？都活了一百年了，还能有啥事儿看不开的？

百年老鳖自杀这件事，就发生在北京动物园。当时在那里工作的一位饲养员曾和萨谈起过此事，上个世纪70年代《北京晚报》上对此也有过报道。

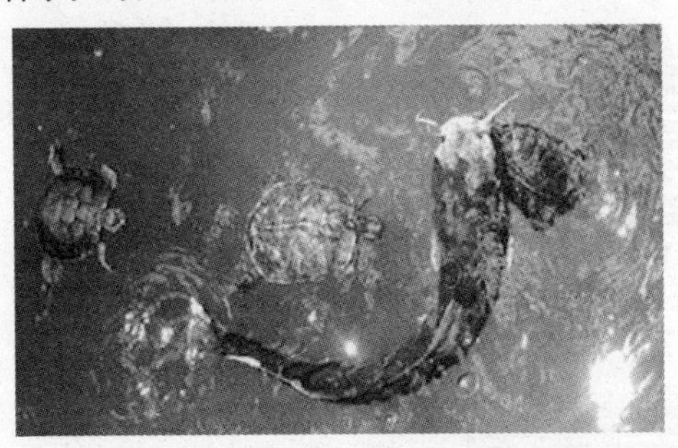

▲ 谁说俺们会自杀？——福建南普陀寺放生池内三头龟追咬一条鲶鱼的场面。

这件事发生在"文革"前，自杀的老鳖体重百余斤，长着两只豆眼，据说来自福建，是当地人在湖里抓到的。因为体型庞大，未敢食用，送到当地有关部门进行鉴定。根据专家检查，这鳖应该已逾百龄。这一来，当地领导十分高兴，决定将其送往京城，这多少有点儿如同古代进贡祥瑞一般，可能是想作一条"盛世出，神鳖现"的新闻。所谓龟龄鹤寿，也有对伟大领袖祝福的意思。

▲ 国宝：商王伏铜鼋——写实性记录了商王射杀老鳖的过程，现在咱们抓到老鳖送到动物园，从动物保护的层面上说，比古人已经进步很多了。

不过，这件事并未引起多大反响。归根结底，当时的领导人是无神论者，而且气魄宏大，“可上九天揽月，可下五洋捉鳖”，还不至于对出现一只湖里的鳖如何兴奋。最终老鳖被送进北京动物园，意思是让其在此颐养天年，同时娱乐群众。

说起来，这鳖长到一百多岁，也并不新鲜。杭州某寺曾捕获一只老龟，背甲上挂着一只金环，根据上面的铭文，竟然是宋代放生的，距今已经千年。从金环的尺寸看，这只龟当时恐怕就不会小，其真实年龄只怕还是一个谜。如此说来，百年老鳖在龟类中只怕还是青年才俊。

百岁还只是青年，难怪大家对像乌龟一样长寿很有兴趣。但你要是祝某人做乌龟，招来的只怕是一顿暴打——“你才愿意做王八！”

人，就是这样一种自相矛盾的动物。

龟鳖虽然长寿，但是在中国这地方，却越来越难看到大龟的踪迹了。其原因一方面是环境的破坏与污染，另一方面，咱国人好吃个甲鱼啥的，龟这个东西动作比较迟缓，容易被抓而下汤釜。

这件事还受到过政府的鼓励。

据说明朝的时候，江堤常被损坏，朱元璋大怒，下令彻查。官员汇报是大鼋（也就是老鳖）打洞造成问题。于是抓王八成了政治任务，官民纷纷捕杀大鼋，只怕当时也出了不少勇斗大鼋的英雄人物。但大鼋被捉尽，也不见情况好转。

真实的原因是大鼋其实没有破坏江堤的习惯，在堤坝上打洞的另有其人。

“猪婆龙”的“猪”字与朱元璋的姓“朱”字谐音，这位老板好搞文字狱，因此谁也不敢报告罪魁祸首是他老人家的本家。而大鼋与“大元”同音，正是老朱的死对头，于是被拉出来代人受过。

言归正传，因为稀少，动物园忽然来了一只百年老鳖，还是很令人感觉新鲜的，园领导很重视。此时动物园还没有两栖爬虫馆，缺乏专业饲养员，这样大的鳖怎样养，大家都没主意，只好商量着来。

龟鳖之类，本来是最好养活的动物。太平洋战争期间，为防动物园遭到轰炸后野兽逃出，日本决定在遭到空袭时处决具有危险性的动物。

不过，日本人也不傻，总不能美国人在九州岛扔一个炸弹就在东京的

▲这就是今天著名的扬子鳄，俗称“猪婆龙”。

动物园开屠宰场。为了把握这个尺度，他们将动物园中的动物分成不同危险等级，危险级别最高的是狼、虎等猛兽，遇到危险要首先处决，至于危险级别较低的，可以暂缓。

危险级别最低的动物，就是龟鳖之属了。

也就是说，只要不是特别极端的情况，这些老家伙都不会遭到处决的命运。

其原因，第一，龟鳖类多半性格温和，动作迟缓；第二，老龟们长寿，见多识广，说不定丁军门要炮轰长崎的大场面都见过，别说美国人用铁雀雀扔俩炸弹了。这样的老家伙性格淡定，断不会像虎狼之流因为惊恐做出过度反应。

然而，这头从福建来到北京的老鳖，却表现出了强烈的自杀倾向——它绝食了，自打到北京，就从未进食。一个星期，饲养员从小鱼到切碎的胡萝卜，准备了各种各样的饵料，但这老鳖就是给什么都不吃。那时动物园待遇甚好，连王小波都知道“北京动物园的老虎不缺肉吃”（《花剌子模信使》），所以老鳖绝食，看来不是饲养员准备的食物过于低劣，看这意

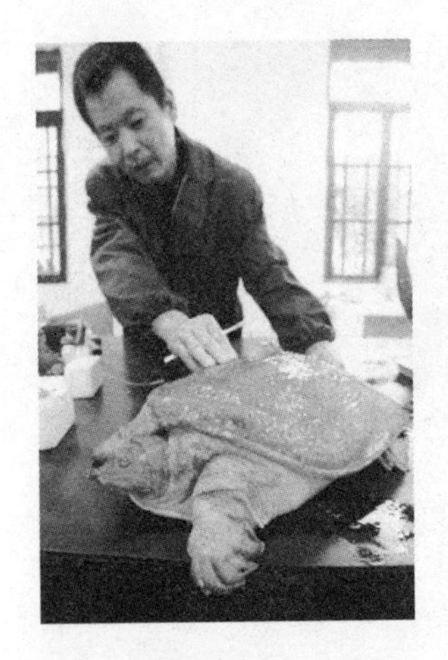

▲重庆发现的一只三十斤老鳖，据说北京动物园那一头比这个还要大些。

思，竟是“不自由，毋宁死”的架势。

动物园饲养龟鳖类动物也不是全无经验，知道这种家伙饿上一个星期问题不大。极端情况下，老龟饿上多年依然活得有滋有味的事情也不是没有。广东曾有一家人用乌龟垫床腿，过了几十年，改造房屋的时候移动木床，那乌龟却悠哉游哉地爬走了！盖龟类在不利情况下可以调节自己的新陈代谢，求得长期生存。现在有人练瑜伽能练到被活埋而无恙，可能就是汲取了老龟的本领。

可是，老鳖不吃食的事情传开，引来很多人好奇。不管怎么样，走在路上，人家的问候语从“您吃了吗？”变成“您那大王八吃了吗？”，还是让饲养员很不适应。所以，让老鳖能够尽快吃东西，就成了一件具有紧迫感的事情。

本来，估摸着是别的老鳖吃什么，它就应该吃什么，但是看来这个老鳖，是个有特殊口味的。老鳖里面，的确有些口味特殊。比如，世界上最大的陆龟——加拉帕戈斯群岛上的巨龟，专吃别人无法下咽的仙人掌。据说海龟里头还有专吃龙虾和海胆的。

假如送到北京动物园这只老鳖也有这个口味，那园里可就麻烦了。

当时也没有参考书可以使用，而且相关专家缺乏，连这老鳖的种类似乎都没法弄得太清，饲养员只好一面找人请教，一面继续尝试。

这天，饲养员回家，碰上老丈人来做客。聊了几句天，看女婿愁眉不展，老头子打问之下灵机一动，说好办，你试试我这个法子——弄些牛羊下水，切碎了在太阳下晒它个俩钟头，等有了异味拿去，说不定它就吃了。

看老鳖的口腔结构，牙口锐利而咀嚼肌强健。有一次被饲养员逗弄，一口咬下去把一根扫帚柄撕掉一大块，若是咬上大骨头估计也是摧枯拉朽。看它体态笨重，不似能抓到鱼的，倒有几分像食腐动物。吃腐肉会不会食物中毒？饲养员想想这不是问题，大不了它不吃，百年的老鳖，总不

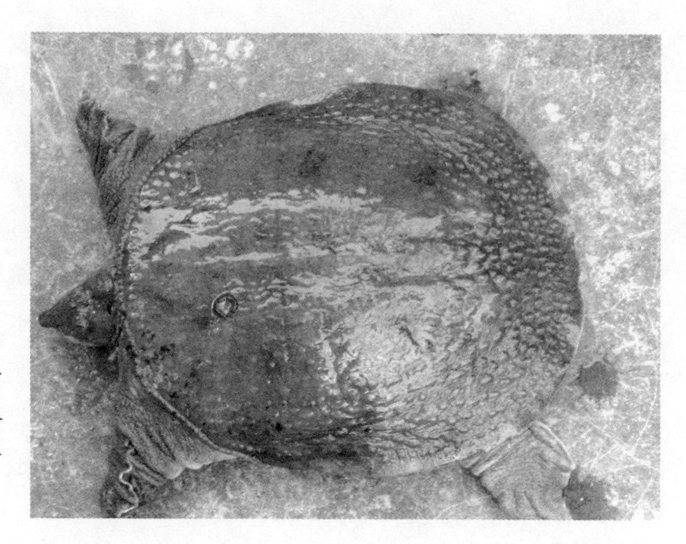

▶山瑞鳖，如今餐馆也有卖的，但价格不是一般人吃得起。

会不知道吃什么会闹肚子吧？

就这样，如法炮制之后，用铁钎子叉着腐肉给老鳖递去。那老鳖起初不为所动，过了片刻，翻翻豆眼，终于似乎很不情愿地咬了一口，慢慢地把饵料吃掉了。

你终于吃食了啊。饲养员很高兴，回来问岳父：老爷子，您怎么知道它吃这个呢？老爷子说我年轻时候净上运河里头钓老鳖去，下的鱼饵就是这个东西……

以后，老鳖才开始进食，只是吃得始终不多。

饲养员的想法是老鳖修身养性多年，惜福如金，不习惯多吃。后来才明白，这种老鳖在自然界是饿极了没办法的时候，才偶然吃些腐肉，还是不对人家口味！

那这老鳖到底吃什么呢？这个谜大家想来想去也没有弄清。

这老鳖本被放在饲养室里一个超大号木盆中，但它不时往外爬，饲养员觉得管理很是麻烦。动物园里有个饲养龟鳖的水泥池子，养着十来头山瑞鳖，于是决定把它放进去，和其他龟鳖混养。

老鳖个头虽大但老实得很，放进去立刻头尾缩进甲壳，任凭小鳖在其身上爬来爬去。

▲ 我们一直主观认为龟都是温和的动物，其实凶恶的龟也不少，比如这种鳄龟就是专门吃肉的。

第二天饲养员来到池边一看，却看到一番难忘的景象。只见那老鳖嘴里叼着一个东西正在大吃特吃，细看，竟是一头被咬去一半的山瑞鳖！再看池水之中，原来的十几只山瑞鳖，只有两三只逃到岸边发呆，其他的都只剩了残缺不全的龟壳。

你们不知道咱家是专吃活食儿的吗？

那老鳖翻着豆眼看了饲养员一眼，饲养员竟然后退一步——天，原来这东西是专门吃鳖的鳖啊！

当天就把老鳖抓了出来，怕它继续行凶，弄了一只养金鱼的大缸，装了水让它暂时住在里面。而后赶紧请示上级以后这东西怎样喂养——总不能天天弄甲鱼来喂它吧？

那天可巧这位饲养员的儿子发高烧，他急忙赶回家去照料，就没有继续管这件事。

第二天，他到了下午才去园里，却听到一个惊人的消息——老鳖死了！

昨儿还吃鳖吃得有滋有味的呢，怎么一天就死了？

到了现场一看，果然，那老鳖确实死了，而且身上毫无伤痕，考虑到大荷花缸里只有它自己，有人说，这鳖，十有八九是自杀的。是啊，百年老鳖，总不会这样巧今天寿终正寝吧。

百年老鳖自杀，这样的新鲜事儿，连动物园派出所都惊动了。

在动物园调查此事留下的照片中，有一位戴大盖儿帽的警察同志，显示警方介入了这起老鳖“自杀”事件的调查。想想这也合理。尽管在自然界人类已经把野生动物逼到绝境，但却颇有一些人对野生动物十分崇拜。某年五月，泰国曾有这样一起案件，素攀动物园四头老虎被毒死，原因是有人惦记上了老虎的皮和骨头。在我国，某些动物园甚至还曾有卖虎尿（而且必须是公虎尿）的生意，每瓶 15 元，只不知顾客是谁。

百年老鳖，也不免有人会惦记，认为吃了它的某个部位，能让自己延年益寿。如此，会不会动物园里某位有此癖好的兄弟，谋杀了老鳖呢？大约，警察同志是来调查一起谋杀案的吧。但仔细想想，如果真破了案也麻烦，那年头没有“野生动物保护法”，而且动物园的鳖大概也不能算野生动物，真不知道能按哪条法律惩治犯人呢。

其实警察的出现属于偶然，当时还没有敢毒死老虎这样胆大包天的人物。这位警察同志是来联系工作的，听说死了一头百年老鳖，觉得好奇，所以来看看而已，碰巧被收入镜中。

真正检验出老鳖死因的，还是动物园的医生。

结论呢？

竟然是——“溺水淹死”。

百年老鳖会淹死？！

原来，那天发现老鳖居然是个吃鳖的恶魔，众人惊诧之中不免考虑不周，那口用于让老鳖安身的大缸，肚大口小，又深又滑。老鳖进入缸中，遍寻四方，水面上无一处可以着力（这是符合饲养员们想法的，怕这个家伙爬出来——但你们倒是在水上放块木板，让老鳖能歇一会儿啊）。

这样一来，就出现了一个要命的问题——老鳖虽然生长于水中，却毕竟不是鱼，而是爬行动物。它是要用肺呼吸的，所以每隔一段时间，都要浮出水面换气。

于是，在这样一个十三不靠的大缸里面，老鳖只能不断游上水面换气。可怜鳖壳沉重，经过一天一夜上下折腾，疲惫不堪的老鳖终于再无力浮出水面，落得了个溺水身亡的下场。

若在今日，只怕大家还要感叹一声——原来，老鳖是“被自杀”的啊。

现在的北京动物园，有了两栖爬行馆，各项饲养业务都走上正轨，连让蟒蛇吃草的计划都能执行得天衣无缝，所以，类似的案件，是不大可能再发生了。

关于“百年老鳖自杀案”，还有一个尾声，那就是这老鳖究竟属何品种。

从对饲养员的采访来看，这老鳖似乎至死也没弄清品种。但是，后来有很多人怀疑这老鳖可能是我国著名的珍贵野生动物——斑鳖。

▲斑鳖，一种有灵性的动物。

斑鳖，俗称“癞头鼋”，是目前世界上最珍稀的一种巨型鳖类动物，它生长于太湖及其周围水域（越南等地也有），寿命可达数百岁，成年个体体长可以达到两米以上。它不仅身形巨大，而且力量惊人，据说我国古代建筑物中常见的身背巨大石碑的赑屃，原型就是斑鳖。遗憾的是今天这种动物全球仅存三只，而且都是在人工饲养环境下存活。事实上，即便是在古代有文字记载的时代，每头斑鳖，也基本是有名字的——这种躯体庞大的动物，生活在与人类很接近的地方，偏偏肉味鲜美，故此容易成为猎物，存活数量很少。

从淹死的老鳖具有好吃活食、体形巨大等特征来看，它颇有些像这种神奇的斑鳖。

不过，也有不同看法，因为老鳖来自福建，这里没有出产斑鳖的记录，而斑鳖能在水下栖息较长时间，换气次数很少，从这些方面来看，又不大像。

由于斑鳖是在上个世纪 90 年代才正式定名的动物品种，如今要调查这老鳖的身份，恐怕也是一个难以完成的任务了。

# 7 兴奋剂案：让母蛐蛐开牙的秘方

小的时候住在科学院宿舍，那是个平房院，一到夏天满院子蛐蛐叫，院里男孩子十几号，能忍得住不去抓一两个来比划的几乎没有，后铁门处的蟋蟀尤其善战，周围几个院儿都有来抓的，后来成为"华罗庚金杯赛"数学冠军的陆昱在院里算有名的白专，这种时候也忍不住翻铁门掀砖头的出来比划。铁门后边是个煤堆，自然难免污染，记得陆昱当时挺白，每次从铁门上爬回来，就和熊猫差不多了。

蛐蛐儿有很多品种，其实差别细微，比如青头和棺材盖儿，院儿里当爹的一水儿研究员，就没一个能分得清。但"油葫芦"是肯定能区别出来的。

"油葫芦"，是我们对雌蛐蛐的称谓，因为雄蟋蟀尾须两支，雌蛐蛐儿三尾，多一个产卵器，形如长嘴油壶而得名。也有兄弟说萨对"油葫芦"的定义不对，"油葫芦"与蟋蟀不是一种昆虫，雌蟋蟀不叫"油葫芦"，但确实有被鼓捣出能斗的来，叫"三引大扎枪"，不知真假，且存疑。无论如何，让雌蟋蟀开牙打斗，无论人还是蛐蛐，纯属一种变态。

▲ 两尾的蛐蛐

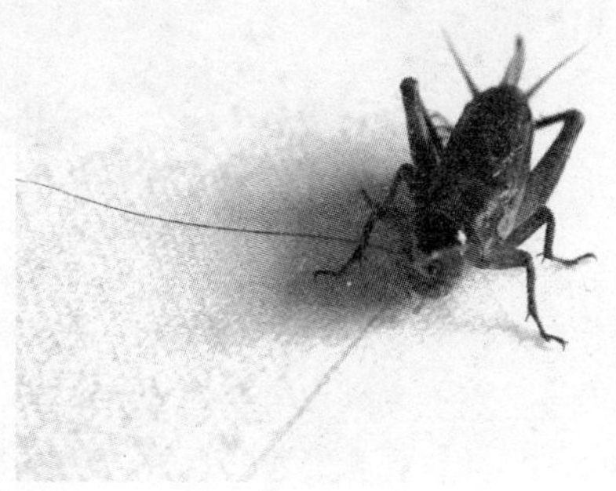

▲ 三尾的"油葫芦"

斗蛐蛐儿都是斗公的，就跟现在街上老爷们儿经常打架大姑娘经常看热闹鼓劲一个意思。再没听说过“油葫芦”也能斗。

可是，总有些人比较笨不是，抓不到公的，就琢磨用母蛐蛐上阵。

这应该是违反自然规律的。

嘿，就有我们一哥们儿成功地完成了这个不可能完成的任务。他哥哥是矿冶学院的，不知道用了什么原理调和出一种绿色药水，往“油葫芦”脑盖上一抹，那蛐蛐立马一反常态，纵蹦蹿跳，逮谁掐谁，跟亚马逊女战士似的，张牙舞爪地倍儿欢，一时传为奇谈。问题是这药十分奇怪，多好的蛐蛐儿，让他的“油葫芦”咬了都从此不再张嘴，成了“臭嘴捞眯子”，后来闹的谁也不敢跟他斗，这哥们儿郁闷的就差自己下场子了。

也未必是药的作用，想想，蛐蛐儿也有面子啊，大老爷们儿让一姑娘追着打，咬得满身是血，搁谁还有面子到处跟人叫板啊。

当时我们的宿舍离动物所和遗传所都不远，那里是童第周教授让金鱼和四脚蛇结合生孩子的古怪地方，那属于国家重点课题，有解放军站岗，按说大家该敬而远之。可那里面有金鱼池（做试验用的，露天），可以偷到金鱼——偶尔可以偷到长相很古怪的金鱼，搁今天该有人往核辐射上联想。那金鱼池附近草也很多，蟋蟀成群结队，我们这帮孩子经常跳进去偷偷捉蟋蟀。

▲童第周从鲫鱼的卵子细胞质内提取核糖核酸，注射到金鱼的受精卵中，结果出现了一种既具有金鱼性状又表现出鲫鱼性状的子代。画家吴作人专门为这种鱼画过一幅画送给童老，把它称做童鱼(本图右侧)。我等在动物所虽然抓过怪怪的金鱼，还没有怪到这种地步。

螳螂捕蝉黄雀在后，就有再被解放军抓了的。

好在人家也知道克格勃或者CIA都不会雇这种墙都翻不利落的童工，恫吓有之，最后无一例外轻松放人。

不过也有发生奇遇的时候。有一次我们那兄弟被抓了，有个搞研究的老爷子看见，走来问问，还饶有兴味地检查他抓的蟋蟀，及至看到里面多是三尾的母蛐蛐，不禁摇头，说外行啊外行，这三尾的蛐蛐不能斗。

我们那兄弟大着胆子说：能斗。

老先生说你怎么胡说啊，公蛐蛐为争母蛐蛐斗，母蛐蛐为什么斗？——跟你小孩说这个你也不懂……

就是能斗么，要是能斗你放我走？我们那兄弟一看有门，科学院的孩子都不笨，赶紧见缝就钻。

老先生说行啊，搞遗传搞了30年，见过金鱼长腿我还没见过母蛐蛐开牙呢。

我们那兄弟就地一坐，抓个旧罐头盒来，放进一公一母俩蛐蛐，顺手掏出一个小眼药水瓶来，照着“油葫芦”脑袋上就是一滴。

不等用蛐蛐草促战，只见那“油葫芦”脑袋往上一仰，翅子一立，跟打了鸡血一样，冲着那公蛐蛐就猛扑过去了。公蛐蛐看到来一个蛐蛐MM，大概正满心琢磨怎么上去泡，忽然看见这MM扑过来又撕又咬，凶悍无比。那年头无论人的世界还是虫的世界都不流行野蛮女友，这公蛐蛐一愣之下，一边的翅膀已经给拽得跟散架的雨伞似的了。打到这个地步，惊骇莫名的公蛐蛐哪有心恋战，掉头就跑，一个追一个逃，老头儿两眼发直之际，那公蛐蛐一个超水平的狗急跳墙，窜出了罐头盒夺路而逃！

老先生摇头晃脑，那叫一个不可思议啊。

不过，然诺就是然诺，只能放人吧。

人可以放，那小瓶绿色药水要留下，老先生说，我得研究研究这是什么成分。

多年以后，在报纸上看到有报道搞运动的吃兴奋剂，正好当时我们那兄弟在场，一扶眼镜，满紧张地问萨——老大，这不会是遗传所那帮人干的吧……

嗯……

## 8 身份案

### 之一　揭开清宁宫怪兽之谜

所谓宫殿，皇上住的地方，一般来说都是记者的禁脔。不过清末民初时期，日本有一名记者乘乱跑进了沈阳故宫，拍到一批照片，倒是保留了不少这座清朝旧皇宫的遗影。这套照片，萨在日本1925年的一本旧摄影杂志中偶然看到，觉得颇有历史价值——毕竟，那时候我们没给这座建筑留下多少照片，这应该是不可多得的历史遗迹。

不过，看到下面这张标明“奉天清宁宫宝物”的照片，萨的情绪顿时转为抓狂。

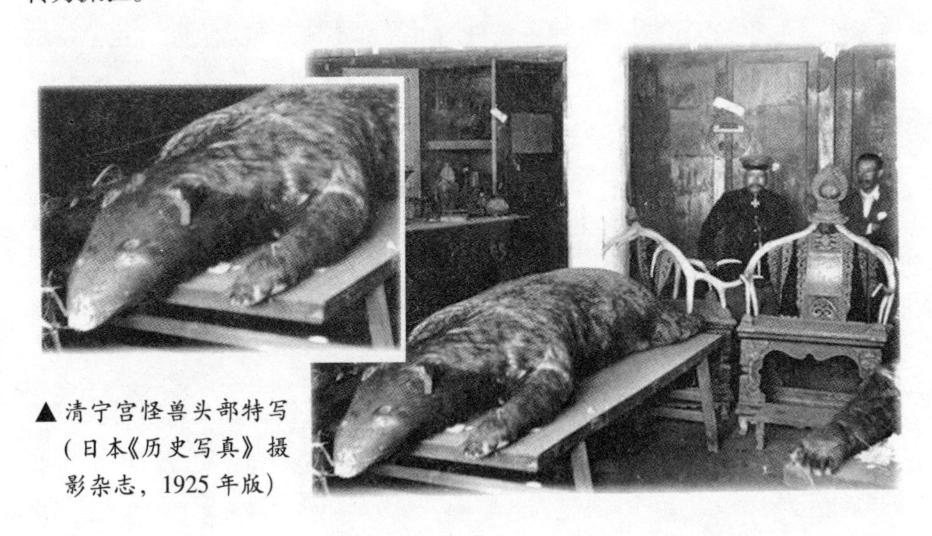

▲清宁宫怪兽头部特写（日本《历史写真》摄影杂志，1925年版）

注意照片后面的椅子，那是清朝特色的鹿角椅，用猎取的雄鹿角做的，这两把只是椅背上有鹿角装饰，还有整个椅子全是鹿角做的，坐这样的椅子要小心别扎着，中国人对椅子要求是尊严重于舒适，坐着可难受

了，从太师椅到皇帝的宝座都是又硬又凉，所以沙发是个外来词。

不过，画面上最吸引人的还是伏在桌上的那头怪兽。

从日文说明中看到，这是一头动物标本，长255公分，旁边还有一头更大的，长262公分，推测活着的时候两兽体重都超过一千斤。也就是说，站起来比姚明还要高二十多公分，体重，至少顶五个……

宝物里怎么会有动物？

从沈阳故宫的地图上看，的确有清宁宫其地，由此可见日本记者的记录并非忽悠。据介绍，清宁宫是努尔哈赤的寝宫之一，这难道是这皇帝老儿养的宠物？问题……问题是这宠物的尺寸也太大了些吧？

再说，好像在萨印象里，东北没有这模样的大型野生动物啊。

看到该怪兽萨首先想到的是曾经见到的一幅动物画像。四足兽，头尖，体硕，趾间有利爪（小魔女说，像穿山甲）……

问题是，大家千万不要受萨误导，第一，画像上这东西产自南美，名为“大懒兽”，中国境内从无出产；第二，这东西早在史

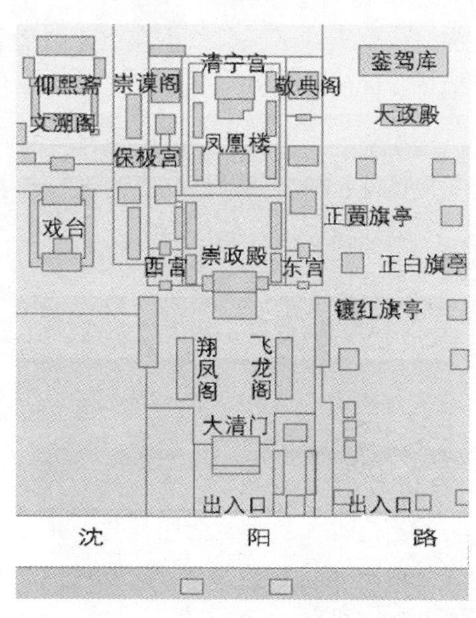


▲沈阳故宫地图

▲今日清宁宫

▲这个东西，您看，无论是头型还是爪子，是不是满像的？

前时代就灭绝了，所以不存在美洲某个主动臣服的部落向清廷进贡两头大懒兽这样的可能。

那么，这两头清宁宫怪兽究竟是何种动物呢？

还好，清宁宫附近一座建筑的名字引起了萨的注意——“镇殿熊馆”。

嗯？镇殿熊？熊！

莫非这东西是熊？

别说，顺着这条线索查下去，还真让萨找到了一条新闻。

故宫展出清宫巨大熊皮　2010年6月12日　星期六

6月11日，两张已有百年的特大熊皮悬挂在沈阳故宫的镇殿熊馆，吸引了不少游客观看。这两只熊一雌一雄，据说，它们生前因护驾有功被皇太极封为“镇殿侯”。二熊死后，又被制成模型，陈列在金银库内，为皇上看守金银珠宝。

这两张熊皮巨大，雄的高度为2.45米，宽为2.03米；雌的高度为2.47米，宽为1.05米。尽管随着岁月变迁，熊皮黑色的毛发已慢慢脱落变成棕黄色，但从这魁梧的身材和凶煞的面孔，仍然可以看出当时“镇殿侯”的风采。“这么大的一张熊皮，我可头一回看到。”游客们都是一边看一边惊叹，据展馆的工作人员介绍，每一只熊的重量都在千斤以上，是世界上极为罕见的东北黑熊。

这熊皮到底啥来头？流传最广的一段民间传说是，两只熊被驯养在盛京皇宫，因为力大无穷，又通灵性，皇太极用这两只熊协助侍卫守护大清门。一次，皇太极在经过大清门的时候，遭刺客袭击，这时二熊扑上前去奋力将刺客扑倒，救了皇太极一命。为了感激它们的救命之恩，皇太极封二熊为“镇殿侯”。熊死后，又将它们的遗体制成模

▲展出的熊皮

型陈列在金银库内，要二熊继续在此守护。根据这个传说，在沈阳故宫博物院刚刚建立的时候，两张熊皮被放在大清门陈列展览，它们“尽职尽责”，继续完成自己的使命。

（《沈阳晚报》记者 齐晓棠 实习生 黄晴）

看照片像（除了已经从标本变成了熊皮），尺寸也像。

这条报道基本解开了日本记者旧照片中怪兽的谜团。

不过，依然存在一些疑问——

首先，报道中称这种熊为“东北黑熊”，这是“亚洲黑熊”的别称，根据互动百科提供的资料，亚洲黑熊体长1.6米左右，体重一般不超过200公斤，怎么会长成500公斤的巨兽呢？要知道，哺乳动物与爬行动物的一个重大区别就是体内有了控制体型大小的基因，不会像恐龙一样越老个儿越大，对自己的身体一点儿没谱。

那么，会不会是其他的熊呢？

比如，棕熊。中国的棕熊虽然不算太大，但美洲的能长到680公斤，从那边游过来两头也没准。不过，棕熊是典型的圆脸庞，和这标本动车车头一样的脑袋有点儿不搭界啊。或者是变色的北极熊？

算了，我承认萨在抬杠。

▲ 亚洲黑熊

▲ 美洲棕熊

推测这两头熊可能就是当地所出，那个年代没有好的制作标本的技术，看照片里样子好像就是个空心的熊皮里面楦上填充物，因为没有头骨撑着，所以脸是长的，变成了动车车头的形状。

正因为里面没有骨架，填充物腐朽了以后估计干脆就摊开成张皮子展览了。

在雍和宫有康熙皇帝打的熊的标本，体型巨大，估计是按同样比例做的。雍和宫的巨熊似乎比沈阳故宫里的家伙还大，站起来可以达到两米多。说明那个年代东北的熊里面真有大家伙。东北古代有过能吃东北虎的巨虎，保不齐，就有某种身高两米半，体重千斤的史前大熊一直生长到清代呢，对不?

您说呢。

## 之二　是谁袭击了老太太

在日本工作期间，一个星期日，某兄弟打来电话，说咱们加濑老师跟狗熊掐架，让熊给咬了，你还不打个电话去问候问候?

吃惊之下赶紧给加濑老师打电话，老太太是UNISCO日语教室的志愿老师，为人热诚，对中国人很友好，怎么碰上这样的邪事儿呢？原来老师是清晨散步的时候出的事，不过半天儿功夫。老太太接萨电话时还哆哆嗦嗦的，平时那个温文尔雅的劲儿早没了。

不过，看来老太太神志还清醒，说已经报警了。据老太太说，是早晨沿着山道散步的时候，下山路上从灌木丛里窜出来一头熊。所谓老太太“跟狗熊掐架”纯属谣传，双方根本没来得及对峙。老太太反应很快，扔了手包之类的零碎儿掉头就跑，她的狗挺勇敢，冲上去就咬，与熊搏斗。加濑老太太跑回家里，狗也回来了，狗耳朵给撕开一个大豁口，老太太自己倒没受伤，只是眼镜摔丢了，警察下午就来，说是要调查。

长吁一口气，原来只是偶遇目击，还没到被咬的程度，不然……

在日本野生动物并不少，但是大多属于河狸、野獾一类个头儿不大的东西。据说日本古代有狼，上个世纪初就给打绝了，现存最大最凶猛的动

物就是狗熊。不过日本的狗熊也属于袖珍类型的，比羊大不了多少，这东西多产于北海道，听说高速路上熊比车多，但萨住的这片儿可不多见。加濑老太太住在三田市，虽说不算繁华吧，可也不算偏僻啊。日本动物保护做得不错，但在市区出现狗熊还是满让人吃惊的。萨喜欢热闹，这样的事儿不去采访看看未免太遗憾了，但是有个女儿小小魔女拴着，出不了门啊。

▲ 日本有些地方狗熊猖獗，但我们家周围这一片，还没听说过这种事情。

于是，就把电话打回给那个给萨报信的兄弟，一阵添油加醋，鼓动得这兄弟兴致起来了，说你等着，我去看看老太太，顺便瞧瞧“鬼子警察”怎么抓狗熊。

下午，就开始给萨电话实况报道，抄录如下：

1. 我到了，老太太气色挺好，狗有点儿惊，见人就狂叫，可能吓出毛病来了，耳朵撕坏了，可怜。

2. 大着胆子去了老太太出险的地方，附近是一个果树园子一直连到山上天然树林，之字形的盘山公路，老太太每天从上散步到下面，再回家，从来没出过事，估计是外地来的流窜野熊。

3. 老太太回来的时候没走正道，跳了好几条护栏，连裙子都没撕——快八十了啊！我晕……

4. 警察来了。

5. 警察来了两个，还来了两个记者，说是三田多少年没见着熊了，说老太太运气好。加濑老师用中文说：“混蛋！”

6. 大家一起去看那个地方，警察说熊可能就在附近，带上两支大口径枪，开警车去——刚才咱甩着十个红萝卜就去了……我，我……

警察说最近有狗熊在别的地方偷柿子吃，把人家老爷子给咬趴了。

7. 到了，警察下去了，不让我们下车。没有发现熊，大家可以下车了。

8. 记者一通狂拍，什么也没发现。老太太赌咒发誓说就是这里碰到的狗熊……

9. 警察发现熊粪！大家很紧张。

10. 警察把熊粪捧走了，说是要回局里检验，还要发紧急通知让市民注意“熊害”。大家回家，老太太的女儿来了，陪老太太一阵。

……

第二天，萨正要上班呢，我那兄弟打电话来了——喂，萨，破案啦！

嗯？萨还没转过弯的，忽然想到是加濑老师那件事。哦，狗熊抓到了？

哪儿啊，警察把那泡粪捧回去化验……化验结果是——

猪粪！

所以，老太太碰上的实际是一头野猪……

能把猪看成熊，老太太什么眼神啊？

唉，这回冤枉狗熊了。

日本的野猪很多，在神户市里，只要往山上走一点就经常可以遇到，危险性比狗熊小一些。不过，警察似乎早就应该料到这样的结果，因为加濑老太太所在的三田，历史上从来没出现过狗熊。

那为何还如此如临大敌呢？有位日本同事苦笑说，现在野生动物固然成灾，有时候家养的动物也会跟着起哄。日本有个野良寺，自古有饲养老虎的习惯，前些年一不留神跑了两头，一公一母在山上跑了一个多月才被解决。三田虽然历史上没有熊，但要是谁家养狗熊跑出来，也不是不可能的。

忽然想起，北京有位负责环保的朋友，说他们在京城曾经抓到过蟒蛇，巨蜥，金雕……

唉，真是阳光底下无新事啊。

▲一头野猪在神户大学附近散步

# 9 停电案：一个馒头可以引发血案，一只猴子……

2011 年 3 月 11 日，日本发生了震惊世界的九级大地震，很多地方因此停电——说起来，日本真是个不安生的地方，不要说地震，连一只猴子，也能引发停电的。

青森，地近北海道，因为地处偏僻，除了是日本著名的苹果产地以外，一向是个平静的地方，连这次地震损失都是日本东北部地区最小的县之一。但是，前些日子一天上午，当地陆奥市的居民却啼笑皆非地成了 NHK 电视台新闻报道的对象——这一天，一只“爱好科学”的野生猴子悄悄溜进日本东北电力公司青森分公司位于该市佐井村的变电站。它在不为人知的情况下巧妙地接近了变电机组的关键部位，并对配电盘产生了兴趣，试图进行某种操作。不幸因为技术不够熟练，猴子的操作引发了严重的电线短路，青森地区因此发生大规模停电，停电范围共计七千余户，波及三万余人。

▲ 停电的新闻报道和肇事的猴子

十点钟，在意外发生之后，依然懵懵懂懂的电力公司紧急派出工作人员检修设备，却在操作室的地板上发现了这只蹲在地上的猴子。经过鉴定和核对监视录像，确认这只猴子就是肇事者。

不过，可能由于这只猴子福大命大，检查的结果是它只是左前爪和右后爪受到轻微的灼伤，看起来情绪稳定，亦不甚惊慌。哭笑不得的工作人员没有抓猴子的本领，只好请来三名当地政府建筑课的职员帮助，一起用网子将其捕获。

▲据说此猴被捕后表示情绪稳定，并食用了工作人员提供的苹果。

“抓捕的时候，这猴子曾试图反抗，但可能因为刚刚触电双脚无力，几次跳起来又跌了下去，终于被抓。”参加抓猴行动的山本尚树股长如是说。

看来，当年抓捕孙大圣若是用电棍，比二郎神的三尖两刃刀管用多了。

工作人员将抓住的猴子带到佐井村村公所，交给当地政府处理。

经过三个小时的疯狂抢修，到下午两点，停电的大间町、佐井村、风间浦等地的电力供应陆续恢复。

由于停电的影响，当地政府一度停止正常工作，附近的奥户中学当日也因此被迫停课。

佐井村变电站，属于东北电力公司的二级变电站，最高电压三万三千伏，也是日本最先进的变电站之一。由于设备先进，日常工作完全自动化，平时人员根本无需进行手动操作，这也是工作人员未能及时发现猴子入侵的原因之一。

虽然由于野生动物保护日见成效，日本经常发生猴子进入稻田果园偷食的“猿害”，但是猴子入侵变电站造成停电还是新鲜事，因为变电站里实在找不出什么可以让猴子感兴趣的东西。只能推测这只猴子属于好奇过于旺盛。这起罕见的事件引发了新闻界的热烈关注，《朝日新闻》、《读卖新闻》、时事通信社等今天对此都纷纷作出报道。

不过，该变电站的工作人员对此可并不感到有趣，而是大叹苦经。这个变电站可算比较倒霉，此前已经因为野生动物的入侵造成一次停电，那一次是有一条大蛇爬进了变电机组，结果付出了生命的代价。为此，东北电力公司在该变电站周围装设了两米高的带刺铁丝网，以为可以万事大吉。不料这次来的却是善于攀爬的猴子。据判断这只猴子是攀援墙壁而后从屋顶进入变电站的，因此铁丝网对它毫无作用。

据当地政府提供的消息，这只猴子属于被称作“世界生存最北的猴子”的日本猴，年龄约六岁，身长35厘米，在被捉当天，已经可以进食苹果，看来并无大碍。

这种猴子在日本属于国家级保护动物（国家天然纪念物），不过，因为当地猴子数量增长很快，近年青森多次发生猴子偷吃、抓人等越轨行为，当地政府有计划在2011年之前抓捕270只猴子，以使其数量维持在一个合理的数字。不过，由于这一计划尚未通过议会的批准，这次惹祸的猴子没有受到惩罚，恢复健康后被放回大自然，电力公司也并无追究其刑事责任的意愿。

不过，猴子闹事又不受惩罚，恐怕不是个好事情。采访中，笔者再三向当地警方询问，对这样的事情难道就没有一点惩处吗？结果，被惹烦了的一位警官终于忍不住开了金口——“那猴子嘛，放回去之前我们顺手给它做了绝育手术……”

▲ 个人认为日本的猴子之所以干出如此无聊的事情，与生活过于优裕，滋生了盲目寻求刺激的错误思想有关。

# 10 盗窃案

## 之一　熊盗车

有些地方，特别是自然保护观念深入人心，离树林子有不太远的地方，熊就经常会做起不速之客来。

看过一个熊盗车的录像，觉得十分有趣，并对熊在获取食物时的智慧和勇气感到惊讶。所以，把当时的观感写出来，与大家共同分享。

这个录像摄制的地点在加拿大，晚上，在一个停车场，用微光拍的。只见一辆切诺基好好停在那儿，忽然黑影幢幢，绕车而走——熊来了……

开始还只是一个模糊的影子对着轮胎乱扑腾，摄影师调整焦距，熊鼻子，熊耳朵，熊屁股，就清晰地显现了出来。

却见这家伙绕车旋转，好奇地又拱又刨，解说员说你看，肯定是一个新来的荒子，乳臭未干没经验，折腾了半天什么也没捞着。说着，那熊就到了右边前车门旁边，站起来透过玻璃往车门里看。这一下看清了，果然

◀早就盯上了停车场的熊

是个幼熊，胖乎乎的，站起来不过刚扒到玻璃。

解说员接着说后来才明白这熊在看什么，原来是驾驶座上司机扔的一袋儿曲奇饼。那玩意儿烤得又酥又脆，喷香喷香，估计味儿车门缝儿里都闻得见。闻得见，可是摸不着。您再看那季节，天寒地冻，估计大林子里头蘑菇野果子都找不着了，您把这玩意儿放这儿，要我啊？把个熊急得哐哐拍车门，虽然全无用处但眼看着车门就瘪进去了——这还是个幼熊！

正在这时候，解说员说赶快切镜头，又来了个大的！

镜头一转，只见切诺基和另一辆车之间出现了一个庞然大物，俨然是熊妈妈或者熊姥姥来了。那么大的块头但刚才居然没发现它！后来检查附近的情况，才明白这熊姥姥比那小熊崽子聪明多了。

原来车场旁边有个果皮箱，那熊姥姥可不像小熊那样乱折腾，一来就一声不吭把果皮箱拖走了，在旁边两个房子之间倒了个底儿朝天，在那儿饶有兴味地检查里面的东西，有没有谁浪费饮料只喝了一半啊？有没有过期的便当啊？咱熊不计较这个。这熊明摆着驾轻就熟，而且选择的地方还挺隐蔽，不是她自己跳出来，连摄影师都没发现。巨寒……要是这摄影师以为就一个小熊，过去亲近亲近……

萨想熊姥姥对这个小镇的人文社会经济情况可能比镇长还清楚，每况愈下，镇长可不能像熊这样扒开垃圾作分析吧。

善于做分析的熊姥姥听见宝贝熊崽子急得呼哧带喘，放下便当盒过来

▲ 熊的利爪是随身携带的兵器，摄影师可没带着类似的装备。

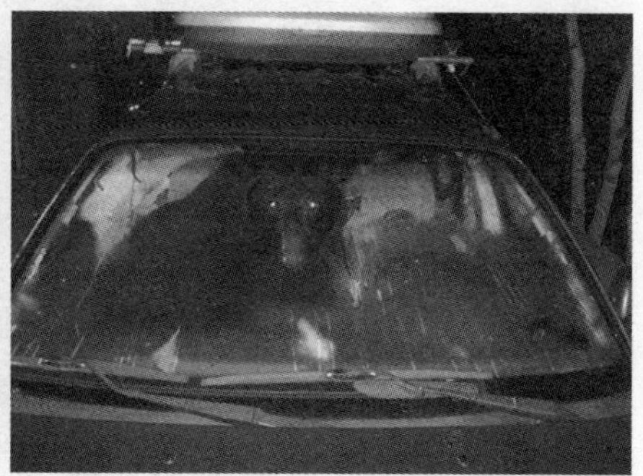

▲ 熊姥姥

了，也趴窗子往里看。

这一过来不禁让人倒吸一口冷气，只见这熊姥姥站起来比大轮的切诺基还高，微光摄像机下看来两眼白光，如同电灯。

大熊和小熊就是不一样，一眼就看出来这车的弱点在哪儿了。一抬掌，“砰”，窗玻璃打个粉碎，真是如同我们捅破一层窗户纸一样轻松。你看马戏团的熊跟二傻子似的，那纯粹是装的，野外的熊是地地道道的猛兽！

问题是窗子碎了，那熊爪子毕竟不太分瓣儿，不能学咱们抓饼干吃，三拨拉两拨拉，把曲奇饼拨拉到座位底下去了。

这时候镜头转向那熊崽子，小东西久等不着，急得揪着熊姥姥腿上的长毛又拉又扯，看看曲奇饼还出不来，照着姥姥屁股就是一口。

或许是牙没长全，熊姥姥也没跟它计较，一巴掌赶开了事。

我们都在想，这熊它怎么办？要能把车门拧开那就不是熊了，是姜文穿着熊皮拍陆小凤来了……

却见这熊忽然作了一个我们意想不到的动作。只见它身子一躬，脑袋就进了车窗，一拱一钻，肥硕的身子居然进了车里！

这一手实在令人惊讶，被车玻璃扎倒不算太大的事儿，解说员讲熊皮糙肉厚，现在的车玻璃都是防止撞击后碎片伤人的？问题是熊怎么知道？估计不是看书看来的，只能说明熊姥姥是破窗盗车的惯犯。关键是那么大个的熊，车窗户才多大？它怎么进得去？这也太有难度了，这熊别是会缩骨功吧？您可以做个实验，把自己家车窗玻璃摇下来，在车库前面贴个条子“私人表演禁止围观”，然后从外边

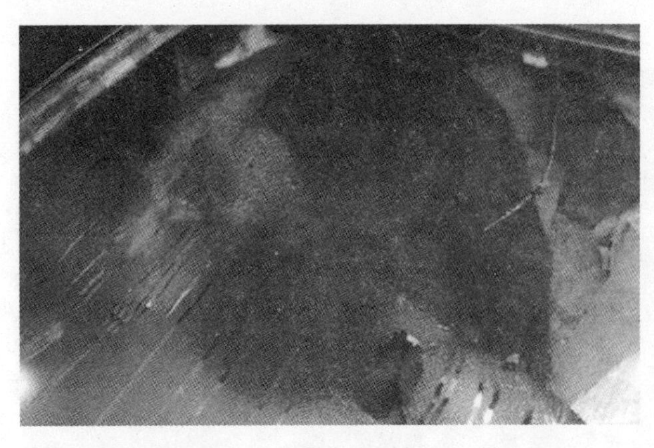

▲钻进车里的老熊

往里爬，您就明白这难度了。但那熊就是一钻一拱，整个庞大的身子就“滑”进了车里！

后来问我一个当兽医的朋友，才明白野生动物的肌肉柔韧个个不亚于最好的武术运动员，他们动物园野生园区护栏被车撞了一下，弄出个三四十公分的缝隙，愣有一头羚羊从那儿钻了出去，这些野生动物只要有头能够过去的缝隙，就能跑。

这熊一进去，就在里边享受起来了，吃曲奇饼吃得咯吱咯吱直响，大概味道不错，熊姥姥在里面一边吃一边扭，它一扭，车就跟着晃，这要是在中国，闹不好把扫黄的巡警招来。熊姥姥吃得高兴了一翻身，哗啦啦，整个切诺基的前车窗像下雪一样崩了下来。

只有那个小熊崽子在外头急的嗷嗷叫，大熊在里头吃的旁若无人。这姥姥，怎么当的？

小熊急了，又开始推车，把个切诺基推的东摇西晃。

熊姥姥这才反应过来，舔嘴咂舌的爬起来，把那个口袋叼着从车窗探出头来。熊崽子叼了口袋就跑。

镜头切到熊崽子，只见这小东西对着塑料袋又撕又咬，但是恐怕颇为

▲ 熊崽子在舔曲奇饼袋

失望，因为饼子都被熊姥姥吃光了，只剩一个空口袋，顶多有些渣子。

熊姥姥懒洋洋从切诺基里爬出来——再看那切诺基，已经跟侏罗纪公园里那辆车差不多了，车主应该放个广告，下次拍猛兽电影直接从他这儿买道具即可，还真实。熊姥姥走到小熊那儿，用头拱拱小熊的屁股，不屑地甩甩头颈，掉头向远处的树林走去。

那熊崽子跟着走了两步，又跑回来舔舔塑料袋，号叫两声，看看熊姥姥不理它自顾自地往前走，只好连蹦带跳的跟上去，一边还在频频回头看那个塑料袋。

两头熊，一前一后消失在北部加拿大的风雪中。

录像完了，却让萨想起一幅油画来。那幅油画画的是北方草原上的狼，沧桑冷峻，但是，在狼的脚下雪地中，有一个半埋的罐头盒。

据说，经销商曾经请画家把这个罐头盒抹去，但画家坚决不同意，他希望看到这幅画的人明白，动物们的生活，已经无法避开人类的活动。它们不是活在自己的世界里，而是活在和我们的同一个世界中。

## 之二　东京的乌鸦不是一般的黑

这些家伙抢孩子手里的面包，袭击走在街上的猫咪，大声喧哗影响居民休息。98% 的居民表示要对其采取措施，其中 63% 的人坚决支持将其抓起来。听来仿佛说的是某个流氓帮派，实际上，这是东京普通民众在讨论乌鸦而已。

与中国文化不同，在日本的传统中，乌鸦并非不祥之物，而是组成生活的一个有机部分，甚至被作为家乡的象征符号而带有温情的色彩。

假如有人在北京街头以乌鸦为题大声歌唱，估计即便不被人扔烂西红柿，也会遭侧目而视。然而，在日本，幼儿园的小孩子们学唱的歌曲中，就有一支《乌鸦之歌》，曲调歌词还满有趣的，还有一个流传甚广的儿童故事叫作《乌鸦家的面包房》。《海边的卡夫卡》是村上春树最著名的作品之一，其中“卡夫卡”的意思，就是乌鸦。

真是十里不同习。

也许因为这个原因，日本的乌鸦通常在公园里享受和鸽子一样的待遇，而中国的乌鸦明里暗里遭人白眼。东京的乌鸦，一度达到三万七千只的顶峰，以量多、嘴大、个儿肥著称。

不过，正如前面所述，在今天东京等大城市中，居民们对乌鸦已经没有多少温情。东京都政府专门有一个每年拨款数亿日元的项目，叫作“东京都乌鸦对策专案”，目的就是想方设法来对付这种黑色的坏家伙。

▲《乌鸦国王》 日本 朝仓郁也

乌鸦为何在日本变成了天怒人怨的对象呢？

实在因为日本的乌鸦不是一般的黑。

这种无法无天的家伙身强体壮，成群结队活动，动作敏捷而且胆大心细。日本的乌鸦性情剽悍，萨曾在日本的公园喂鸟，发现即便是比它大十几倍的天鹅，也经常被乌鸦抢走嘴边的食物。

乌鸦的抢劫是体力和智力的有机结合。它们动作灵活，当游人向天鹅抛掷食品的时候，往往食品还没有落地，乌鸦已经会从不知何处钻出来，在空中将其截击。如果食品已经落在天鹅身边，你可以看到一群乌鸦在天鹅面前蹦来跳去，啊啊大叫，吸引对方的注意力。与此同时，另外一头乌鸦会闪电般扑向天鹅身边的食物将其叼走，成功率甚高。

值得注意的是，除了繁殖季节，乌鸦是很文明的动物，群中很少发生争斗。萨曾经有意将面包扔到日本的乌鸦群中，试图观看乌鸦们混战的好戏——若是扔在鸽子群中，那几乎是肯定的。结果只要有一头乌鸦抢到面包，除了离得最近的乌鸦会表示一下异议以外，其他乌鸦会统统绅士般地

▲ 乌鸦和天鹅争食

"正襟危坐"，不再理睬香喷喷的食物。有争议的两头乌鸦大多会飞离群体，到别的地方解决问题。对于掠得食物的所有权，乌鸦们自觉地遵守费厄波赖的原则。

相对而言，海鸥和鸽子的表现就丢人得多。

人类总是唯恐天下不乱，笔者逐渐加大面包的体积，但令人失望的是乌鸦们并不因此而放弃原则。

对此，萨推测或许是这些夺得食物的乌鸦动作灵敏，别的乌鸦反应不过来，于是决定改变施舍的方法。萨找来一根树枝，将其插在地上，上面再挂上一片面包。这样，乌鸦就很难将面包一下拖走，萨认为或许这样就会发生几头乌鸦争食的场面。

令人意料不到的事情发生了。

本来，由于等待萨的面包，周围已经聚集了数十只乌鸦。当萨将这个奇形怪状的东西插在地上时，发现周围的乌鸦们一下都不见了。它们飞到十米开外，将挂着树枝的面包围在中间，却仅仅是看着，没有一头乌鸦靠近啄食。

▲ 东京公园里的乌鸦

事后分析，乌鸦们可能从来没有见过这样的东西，担心是某种诱饵，因此作出了这种又

是戒备，又是好奇的样子。

这种情况竟然持续了五分钟。此后，终于有一只乌鸦从队伍中跳出，渐渐接近。其他几只乌鸦尾随其后，靠近了挂有面包的树枝。它们靠近面包的时候小心谨慎，不断重复靠近——脱离，脱离——靠近的过程。

▲在乌鸦面前选择退避三舍的猫

又过了五分钟，大约看出无论怎样折腾，“诱饵”都没有反应，终于有一头健壮的大乌鸦猛扑过去，一口将面包叼住，从树枝上抢了过来。看到自己的成功没有引发任何危险，大乌鸦得意地狂叫数声，而且示威般地再次冲向树枝，将那根树枝撞翻在地。考虑到它已经把拿到了面包，这种行为只能叫作得意忘形的示威。

这个大乌鸦体长至少 40 公分，动作敏捷。实际上，面对凶悍的日本乌鸦，真要动手，连猫也要考虑考虑再说。而乌鸦依靠智慧远远超过力量，它们在鸟类中属于智力很高的阶层，科学家认为，乌鸦的智力来自于其生活习惯，善于储存食物的乌鸦，需要更加发达的大脑来记忆食物存放的地点。

如果仅仅是对天鹅进行抢劫，日本人对乌鸦大约不会太过厌恶。但是，东京的乌鸦们早已变本加厉，它们不满足于抢劫同类，不断扩大袭击对象，甚至敢于从街头孩子的手中夺取食物。

大人遭到袭击的情况虽然罕见，也不是没有。

一位朋友曾经描述过他在东京和乌鸦遭遇的经过——这位中国留学生意外地在自己门前的马路上捡到一个核桃，觉得十分幸运，于是随手磕开吃了起来。然而，就在他品尝美味的时候，一个黑影突然从天而降，照着他的脑袋就是一下。被打的晕头转向的老哥抬头一看，发现袭击自己的是一只乌鸦。再看看手里的核桃，想起周围并没有核桃树，忽然恍然大悟，

▲日本垃圾站的网子，就是防乌鸦用的。

发现了一个匪夷所思的事实——原来这核桃竟然是乌鸦叼来的！乌鸦嘴巴虽大，却啄不开核桃的硬壳，于是耍了个小聪明，把核桃丢在马路上，希望有经过的汽车将其压碎，一饱口福，却不料碰上我们这位贪吃的老哥坏了好事。恼羞成怒的乌鸦自然不肯善罢甘休……

乌鸦在繁殖季节会变得敏感，所以经常会袭击行人。乌鸦有收藏癖，所以经常会入室盗窃。日本的大城市为这些行为提供了最好的舞台。最糟糕的是它们通常在垃圾中寻找食物，常常把居民丢弃的垃圾拖得到处都是。日本地域狭小人口众多，偏偏肯做繁重体力劳动的垃圾处理工稀少，一向是一个令人头疼的问题。刚到日本的外国人对于日本不能每天倒垃圾，一个星期只能倒两次深表同情。对于日本人来说，为了避免垃圾污染环境，影响整个街区的生活质量，这种近乎苛刻的规定，也是不得不接受的。

然而，乌鸦的到来，常常让人们的努力付诸东流。东京三分之二的乌鸦是靠从垃圾中搜索食物的。它们把垃圾拖得到处都是，同时还是若干病毒的带菌者。乌鸦的数量日益增加，这种现象就越发失控。2001年，在居民的支持下，日本东京都政府设立了“东京都乌鸦对策专案”，利用每年数亿日元的资金来对付乌鸦。所采取的措施包括给所有的垃圾站加网，让乌鸦无法接触垃圾，以及使用绕过《野鸟保护法》的手段，对东京的乌鸦进行变相捕杀。至今已经合法地解决掉乌鸦一万八千只，有效地维持了东京乌鸦的总量不再增加。

这些不懈的努力，使东京的乌鸦们数量不再增加，但无法使其嚣张的习性有所修改。因此，在可见的未来，乌鸦仍会是东京让人哭笑不得的一道风景线。

# 11 破坏环境案：山羊在钓鱼岛的罪恶

今天，在社会高速发展的时期，破坏环境的案子比比皆是。根据日本富山大学野生动物保护研究室横畑泰志副教授的研究成果，目前钓鱼岛正面临不长草的危险，原因在于“居民”破坏环境，而且数量过多。

钓鱼岛是我国在东海南部的无人岛，面积3.8平方公里，既没有港口也没有固定的淡水资源。虽然金庸先生在《鹿鼎记》中信手让韦小宝一家在当地开荒殖民，但不过是小说家言，我们的理解，那里应该是一块不毛之地才对。怎么会出来居民过剩呢?

原来，这里所说的“居民”，并非人口，而是岛上的野化山羊。

在《琉球新报》2009年12月23日发表的报道称，根据横畑泰志的研究，钓鱼岛上很可能正在发生一场野化山羊引发的环境危机。横畑曾出席一个学术会议，在他的学术发言中指出，从卫星照片分析，钓鱼岛1980年无植被的裸露土地面积约占10%，而2000年已经接近30%。其中15.43%是难以生长植物的岩石或陡崖，其他13.59%则很可能是被当地的野化山羊新啃成的不毛之地。照片上并可以辨认出这种环境变化伴随发生的泥石流等现象。

▲钓鱼岛上的山羊

之所以把这一问题归结于山羊，是因为对钓鱼岛的观察显示，该岛的野化山羊数量正呈急剧递增趋势。1991 年从附近船上目视观察的结果表明，该岛仅南部地域即有不下三百只山羊在活动。今天，初步估计该岛上的山羊已经达到一千只。钓鱼岛是中国固有领土，但因为日本也声称对钓鱼岛拥有主权，横畑曾试图到钓鱼岛考察具体情况。考虑到钓鱼岛的现状，这个想法只能无疾而终。

不过，横畑并没有对这件事就此放手，他提出，为了保护钓鱼岛的生态，需要考虑上岛抓羊的问题——在今天北京看惯了《喜羊羊和灰太狼》的孩子眼里，这位教授恐怕和灰太狼红太狼属于一党。

山羊生命力特别顽强，饮用盐碱水就可以生活，对食物也很不挑剔。所以，即便在人无法生存的钓鱼岛上也能够大量繁殖。不过，山羊作为破坏环境的罪魁祸首，那是无需怀疑的了，这种长胡子的动物在此方面臭名昭彰。我国西部地区，一度把山羊养殖作为重要致富手段，因为它可以在干旱贫瘠的地区生长，是不可多得的经济畜种。但是，大家很快发现，山羊多了并非好事。它的蹄子坚硬，善于攀爬，能够把植物深入地下的根茎都刨出吃掉，所过之处堪称生态浩劫。养羊虽然可以短期致富，但破坏生态环境后的代价却绝对得不偿失。为此，在我国内蒙西部等地沙化危险地区，取缔山羊养殖已经成为一项国策。只是，钓鱼岛上的山羊无人管理，所以，它们破坏环境的“罪行”也至今没有被追究。

那么，钓鱼岛上的山羊是一直在那里生活的吗?

钓鱼岛原本并无山羊。上个世纪 70 年代，中日民间团体为钓鱼岛主权之争围绕这座小岛曾进行激烈的“保钓之争”。现在钓鱼岛上的山羊，就是当时日本右翼民间团体“日本青年会”的人员从与那国岛带去的。

根据当年“日本青年会”的成员回忆，山羊上岛的时间是在 1978 年（在同一篇文章中青年会成员也承认此前台湾省渔民经常到钓鱼岛）。当时，“日本青年会”组织一批决死队员准备登陆钓鱼岛，为了避免因潮水、风浪等问题滞留当地，他们携带了大量食品和饮水。但是，为了预防更糟糕的情况发生，他们还带了两只山羊作为万一时的食物。这两只山羊一雄一雌，其中雌羊已经怀孕。结果，由于这些激进人员毫无环境问题的概念，也没想到山羊之间完全没有“乱伦”的概念，两只山羊被丢弃在岛上并遗忘。

几年以后，我国台湾省保钓人员登上钓鱼岛，发现有山羊生活，此事才见诸报端。日本方面起初并不相信，琉球大学教授池原贞夫通过实地考察证实了这一点，日方并报道靠近钓鱼岛的时候就可以闻到上面山羊的味道，可见其数量之多。

随着钓鱼岛问题的不断深入，甚至在清代胡林翼编撰的地图中，都发现了中国将钓鱼诸岛纳入版图部分的专页。“日本青年会”的登岛行动并不能给日本在主权争论中增加什么砝码，但他们带去的山羊，却让其在几十年后成了新闻“人物”。

钓鱼岛的山羊问题曾屡见报端，不过此前各方关于此事一直限于在学术界讨论，并无真正解决问题的方针。尽管 2003 年《世界日报》就此事的评论曾提到可在不谈及主权问题的前提下与中国等有关方面接触，共同对付这些捣乱的山羊，但并无下文。而横畑以学术报告为背景重提此事，其中含义尚需慢慢品味。

魚釣島 ヤギが食い荒らす

沖縄県・尖閣諸島の無人島、魚釣島で斜面の崩落が進んでいることが、富山大理学部の横畑泰志・准教授（動物生態学）らの人工衛星の写真などを使った調査でわかった。日本人が持ち込んだヤギが野生化し、食害によって草木が減少した結果、地面が露出してがけ崩れが起こっていると見られる。自然環境の荒廃によって、島固有の動植物も危機にさらされている可能性が高いという。 （福島慎吾）
＝29面に関係記事

魚釣島で野生化したヤギたち。左側に子ヤギが見える＝沖縄県石垣市、本社機から、恒成利幸撮影

魚釣島
東シナ海
沖縄本島
尖閣諸島
宮古島
台湾
石垣島

▲ 日文报纸上关于钓鱼岛山羊问题的报道

钓鱼岛上曾发现岛鼹等十五种动物，这次山羊引发的环境危机，被认为也同样是对这些岛上原生动物品种的生态灾难，一些稀有物种可能因此灭绝。可是现在应该采取怎样的措施解决问题呢？难道把这些自食其力的山羊统统抓起来？无论谁来实施，从技术角度这无疑都是一个令人头痛的事情。

看来，虽然人们可以轻易地制造问题，解决问题的能力却没有进化到同等水平。

# 12 诈骗案：鸭嘴兽引发的学术混乱

如果你和你的爱人决定到南半球浪漫一把，在月光下开车横穿澳大利亚是个好主意。在悉尼郊外你们可能会忍不住下车来留连一番，这里溪水潺潺，绿树如茵，伴着夜风在如镜的小湖边散散步，很容易感到醉人的滋味。

这里是东部的澳大利亚，所以，当你们正在一片溪边草地上含情脉脉，也许就会看见一个嘴巴扁扁，小眼睛，肚皮贴地，毛茸茸，晃着胖屁屁的家伙迈着滑稽的步子走过来，摇摇晃晃穿过草丛，“扑通”一声跳进溪水里。

如果碰上这个场面，您千万不要责怪这个缺乏情调的家伙，相反，建议您赶紧站起来脱帽致敬。因为这个胖屁屁的家伙，连恩格斯见了都要脱

◀看看这副尊容

▶目光炯炯害人无数的无辜怪物鸭嘴兽——好像在问：我？我有那么大能耐么？当然！

帽的。您刚刚看到的场面，可是十分罕见。萨认识一百多位澳大利亚人，只有一位叫 Craig Ryan 的有此经历，据他自己说可以炫耀一辈子了。

这个怪模怪样，还有点儿腼腆的家伙，就是澳洲的“大熊猫”、动物学家的杀手——鸭嘴兽。澳大利亚东边这块儿，连着塔斯马尼亚岛，本来就是它的家园，这种自然界独一无二的动物在这儿住了一亿五千万年了。

唐老鸭式的扁嘴巴，海狸鼠般的肥尾巴，一身黄褐色柔软光亮的短毛，外加一双炯炯有神的小眼睛……跟它一比，麋鹿给叫作四不像，那纯粹是浪得虚名了。瞧这副尊容，英国人第一次看见它的确要两眼发直。

据说上帝造物，是在第五天创造出水里的动物，第六天创造出地上的动物。鸭嘴兽，肯定是上帝在第五天到第六天那半夜里造出来的，熬过夜的都知道，连干了好几天，这个时候最容易犯迷糊。犯迷糊的上帝把鸭嘴兽造成这个样子，那也不奇怪。

这一迷糊出的麻烦就大了，第一个受害的应该就是上帝的宠儿诺亚。诺亚方舟的时代，鸭嘴兽肯定早就在地球上扑腾了。诺亚奉命造方舟拯救人类，上帝说啦，所有陆地上的动物，你一样带一对儿到方舟上去吧。那，那鸭嘴兽呢？这东西整天泡在水里，游得比鱼还快，似乎应该不在此列。但是，它用肺呼吸，长着四条腿，那个模样，又活脱脱说明作为兽类它有资格上船。显然诺亚还是让它混上船了，否则鸭嘴兽那两下子狗刨毕

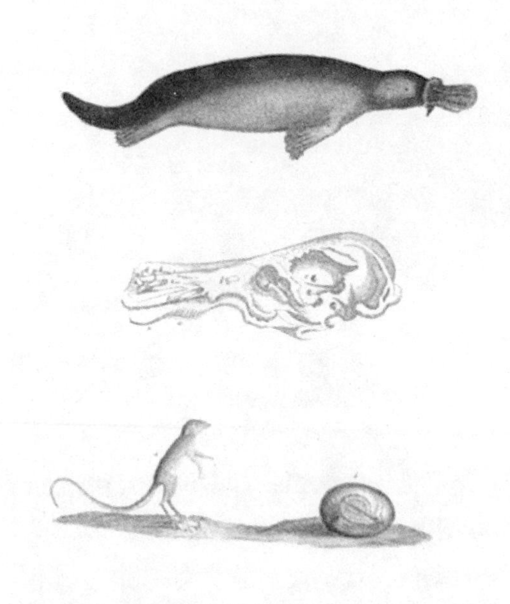

▲对鸭嘴兽最早的描述图画之一，有点儿……像海豹。

竟不能长久，可能就逃不过大洪水的劫难了。

洪水退了。

然后呢，虽然上帝在圣经里没有记载，但鸭嘴兽应该就一步一步爬回澳大利亚去了，并一直在那里生活至今。

鸭嘴兽估计是一个无票乘船的，所以所有经典上都没有记载过诺亚方舟上面有鸭嘴兽。但是到了18世纪，碰上不信神的动物学家，鸭嘴兽造成的混乱和风波之大，就差弄出几条人命来了。

1797年，英国驻澳大利亚的陆军中校科林斯（David Collins）在新南威尔士发现了一种奇怪的动物。他饶有趣味地观察了半天，在报告中写道："这儿到处都是新鲜的动物，袋鼠，刺鼠……简直可以写一本新的动物教科书了，我现在又在哈克斯贝里河岸边发现了一种像鼹鼠但比鼹鼠大得多的两栖动物，形象十分古怪，眼睛小，体形肥扁，四肢长蹼，而最奇怪的是长了一张鸭子的嘴巴，还会用四肢的爪子在河岸打洞……我怀疑它和某种龟有亲缘关系。"

科林斯是第一个看到鸭嘴兽的欧洲人。

科林斯毕竟是个当兵的，对动物学没有多少知识——大概第一印象看到鸭嘴兽是在水中，所以鸭嘴兽的研究者中，科林斯是唯一把鸭嘴兽和乌龟联系起来的，无知所以无畏，科林斯虽然惊讶，精神上还没有受多大冲击。这个消息引起了当地学者的兴趣，就在这一年晚些时候，第一头鸭嘴兽的标本被带到英国驻澳大利亚的动物学者们面前，几位学者看着鸭嘴兽的尊容，差点当场疯掉。

不至于吧，一个小动物，能搞疯生物学者么？

鸭嘴兽长相逗人喜爱，身长约60公分，体重4—5斤，母兽哺乳期间吃肥了可以有6—7斤，长一张又宽又扁的唐老鸭大嘴，四肢短粗，和普通哺乳动物的腿长在身体下方不同，鸭嘴兽的四肢像两栖动物一样从身体两侧长出来，所以走起路来摇摇摆摆，形态笨拙，它前后爪上各有一对鸭蹼，单看爪子活像家鸭，爪子前面有四个锋利的钩爪，前肢的蹼尤其发达，在水里作用如同船桨——这样大的蹼上了岸不是很麻烦？没事儿，鸭嘴兽上岸的时候能把蹼折起来，像袖口一样挽到腕子上面，就像当年欧洲人流行的服装那样。

鸭嘴兽身体肥而扁，有一个像河狸一样短而阔的尾巴，生活习惯也颇似河狸，它利用嘴喙拱土和前爪刨土，其穿洞速度比穿山甲还快，心情好的时候两个小时就可以在河岸上打出一条一米长的隧洞！除了嘴和蹼以外，鸭嘴兽身上长满了像水獭一样深褐色细密闪亮的毛，腹部毛的颜色由灰白到黄。没有乳头，却有乳腺，在尾巴的下面，只有一个孔，它们的排泄系统和生殖系统与爬行动物一样，都开口于这一个共同的孔洞。

你说它是兽吧，挺有道理，因为它一身毛四条腿儿；你说它是鸟吧，也对，一张鸭嘴加夸张的鸭蹼；你说它是爬行动物吧，也有道理，只有一个泄殖孔，还不长耳朵……

学者们晕啊。

鸭嘴兽对此没有责任，这东西个子不大，资格却老，说起来鸭嘴兽大概是和恐龙一块儿学游泳的。1992年在阿根廷发现了早期鸭嘴兽的化石，考察以后发现出土地层是一亿五千万年前的侏罗纪，那时候，澳大利亚和南美洲还联在一起呢。一亿五千万年了，动物界翻天覆地，恐龙，猛犸，剑齿虎，一代一代霸主站出来，倒下去，鸭嘴兽却在澳洲的一角不招谁，不惹谁，安安静静地过自己的日子，真是拥着裘皮大衣笑看风云起。澳洲土著对它早有了解，双方井水不犯河水，相安无事。

自从科林斯那本笔记出来，鸭嘴兽的安宁日子就算到头了。

无可奈何的澳洲学者想来想去，觉得这个难题还是交给当时动物学的泰山北斗和英国自然历史博物馆来处理吧。

1898 年，英国自然历史博物馆动物学的老大乔治·肖（George Shaw）先生，收到了一批来自澳大利亚的标本，澳大利亚的学者们谦卑地要求肖大侠指点迷津。肖大侠漫不经心地打开包裹，他根本想不到这里边的东西险些令他一辈子的英名扫地。

乔治·肖先生注视着自己从标本箱里拿出来的东西，大概是思想斗争了好久。箱子里的标本有一张皮，还有一个完整的填充好的标本。这东西瞪着一双小绿豆眼，长着鸭子的嘴巴，黄鼠狼的皮，河狸的尾巴，公鸡的矩——鸭嘴兽的后脚上长着一对矩形自卫毒刺，要是乔治·肖先生进行化验，会发现里面的毒液类似蛇毒，任何哺乳动物或者鸟类都没有这种武器——那他可能就更要吃不消了。

我疯了？疯了我？疯了我还是我没疯？——这是一个严肃的问题！乔治先生环顾左右，周围的科学家们一样的目瞪口呆。

毕竟是英国自然历史博物馆的专家，乔治·肖先生琢磨半晌，醒过味来，冷笑一声：又是中国人的把戏……

敢情，英国自然历史博物馆刚刚吃了一回中国人的苦头。

17 世纪以来，随着英国国力的增强，博物学的发展日新月异，英国的科学家们不但努力地发现着新奇的物种，而且热衷于寻找那些传说中的古怪动物，比如非洲长尾巴会飞的小人，北方象征英国王室的独角兽。

这些动物有些真的找到了，比如会飞的长尾小人，后来证明正是现在依然生活着的非洲矮人俾格米人。他们当然不会飞，但是在大森林里神出鬼没，给了早期探险的阿拉伯人会飞的印象，而长尾巴，则因为他们经常腰缠带尾巴的豹皮显示威勇而已。

有的则最终也没法找到，比如苏格兰人的神话图腾——独角兽。在北极地区曾经出土一具动物头骨，一米长的脑袋上长着达两米的巨型长角，使科学家们一度相信这种富有魔力的动物生存在北方。然而，后来的研究证明，这是一种古代生活在北方草原的披毛犀，它们早在十几万年前就绝灭了。对比一下，它和独角兽几乎没有任何相同之处。

古代“神兽”中有一种让科学家们疯狂寻觅的动物，那就是安徒生童话中反复吟唱的美人鱼。这种传说中上半身为人，下半身为鱼的生物令人至今惆怅。

美人鱼让人惆怅是有道理的，科学表明，人类在从猿变到人的过程中，很可能曾有一段时间回到了海洋，成为“海猿”。因此，看看你自己，身上和海兽有很多相近的地方——毛发少，皮肤光滑曲线好，正面的性行为，爱吃鱼生下来就会游泳（猴子从来不吃鱼而且怕水）等，所以，人对大海有着特殊的感情，要唱《大海啊，故乡》。在我们回到陆地的时候，一部分海猿选择继续在海中生存下去，这并非不可能吧？在大洋中存在我们当年的兄弟，是一种富有魅力的猜想。

事实上直到今天，没有发现任何真正意义的“美人鱼”存在，大多数被作为美人鱼发现的，是海牛或者儒艮这类和人八竿子都打不着的动物。可是，18 世纪有个中国标本商卖了几个标本给英国人，震惊世界。这个中国人的名字已不可靠，他卖出的标本十分独特，可以清晰地辨认出哺乳动物的上身和一条鱼形的大尾巴！英国人一度认定这就是苦苦寻觅的美人鱼。

英国自然历史博物馆也被蒙了很多年，后来，有位持怀疑论的科学家“勇敢地”把一具人鱼标本解剖了，终于发现这不过是一件用猴子的上身和一条大鱼的尾巴精心缝制的赝品。之所以被蒙了多年，因为这中国标本商十分狡猾，决不卖自己的宝贝给英国专家，而是卖给英国海军的舰长们。当科学家们有所怀疑的时候，他们就会顽强地捍卫自己的发现，这种以夷制夷的手段，中国人可算玩得炉火纯青，而他们精美的裁缝手艺也令人叹为观止，这些精美的标本至今还在一些地方被保存着。

不过，如果您到潘家园或者厂甸，看看国人制作的假古董，就会感叹这美人鱼不过是小巫见大巫罢了……要萨说，这标本商可算“雅贼”，比晋江卖假药的高尚多了。

言归正传，鸭嘴兽的标本刚到英国的时候，正是人鱼事件结束不久的事情，所以乔治·肖先生一眼就“看透”了这个骗局，他洋洋自得地向周围的人嘲笑了一番标本商如何的没有动物常识，怎能把鸟儿的嘴巴缝到哺乳兽身上呢？这是一起典型的诈骗案！

同时，他承认，这个标本，去掉鸟嘴之后，应该是一种没见过的哺乳动物。然后，他就开始“恢复”这件赝品了。乔治·肖先生伸手去扯鸭嘴兽的嘴巴。居然扯不下来！

缝得很结实啊。乔治·肖先生是一个非常固执的人，而且颇有蛮力，拿出英格兰人拉长弓的架势用力一扯，把鸭子嘴都撕破了，也没法把它扯下来。

到今天，英国自然历史博物馆展出的最早的鸭嘴兽标本的嘴巴上，还留着乔治·肖先生破坏的痕迹呢。想想看，抓住唐老鸭的嘴巴硬拔下来是什么感觉？顺便说一句，实际上鸭子的嘴是硬的，鸭嘴兽的嘴巴却很柔软，两者是有区别的。

有的人犯了错误就要拧到底，让他认错还不如把他喂老虎呢，比如去打伊拉克的美国总统布什先生；有的人犯了错误，则比较能够转弯，比如这位乔治·肖先生，就比较有科学精神，还是决定坐下来认真检查这个怪物了。

这一检查，就检查了一年，到1799年，乔治·肖先生才期期艾艾地宣布，这个，这个玩意儿上头，愣是找不出缝合的痕迹！不过“也不能肯定地球上真的存在这样的动物……”

这叫什么话？他还是怀疑啊！谁知道这中国人用了什么新招？

这一怀疑就又怀疑了三年，这中间已经有人借了鸭嘴兽和那伪造的美人鱼出去展览了，真的假的一块儿上赚了横财，英国老百姓算是让他们蒙糊涂了。

直到1802年，争论不休的科学家里出来一位带有破坏狂欲望的埃弗拉德·琼斯（Everard Jones）先生，才解决了问题，琼斯先生一不做二不休，冒着破坏国家珍宝的罪名把一头鸭嘴兽的标本从头到尾刨开了，才算真正证明了鸭嘴兽的确不是中国人拼出来的恶作剧，它是实实在在存在的动物。

至此，鸭嘴兽在学术界引起的风波才算告一段落——仅仅是告一段落而已，因为它的这副鬼模样出现在世人面前，堪称一石激起千层浪，既然真的存在，鸭嘴兽到底是鸟还是兽？官司一直打到皇家科学学会的主席约瑟夫·邦克斯（Joseph Banks）爵士那里。邦克斯爵士1770年随同库克船

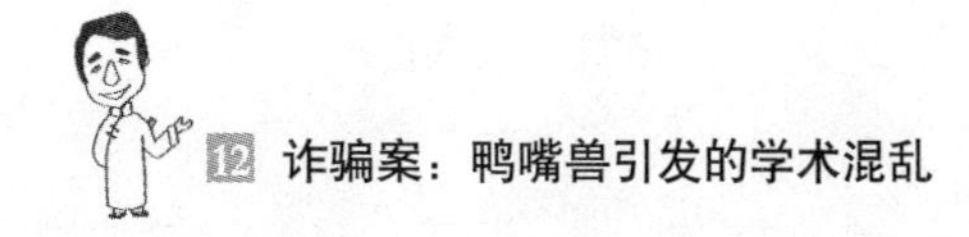


长进行了发现澳大利亚的远征，是英国最早考察澳大利亚的自然学者，有个有趣的记录，英国人给澳大利亚命名的一个选案，是“邦克斯尼亚”，就是为了表示对这位博物学家的尊敬。爵士担任皇家科学学会的主席，直到 1820 年逝世，可谓德高望重。

学者们围着老爵爷鸡一嘴鸭一嘴各抒己见，这个说鸭嘴兽的骨头怎么看怎么是爬行动物，那个说这玩意儿四个心室长毛当然是哺乳动物，又有人说它虽然是长毛可找不着乳头，怎么能算哺乳动物?!

最后大伙都吵够了都变成鸭嘴兽不出声了，等着爵爷拿主意。到底姜是老的辣，老爵爷说，不忙下结论，等等吧。

等什么呢?

邦克斯爵士在 1803 年派出了一名年轻精干的助手乔治 · 加雷（George Caley）到澳大利亚，让他好好地观察和研究鸭嘴兽，顺便采集植物标本，没有现场的第一手材料，老爵士不做任何结论。

乔治 · 加雷，英国博物学的怪才，没有受过完整的有关教育，却在邦克斯爵士身边工作了三年，耳濡目染，加上天才，成了老爵爷最信任的学者。不过乔治 · 加雷性格孤僻，看不惯人类的种种尔虞我诈，难和他人相处，派他到一万英里以外研究鸭嘴兽，这种“远离人群的生活”，对他来说正中下怀。

远涉重洋到达澳大利亚的新南威尔士，乔治 · 加雷一头就钻进了荒野的山溪地带，他是个认真的科学家，所以经常在泥地上爬行尾随，在湖岸造巢监视，甚至自制反射镜偷偷伸到鸭嘴兽的巢穴里观察这种奇特动物的生活。

观察了一段以后，被风雨和糟糕的饮食折磨得人鬼难辨的加雷才得出结论——鸭嘴兽真的是一种兽。

对，加雷证明，尽管鸭嘴兽生蛋，但是它的确是哺乳动物，之所以没有乳头，是因为它的腹部有一条沟，哺乳的时候母兽会舒舒服服地躺下，乳汁从皮肤渗出流到那条沟里，幼兽就可以喝奶了——它没有必要生乳头啊。

加雷对鸭嘴兽的考察报告送回伦敦，由于这是铁证，鸭嘴兽的身份才得到确认。科学家们因此为哺乳动物增加了一个新的目——单孔目，其中只有鸭嘴兽和针鼹两种动物。

如此，鸭嘴兽在学术界引起的风波，总算又告一段落。

但是，新的问题又出现了，因为加雷的报告中标明，鸭嘴兽……竟然生蛋！

生蛋的兽？！

天啊，世界上怎能有这样的动物？学界风波再起，就这件事的真伪又开始了激烈的争吵……

对动物学家来说，幸好，上帝只造了一个鸭嘴兽，阿门。

▲鸭嘴兽漫画

# 斗兽场

所谓斗兽场，是各科猛兽展示武艺的地方。一直觉得猛兽之间乃至人和动物的战斗是一个有趣话题，有的兄弟喜欢比较一百零八将的武艺，就不兴咱给狞猛恶兽按照战斗力排排队？

# 1 活战车传奇：顶盔贯甲的动物

有朋友说起一个话题来，让人觉得无事生非——为什么没有动物进化出轮子来?

废话，您以为老牛能进化成哪吒啊? 脚踩风火轮，手持乾坤圈……轮子，是不是还带滚珠轴承的?

那位说这不是玩笑啊，您想想蝙蝠能进化出雷达，电鳐能进化出发电机，对动物来说这轮子可不算高科技吧。

▲让动物变成战争机器，只有人类这种变态的头脑才能想的出来。

一句话噎住了众人，这动物进化，还真是不拘一格，只要人能想到的，它几乎都有过尝试，怎么没进化出轮子来呢? 最后还是这兄弟自己破了关子——动物没长出轮子，那是因为史前世界没有公路的原因，在丛林沼泽戈壁荒漠这些道路不好的地方，长四个轮子就远没长四条腿方便了，要不怎么赵武灵王要扔了祖宗的战车胡服骑射呢? 那是看上了马的四条腿啊。正因为这个原因，老牛进化成了今天这个模样，而没有长

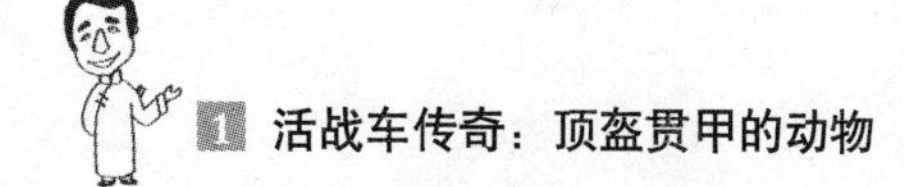



成带玻璃窗的吉普车（要那样挤牛奶的女工可能需要带着万能钥匙上班）。

不过，人类不是还有不用轮子的车么？比如，坦克。

动物中有没有进化成坦克战车的？

这个要求实在太苛刻，战车，装备重炮，机枪，装甲，发动机，传动杆，潜望镜等奇妙装备，是综合科技的产物。动物里面学问最大的，也就是大学教授家养的猫猫狗狗，要达到这种综合设计能力，可就太为难了。——蝙蝠电鳐是怎么回事？嗯……大概是偷听了一两门高科技选修课的天才动物吧。

但是，如果单从依靠装甲强调防御的角度而言，动物世界中，具备战车思路的就可以列长长一个名单了。自古以来，有矛就有盾，矛的方面能够进化出剑齿虎的利齿，盾的方面进化出个活战车来，不足为奇。

其实，好几亿年前，这个思路就已经被动物们所掌握。第一种称霸世界的节肢动物——三叶虫，就是顶盔贯甲，极端重视防御的家伙。三叶虫进化出的第二代地球霸主水蝎也是用铠甲把自己包裹得风雨不透。

今天三叶虫和水蝎都已经成了化石，但它的子孙有一支保留了与它极为相似的外形，那就是鲎。

鲎，号称活化石。萨在海南三亚工作的时候，见到打扫卫生大妈用的簸箕形状古怪，仔细一看，原来竟是一个鲎的前部甲壳，这东西还真是很像个大簸箕。萨是少见多怪的北方人，赶紧拉住大妈，好说歹说拿屋里

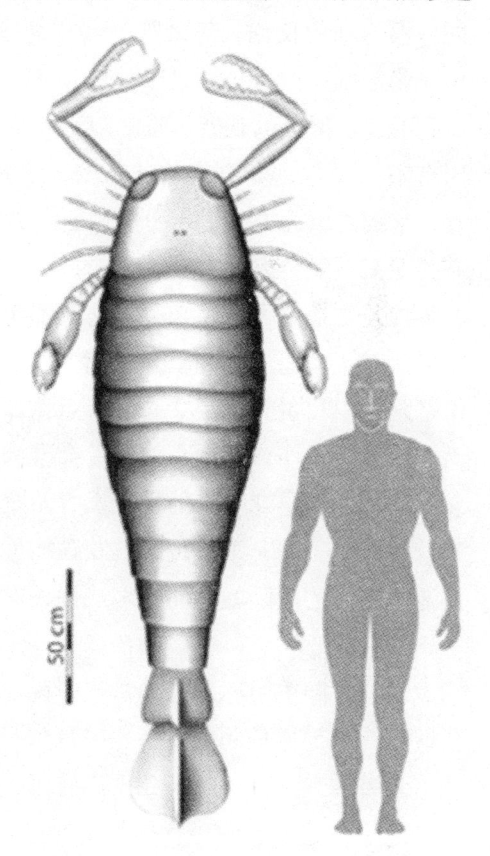


▲ 水蝎复原模型

▲鲎

的白铁皮簸箕做了交换，自己觉得挽救了个活化石标沾沾自喜，弄得大妈莫名其妙。等晚上出去大排档，才发现这东西不说到处都是，倒也谈不上珍贵，摊儿上活杀现烤的就有，最好吃的还是它的卵。

从外观看，鲎的确具备了装甲车的主要特点。它的身体是骨头包着肉，前部是一个椭圆形的“簸箕”，中部是一块带着棘刺的腹甲，尾部如同一根锋利的长剑，身体则躲藏在这套完备的盔甲之下，可谓文攻武卫，攻守兼备。

不过，据萨的观察，鲎的盔甲厚度不过一毫米左右，对敌害的保护作用有限，要是碰上个鲨鱼什么的，那鲎就是肉罐头了。有趣的是从化石看，水蝎的甲壳厚度也十分有限，这是怎么回事呢？对此虽然没有请教过有关专家，萨个人倒有个冒昧的推测。鲎的盔甲主要对付虾蟹等同门兄弟的袭扰，要是更大敌害来袭，它就不是靠盔甲，而是竖起尾部的剑进行决斗了。对于大型三叶虫和水蝎都属于当时食物链的顶端，没有什么天敌，但是，它们和鲎有一个共同的特点，那就是其血液没有抵抗细菌侵袭的能力，一旦碰破伤口感染，血液就会凝固，只有等死。而发现的水蝎脚印化石证明，由于早期动物的神经发育不全，这个一人高的“大龙虾”走起路来就像喝醉了酒，踉踉跄跄，跌跌撞撞。可以想象没有这身甲壳，磕碰出血随即送命的危险就太高了。或许，它们的盔甲除了装甲的作用，还有安全帽的意义吧。

当然防御作用还是有的，顺便说一下这种生存方式也被早期的脊椎动物继承，就是最早的鱼类——甲骨鱼。甲骨鱼的外观和战车不沾边，整个儿一装甲的懒汉鞋，脑子几乎没有了，嘴巴变成一根管，保守到了登峰造极的地步。随着水中猎食生物越来越进化，单靠这种消极防御难逃一死，甲骨鱼最终为历史所淘汰，取代它的软骨鱼类摇身一变，反其道而行之，

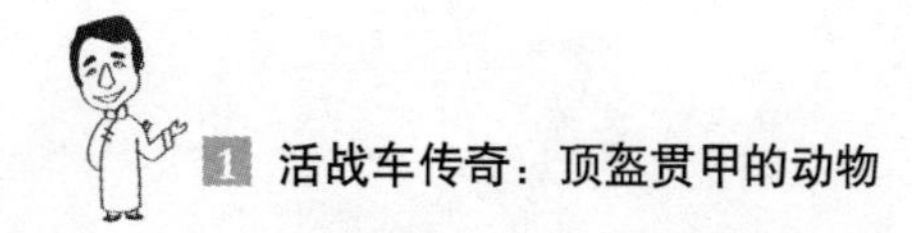


干脆身上连硬一点的骨头都不要了，不过可别在水里说它们是“软骨头”，惹了这帮家伙闹不好会出血案，要知道所有的鲨鱼都属于这种软骨鱼类。

不过，无论鲎还是水蝎，以及同属它们近亲的虾蟹甲虫，毕竟个头有限，虽有装甲在身，说它们像战车实在勉强，顶多也就像个古代武士吧。

要说活战车，最经常被这样称呼的，可能要算犀牛。

犀牛，披盔戴甲，体重数吨的巨兽这玩意儿冲刺起来，速度达到40公里每小时，可以顶翻火车头，的确和战车有一拼。

犀牛皮的铠甲自古以来就是中国军队高级军官梦寐以求的防御装备，可见其防御性能之好——当然是古代中国军队，今天人民解放军要哪个校官穿这个去打仗就太过分了，挂个肩章都要动用铆钉枪。古代中国军队对野生动物有着特殊的爱好，用犀牛皮作铠甲，用野牛筋做弓弦，用雉鸡翎装饰头盔。不过，这要是和巴布亚新几内亚人相比，只能算小巫见大巫，人家的高级军官都是拿野猪牙穿在鼻孔里作装饰呢。

不过，犀牛虽然像战车，还是有可以挑剔的地方——战车的装甲是硬的刚性结构，犀牛呢？皮再硬也不是甲壳，要是碰上狮子，还是会被咬穿的，被原始人用标枪弓箭杀死的披毛犀、方齿犀也不在少数。

这不怪犀牛，主要是它的祖先就没想着长刚性的盔甲。犀牛的祖先是原犀，这种变态的大厚皮动物身高七八米，有一根长长的脖子，据认为它的生存方式和长颈鹿有些相似，靠的是好高骛远，提前发现敌害，不过发现后的反应可就不一样了，长颈鹿是逃。原犀呢，是迎头冲过去，要是碰上个狮子啥的十几吨的大个子，一脚下去就把屎踩出来了。这种不管什么风吹草

▲ 犀牛是动物中典型的活战车

▲巨(原)犀，与大象和人的体型对比。

动只管猛冲的习惯，最终造就了犀牛这种猛到变态的怪物。您看，如果进化成乌龟的形状，那就跑不动了。

那么，龟，这种爬行动物应该可以算是动物中的战车了吧。战争中八路就管鬼子的战车叫“乌龟壳”，打起仗来对付的办法也和对付甲鱼差不多。萨老家河北的八路就用高粱秸烧烤的办法，烹调过鬼子坦克作原料的甲鱼大餐，让来增援的日本兵看着一辆辆焦糊的乌龟壳号啕大哭（有兴趣的朋友请参考日军独立混成第八旅团的作战资料，干这个的好像是李运昌，那个敢打一联队关东军的土八路）。

不过，爬行动物的历史上还曾经存在过远比龟更威猛的活战车，那就是恐龙族中的独特品种——甲龙。

甲龙，是剑龙的发展品种，体长可达八米，体重可达两吨。剑龙是身体上长出骨刺来，甲龙则是干脆用骨板愈合成近乎封闭的甲壳，上面还要装上几排尖刺，而凡是没有甲壳保护的部位，则统统覆盖厚实的巨大鳞片。如果迅猛龙是把恐龙的机动能力发展到“动如风”的水准，那甲龙就是把恐龙的防御能力扩张到了“不动如山”的地步。

和迅猛龙相比，甲龙的脑子不发达，也没有恒温的血液，所以比较迟钝，但是和肉食恐龙碰上，却让对方无法下嘴——甲龙往地上一趴，就成了一座装甲地堡，咬，咬不动，啃，啃不穿，到处是刺，想把我翻过来我两吨多的体重你翻得动么？你若不是杨根思，没有带着爆破筒那就别想打我的主意。

那肉食恐龙还能怎么办？只能绕着它转圈呗。

还别转得太恋恋不舍了，一旦稍微走神，我就……给你一锤子。甲龙的尾巴就是一根地地道道的大锤，又重又硬，抡起来一锤下去霸王龙大腿就骨折了。

谁说我脑子不好就好欺负的？

注意，甲龙的自卫反击利器——尾部的“锤子”，今天的动物似乎没有谁带这种武器的。

可惜，甲龙这种动物在白垩纪晚期才出现，没来得及显威风就走进了进化的垃圾堆。

▲ 甲龙复原图

而甲龙之后，动物发展史上最变态的活战车终于登上了历史舞台。

这最变态的“活战车”，说的就是长期活跃在南美洲的大型装甲哺乳动物——雕齿兽。在动画电影《冰河时代》里，它曾有一个不长不短的镜头，可能看过的朋友还有印象。

雕齿兽，草食，体重三吨，高一米五，长四米，外观如同一辆小轿车。出现在约五百万年前，全身覆盖坚固的骨板，组成椭圆形的硬壳，貌似龟壳，但因为不是刚性连接，采用了岳飞部队的锁子甲结构，又比龟壳多一些灵活性。其头顶也盖着厚壳。尾巴由同心骨甲环组成，尾段带有尖刺，可以用来自卫。腿和脚都很粗壮，以便支撑着臃肿笨拙的身躯。一旦

▲ 完整的雕齿兽化石

遭到攻击，雕齿兽并不逃跑，而是如同今天的穿山甲一样缩成一团，并伺机用尾部进行反击。这一套完善的防御手段，使它成为有史以来最成功的“活战车”，雕齿兽所属的贫齿目虽然在哺乳动物的进化链上比较落后，但在残酷的生存竞争中，却能够长期生存下来，这注重防御的“一着先，吃遍天”，不能不说是具有重要价值。

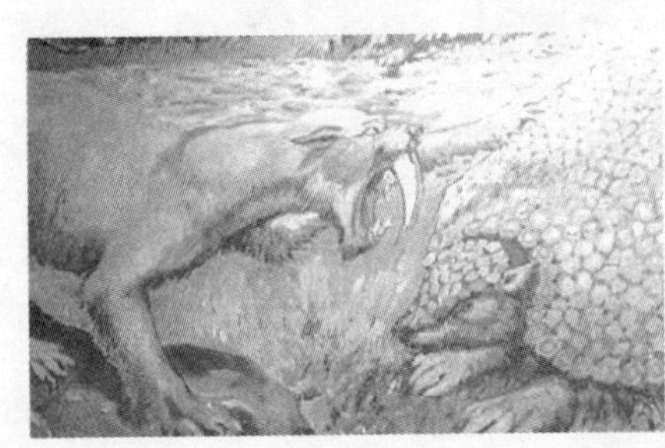

▲ 面对雕齿兽无可奈何，正在乱发脾气的剑齿虎。

雕齿兽和恐怖鸟的战争——可怜称霸一时的恐怖鸟，此时因为对这些花样百出的哺乳动物无可奈何，变成了食腐动物，最终又在秃鹫的竞争下灭亡。

利用了坚盔厚甲，雕齿兽在南美洲成功地生存了下来，并且一直繁衍到距今八千五百年前，一说直到三千五百年前，因为在南美发现有部落使用雕齿兽的护甲制作的盾牌。但是，这可能是对雕齿兽遗骸的再利用，当时也许并没有活的雕齿兽可以捕获了。

不过，今天披戴重甲的巨兽，包括雕齿兽都已经不复存在，只有它们的亲戚犰狳和穿山甲保留了下来，但体形已经完全没有了战车的规模，体形最大的大穿山甲，也不过一米多长。

幸存的袖珍装甲车——大不过十几公斤。

战车一族的灭绝，有其内在原因，这些重视装甲的动物，由于大量身体资源用于负担增生骨骼、鳞片等防御系统，普遍智力不发达，身体结构比较落后，不容易应变，在进化方面处于不利境地。此外，猎食动物的进化起到了重要的作用，面对这种坚盔厚甲，肉食动物也潜心研究有效的

“反坦克武器”，萨的祖父在西山农场劳动的时候，就看到过一次黄鼠狼和刺猬的战斗。

刺猬，虽然和战车一族只能算是远亲，但它的防御方式也基本相同，就是团成一个球，用尖刺对外，让外敌无法入手。

黄鼠狼呢？开始几次拨拨抓抓，失败之后，却并不气馁，一转身，对这刺猬放了一个臭屁。

这刺猬肯定没在大学男生宿舍呆过，所以，立刻就变成了走进十字坡的江湖好汉，作麻翻状，自然，也就成了黄鼠狼的美食。

何况，发展到这个时期，一种所有的动物的可怕天敌，已经出现在了地平线上。

▲ 雕齿兽和人类的战争

雕齿兽的绝灭，正是伴随着人类在南美洲的出现，同时绝灭的还有大树獭，三趾兽，等等……

“活战车”的进化算是走到了尽头。

长江防线都打下来了，在人类的头脑和武器面前，还有什么打不开的防御系统呢？

## 2 围殴美洲虎：野猪的武力评价

▲一头被猎杀的大型美洲野猪，体重达到四百多公斤。

以敦煌盗宝闻名的探险家斯坦因，在中国的足迹其实远远超过敦煌的范围，著名的罗布泊、楼兰古城在国外最初的系统报道，就出自这位不倦的旅行者的手笔。对塔里木河的考察，是他探险生涯的另一个重要成就。塔里木河在枯水期的终点，叫作“通古特孜尔”，大概是怕外国人记不住这个繁琐的名字，向导买买提告诉斯坦因，这个地方的名字翻译过来就是“吊死野猪的地方”。

这回轮到斯坦因糊涂了，他算是见多识广，想来想去野猪可以有各种各样的杀法，比如用枪打死，用刀刺死，老虎咬死等，考虑到野猪的体形，唯独吊死这玩意儿最匪夷所思。斯坦因对这样杀死野猪的可操作性提出了深刻的质疑。买买提告诉他，这里的“野猪”是一个剽悍的土匪的外号，这小子就是在这里被抓住吊死的，此地因此得名。

无独有偶，在日本，野猪也被用来代表凶猛和勇敢。《烈火金刚》里面的猪头小队长如果知道自己的外号，也许会感到满骄傲呢。

看来，用野猪来形容剽悍勇猛，由来已久。在自然界，野猪到底有多凶猛呢？

野猪，分成五属八种，22 个亚种，分布在从南美到非洲的广阔地域，它们有着几乎共同的特点，那就是平滑流线型的健硕身体（这个可不是夸张，意大利的流线型微型潜水艇就叫作“猪”），坚厚的皮肤在泥水中打滚或蹭树脂后形成乔巴姆式的复合装甲，锋利的牙齿以及富有爆发力的肌肉。这一切使我们很容易认识到野猪是一种凶猛难以对付的动物。

但是，现代社会，什么事儿都讲个 Digitalize，如果没有量化的标准，那兔子也可以算凶猛，人家也有大板牙啊。要量化评价？那就让我们用评价战舰的标准来评价一下野猪吧。

战舰的标准怎样评价？战斗力 = 攻击力 × 防御力 × 机动性，从这三项指标来看，野猪的能力都很不错。攻击力，野猪头大，头部肌腱发达，咬合力惊人，萨在北京动物园曾经亲眼看见一头野猪和饲养员较劲，或许是撒欢吧，一口就把饲养员手中的铁皮簸箕咬下一大块来，要是咬某人的手臂，那还不像切豆腐一样？防御力，萨的曾祖曾经打过一头野猪，那家伙全身松油树脂加碎石子的装甲，火枪都打不透。机动性呢？令人想不到的是野猪居然能够跑出每小时 40 公里的冲刺速度，这个速度和猎豹的每小时一百多公里相比小巫见大巫，但实际上相当惊人，这是个什么水平呢？简单地说，百米世界纪录的水平，谁要是能跑到这个速度的一半，就可以破马拉松世界纪录了。

如果看野猪的头骨可以发现，亚洲野猪，非洲疣猪，二者都有狰狞的獠牙，南美西瑞没有獠牙，但是犬齿发达。

野猪跑得快，主要原因在于其肌肉的坚实发达，爆发力强。日本人虽然看见吃狗肉的会吓得浑身哆嗦，但肉店里却可以见到野猪肉卖（还有马肉卖，您看鬼子这口味，就不知道驴肉比马肉可香多了），价格很高，人民币 50 块钱一斤的水平。萨曾经在一次宴会上吃过烤野猪肉，味道差得出乎意料，感觉和吃劈柴差不多，比家猪味道差远了——纤维太粗。

单看这些指标，固然可以得出一定的结论，然而，就像日本的大和战舰吹得上天，第一仗就被送进海底去了，这些理论数据还要经过实战的考验。

研究野猪的实战表现，需要选定几个代表，考虑到野猪在全球的代表

▲巨獠猪，又名恐猪，曾是地球的霸主。

性，萨需要选择典型的选手，入选的三名选手是——亚洲野猪、非洲疣猪和美洲西瑞野猪。

亚洲野猪，是野猪的最大品种。中国东北盛产的亚洲野猪，这种野猪的特点是口边有两根伸出的獠牙，老猪体重300公斤，个别的可以达到500公斤。这个体重，比它的祖先已经少多了，野猪的祖宗巨獠猪（因为獠牙巨大而得名）体重1000公斤，曾经广泛分布于世界各地，可惜，也许因为味道太好吃，今天已经绝灭了。

萨的曾祖父曾经单人击毙一头肆虐的大公猪，是他一生的骄傲，不过，这个战斗我们老祖是用枪的，多少胜之不武，所以此战例不能说明问题。——家里人要发话了：怎么着，你想让咱们老祖和野猪来一个肉搏战么？萨：我不是这个意思。不过在击毙野猪的过程中，曾有另一名猎手的马被野猪当场顶死，另有一个保护庄稼的农户被野猪重伤。由此可以得出结论，野猪的武力，高于徒手的人，高于马。

那么，野猪的战斗力上限呢？首先我们知道野猪是斗不过大象的。

废话，野猪有斗大象的么？那位问了。萨说还真有，这个是有实例的，英国人在印度喜欢打猎，打猎的时候往往猎人坐在大象背上，就有过和野猪相遇的场面。按照当时的记录，野猪遇到猎人和大象的时候如果无法逃脱，绝不肯束手待毙，往往露齿反冲回来，如果猎人无法顺利击毙野猪，野猪就会和猎手骑乘的大象发生战斗，这种情况常常发生。结果是一边倒的，体重四五吨的亚洲象是野猪体重的十倍，身高体大，但是动作灵活，交起手来四条象腿如同打夯机此起彼伏，一脚就能把猪屎踩出来，令

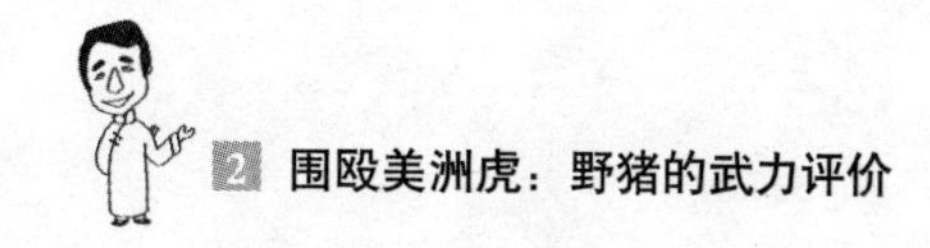


其当即毙命。

显然，野猪虽然勇气可嘉，但是和大象交手实在是心有余而力不足。

那么，肉食兽呢？

肉食兽在亚洲最著名的莫过于老虎，而老虎中最著名的莫过于东北虎了。资料记载现存最大的东北虎体长五米（不计尾巴）、体重460公斤，是普通非洲狮的两倍。在中国的传说中老虎恶斗野猪的故事很多，但多半是传说，缺乏科学的依据。实际上东北的野猪经常沦为老虎的食物，东北虎的食物构成中，有30%就是野猪。野猪的确是一种凶猛的动物，但东北虎捕野猪有它独特的套路，可算熟知野猪的优点和缺点。萨看过一些故事，讲到老虎避开野猪的装甲厚皮，从野猪的肚子下手，取其性命。然而，实地考察发现，这并不是老虎常用的战术。东北虎对野猪进行猎杀，实际上往往只有一个回合。因为野猪性情凶悍，老虎在猎杀它时往往形成正面的对冲，这时，老虎就会高速迎着野猪冲去，运动中迎头猛扑，一只前爪迎着野猪突出的唇吻，避免其獠牙刺伤自己，同时猛推猪头，另一只前爪按住野猪的背脊。老虎的爪子力量极大，一击可以打碎野牛的头骨，野猪冲刺的动能被阻，猪头上仰，而身体还在向前冲，于是颈骨折断，因脊髓切断而立即死亡。这样，老虎根本不用费心思怎样对付野猪的厚皮。老虎吃野猪往往先从腹部掏开食其内脏，大概因此造成了老虎攻击野猪腹部的误解。

然而，野猪也不是全无还手之力，老虎猎杀的野猪绝大多数是比较小的野猪，如果碰到有经验的老公猪，野猪往往找上一棵树和老虎转圈子。遇到这种情况成年的老虎多半选择放弃而去，而没有经验的老虎强行袭击，往往因为位置不好，形成双爪都扑上猪背的姿势，这时候野猪就会用獠牙去刺击老虎暴露出来的腹部。苏联的野生动物考察人员曾经看到过多次这样的场面，结果或者老虎放弃，或者老虎受伤而走，还有二者同归于尽的。

但是，总的来说，老虎是野猪的天敌，从武力评价角度，野猪比老虎还要稍逊一筹。

这样，我们可以把野猪的武力定义在马之上、虎之下。可是，有没有

和野猪武力比较相近的动物呢?

比如……豹子?

在中国东北，豹子也经常捕食野猪，不过它的做法比较阴险，豹子对野猪的攻击是从后面作势追击，造成野猪的逃跑，逃跑途中小野猪往往因为炸肺掉队，而成为豹子的食物。这个不能算是交锋，所以无法评价其武力。

▲ 非洲疣猪

真正和豹子有所交锋的，是非洲的疣猪。

非洲疣猪是猪属的一个亚种，广泛分布于东非、南非各地，它的特点是口中有弯曲的四根獠牙而不是两根，护仔能力很强。在南非，豹子经常掠杀小野猪作为食物，但是人们曾经亲眼目睹护仔的非洲疣猪对豹子发动猛攻，豹子只有80公斤左右的体重，面对数百公斤的大野猪就有点儿像小兵张嘎碰上泰森了。动物纪录片中曾见两个例子，一次是三头野猪狂追一头豹子，豹子仗着腿快，逃得无影无踪。另一次是一头大野猪驱赶前来捕食野猪仔的豹子，豹子开始还想对抗，等野猪冲过来才明白自己根本不是个儿，掉头就逃，野猪的速度也发挥出来，豹子一着急上了树，结果野猪也往树上扑，竟然蹦上了豹子呆的树杈，见到猪居然能上树，豹子大惊，掉头上了更高的树杈，算是逃过一劫。

看来，豹子和成年野猪正面作战，野猪还是更胜一筹。更令人吃惊的是，由于野猪是杂食动物，非洲的野生动物学家还看到过野猪啃食豹子的场面！可是，这究竟是野猪杀死的豹子呢，还是野猪吃其他动物杀死的豹子呢？这就无法证实了。因为没有人看到过豹子和野猪真正你死我活的搏斗场面。

但是，有人看到过野猪和美洲虎的搏斗。

美洲的猛兽比非洲亚洲要小型化，山狮、猞猁就算大型肉食兽了，虽然它们在别的大洲只能算是中型猛兽。其中，美洲虎和山狮都有猎杀野猪的记录。不过，山狮体形较小，对成年野猪一般是掉头就跑。真正能和野猪正面对抗的，是美洲虎。美洲虎体型较为粗壮，四肢略短，身上的斑纹是蔷薇花状，能够拖走马和牛，主要活动于森林，水性很好，能下水追击貘和水豚，捞鱼也很有一套，能爬树，但成年后因体重太重就不能爬很高了。总的来说，美洲豹是一种很有实力的猫科动物，所以才能在南美称王。

不过，美洲虎对抗野猪也不容易，因为美洲虎虽然名为虎，实际上身材更接近于豹，所以也有称作美洲豹的，体重一般 60 至 70 公斤，最大的 300 磅，和野猪相比，仍有一定差距。南美的野猪叫作西瑞（实际上西瑞血统与纯正的猪科稍有区别，不过看其形象，叫它野猪非常正常），西瑞没有獠牙，表面看上去就是一个大肉球，《神秘岛》里面潘科洛夫也的确把它当作烤猪肉来美餐的。可是自然界的西瑞性情凶猛，特别是满口利齿，有相当强的攻击性。

美国有一个叫作大卫·科克的探险家曾经在巴塔哥尼亚追踪考察西瑞，考察中曾发现一群西瑞狂奔追逐一头美洲虎！估计是美洲虎袭击了野猪的幼崽。

这头美洲虎很明显犯了一个错误，它离开了森林，在平地和西瑞发生了战斗。在森林水网地区，就是大鳄鱼美洲虎也能咬毙，到这里却只有招架之功，全无还手之力了。所谓虎落平阳，大概就是说的这个。

▲ 美洲虎

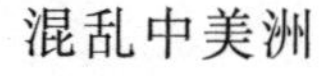

混乱中美洲

虎猛然发现一棵树，于是匆忙爬了上去。

等它爬上去，才发现自己又犯了第二个错误——这棵树太高，而且孤零零的，无法逃到别的树上去。这时候再改主意已经来不及了，美洲虎发现自己这棵树遭到野猪们团团包围。

形成包围圈后，野猪们开始在树下向上蹿跳，猪们情绪高昂，不时发出令人恐怖的嚎叫，美洲虎蹲在树枝上奋力抵抗，毕竟有一定高度，双方打成了暂时的对峙。

对峙中，美洲虎看到野猪们也不过如此，似乎有些松懈，或者有些疲劳了，头尾从最初的高昂状态逐渐低垂。这时大卫看到一头大野猪忽然向上一蹿，一口咬住了美洲虎的尾巴，把它从树上拖了下来，群猪欢呼，一拥而上，猪虎相搏，发出一种地狱才有的恐怖声音。大卫因为没有携带武器，这时感到自己的安全也受到威胁，于是选择悄悄溜掉。

第二天早上，大卫再次来到战场，只见一片狼藉，地上横七竖八倒着六头野猪的尸体，而那头美洲虎呢？费了好大力气大卫才找到了一些撕碎的虎皮，而肉和骨头，早就被野猪们吃光了。

显然，美洲虎也不是吃素的，根据这个战例，我们是不是可以给野猪的武力下这样的定论——单头野猪的战斗力低于单头的美洲虎，集群野猪的战斗力高于美洲虎。双方交手美洲虎要吃亏——毕竟，美洲虎不是集群活动的动物。

于是，野猪武力的评价结果出来了——

徒手的人（或者裸体的人）< 马 < 豹子 < 单头野猪 < 美洲虎 < 集群野猪 < 老虎 < 大象

大家觉得科学么？

看着午餐盘子里的烤猪肉，萨不禁感慨，野猪能够斗猛兽，您看，这东西和野猪也是一个祖宗啊，怎么这样轻易就成了萨的口中美食呢？这就是缺乏锻炼，贪吃嗜睡的结果啊，所以，提醒大家星期天一定不要睡懒觉，平时要多锻炼，多打羽毛球，注意节食……

萨一边说，一边把这一大块烤猪肉吃一个干干净净。

# 3 布哈拉山的夜袭：猩猩与豹子的格斗

美国作家迈克尔·克莱顿因为《侏罗纪公园》一举成名，其实，此人的作品大多具有同样扣人心弦的魅力。

萨有一段时间看他的作品《刚果》很是入迷。《刚果》的主角是一头名叫埃米的雌性山地大猩猩。此猩猩不但能够操作电脑，而且能用几百个手语单词和她的饲养员交流对于历史问题的看法，比我们家小魔女懂得都多。小说虽是虚构，据说对大猩猩的描写却有事实的依据。从此以后，萨对大猩猩这种貌似凶暴的动物，就不再觉得恐怖——按照科学界的研究，外表狰狞的大猩猩其实是羞怯的和平主义者，素食而且不主动发动进攻，假如在丛林中遭遇，大多数情况下您可以放心，它通常的反应不过是双手拍胸乱蹦乱跳，如果您毫无怯意，大猩猩的下一个动作则是掉头就跑，您只需把它当作大号的青蛙就好。

干嘛使用“大多数情况”、“通常”这类模棱两可的词呢？因为动物世界的规律都是相对的，没有哪条法律规定大猩猩不可以临场发挥来一个主动进攻。这种事情最近两年还真发生过，要是把话说绝对了，那您要是到非洲逗弄大猩猩出了事儿算谁的呢？

为了让大家更深地理解动物世界规律的相对性，给大家提供一张照片看看——

要说河马是吃草的，大家不会有所怀疑吧，可是看到这张照片，估计很多人的下巴会掉到地上去。

动物世界就是经常有这样不讲理的事情发生。

大多数时候大猩猩性格温顺。但是，心目中对大猩猩的看法，依然把它归入猛兽之类。这倒不是兄弟对它那副令人望而生畏的面孔感到畏怯三分，主要是它的确有这个实力。萨看过一个录像，里面的大猩猩根据饲养

▲看，河马在吃……

员的介绍，体重三百公斤，这个黑乎乎的大家伙狞笑着抄起一根手腕粗的铁棒，不费力气就把它弯成一张弓。

有这个实力，打起来就算是鲁智深之流恐怕也捞不着便宜吧。

所以萨看到下面这幅画面的时候不禁颇为困惑。天，堂堂的大猩猩，庞然巨兽，竟然被一头比它小三号的豹子一击打翻在地?！大猩猩的一只爪子就比豹子的脑袋还大呢。

要知道豹子虽然凶猛，一般体重也不过和一个成人相仿。在大连动物园兄弟曾经和豹子合影，感觉也就是一头大猫，它怎么可能袭杀大它四五倍的庞然大物呢？大猩猩的确性情温和，但是兔子急了还要咬人呢，遇到袭击它当然也要反抗。

▲大猩猩和豹子的体型对比

但是这幅画的画面又是这样真实，仿佛作者身临其境，让我直觉感到它不像虚构。

幸好，邻居中有一位土屋龙太先生是姬路大学专攻动物学的，于是便向他请教。土屋先生沉思半晌，说这个是可能的，他曾经在资料中看到过两头豹子故意招惹一头带仔的雌性大猩猩，将其引开后猎杀其幼仔。

可是这里面所描述的画面可不是袭击大猩猩幼仔，而是真正的成年大猩猩啊。萨打破砂锅问到底。

是的，这个……土屋先生有点儿嗫嚅，想了想，不再说结论，而给我们分析起大猩猩和豹子的攻防能力来。

论力气，那肯定是大猩猩占优势，豹子的力气不如它——大猩猩得分。

论武器装备，豹子有利齿钩爪，大猩猩没有这种武器，但是不排除大猩猩在自卫的时候使用木棍、石块等工具——这样评判大猩猩就近乎于人了。综合评定——豹子得分。

论敏捷性，大猩猩不如豹子，两者都能爬树，但是大猩猩体重大，上树后行动反而不如豹子灵活——豹子得分。

论战斗组织，大猩猩群居，可以群殴，豹子最多两头合作行动——大猩猩得分。

这不是平了吗？我们说。

土屋先生看看，赶紧补充，这个这个，我看还是豹子占优，因为大猩猩属于灵长类，接近于人，对于疼痛的感应比较敏锐。格斗中由于伤痛恐惧造成对战斗力的削减，大概都要比豹子更大。

很明显，土屋先生是钻进日本人注重科学、注重方法的教条分析法里边去了。

看着我们都不大信服，土屋先生也没了信心，说要不给我点儿时间查查资料？

日本人有一点儿你不能不服，就是那种咬死理的认真劲儿。过了几天，接到土屋先生的电话？——嗳，萨先生么？那个大猩猩和豹子交战的画，有结果啦。那不是虚构，地点就在乌干达的穆哈布拉山。

等萨赶去看，土屋先生居然不但找来了原始材料，还找到了这次交战的照片！

原来，这幅画的名字叫作“穆哈布拉山的夜袭”，是根据一次真实的考察画下来的。

60 年代，美国康涅狄格州大学的乔治 · 谢拉博士和日本京都大学的小原三雄博士，共同实施了对非洲大猩猩生存情况的为期两年的考察。在考察中，1962 年 2 月他们意外地目击了这起凶案的始末：

那一年，他们的考察从刚果开始，不久进入乌干达。当地的山地大猩猩数量已经有所减少，当时的刚果和乌干达政府都向国际社会保证对大猩猩实施保护行动。

意外的是考察队员却听地方官员说当地的居民长期有猎杀大猩猩作为食物的习惯，以至于当地政府不得不为他们提供替代的食粮。按照当地土人的说法，他们猎杀大猩猩的武器十分简单，就是随处可以找到的木棍，狩猎的方法是呼啸而上，乱棍击之。被击的大猩猩多半只会把前肢护在头上哀鸣，全无反抗，直到被土人打死。这让谢拉和小原对大猩猩的性情有了新的理解。

▲被人抓捕的大猩猩

一天，他们在鲁托班山谷发现了一头雌性成年大猩猩的尸体，已被食肉兽吃的残缺不全根据齿痕判断，凶手很像是豹子。小原决定留下来观察。

到半夜时分，一对黑豹走来，撕扯大猩猩的尸体享用晚餐。黑豹，就像黑狗一样，不过是毛色深暗的豹子，品种并无不同。但是，对此谢拉和小原有所争论，小原认为杀死大猩猩的应该就是豹子，它们是来继续享用自己的猎物，而谢拉认为很可能是大猩猩和狮子发生了冲突，被杀后豹子渔翁得利。理由是这头大猩猩或者的时候体重大约200公斤，而两头黑豹加在一起不过100公斤上下，大猩猩显然有力量抵抗他们的进攻。

两个人争论不休，但这并不是他们的考察重点，所以也未加进一步的重视。

几天以后，当他们到达山地，灌木交界的穆哈布拉山进行考察时，却有了新的收获。

为了观察夜间大猩猩的活动，小原和谢拉夜间悄悄潜入大猩猩活动的树林中，试图通过微光夜视仪进行观察。大多数大猩猩用草枝编成窝，睡在上面，也有一部分爬上了似乎更安全的大树。他们刚刚进入阵位，就看到附近的泥地上，扔着一头刚刚被杀死的小公鹿，颈上齿痕尤新，显然是豹子的杰作。

正在两位科学家紧张地寻找凶手的时候，半空中的树杈上忽然传来惨烈的吼叫和树枝断折的声音，抬头看去，正是这个场面——一头豹子袭击了一头正在树上安睡的，比它大好几倍的雄性大猩猩！

这头雄性大猩猩体重两三百公斤，后背的毛已经变成银白色，这种银背，是大猩猩从成年走向盛年的标志。但是在豹子闪电般地攻击下，它几乎来不及作出任何招架。周围的大猩猩如梦方醒，纷纷怒吼起来，却没有一头敢于过来支援。

战斗短暂而激烈，一团黑影从树上跌落下来，很快，树林又恢复了平静。

清晨，余悸未消的谢拉和小原看到一头豹子正在拖拉一头大猩猩的尸体，大猩猩的头部带着深深的伤口，大腿根部皮开肉绽，腹部肚破肠出，不知道是格斗的结果还是豹子吃食造成的伤口。

谢拉果断地举起了摄影机，拍下了下面这张照片。

可惜，穆哈布拉山的夜袭一画，萨未能保存，却有一张相反的图片。画面上的大猩猩似乎稳占上风。根据科学家考察的结果，真实的情况是豹子经常会袭击大猩猩，乃至一头豹子可以先后杀死七头成年大猩猩。所以这张图中的场面，大约是根据两种动物的体重和力量做的合理想象。不过，也确实有豹子一击不中，被大猩猩从侧面袭击死亡的目击记录。

谢过土屋，看着他留下的照片，萨不禁深深地叹了一口气——看来用理论数据推断动物们谁更厉害恐怕误差很大。大自然可不是柔道场，没有那样公平的机会让你像竞赛一样来比试。

▲ 豹子袭击大猩猩

# 4 巨兽谁雄：犀牛斗大象

▲猛犸和披毛犀，这些都是今天已经不再存在的犀牛和大象的亲属了。

如果卖票看大象和犀牛决斗，那一定看客盈门，因为动物世界也有战车的话，犀牛和大象对阵，就相当于德国虎式重战车与苏联的斯大林Ⅱ坦克决斗了，结果如何（没敢用鹿死谁手，这里头没鹿什么事么），实难预料。

那么，我们今天这个题目，就来让它们斗斗看。

观战的犀牛亲友团，大象亲友团入场，为了表示欢迎，请大家鼓掌。

还有没买票的没有了？好，关门，放……放牛。

一般朋友想到大象和犀牛这两种蒙冲巨兽，很少想到它们之间会发生战斗，因为它们都是草食兽，按说没交手的必要。罗马的美第其家族喜欢斗兽，连狗熊对鳄鱼这样的游戏都玩过，却没听说他们斗过犀牛和大象。萨之所以会想到这个话题，是因为记起在《一千零一夜》里面看到一个故事。故事说辛伯达航海中到了非洲，当地人告诉他这里最凶猛的恶兽是犀牛，性情凶暴，经常袭击大象，把大象挑死后就顶在头上游走，但是因为天气炎热，太阳晒化的象脂流入犀牛的眼睛，犀牛瞎眼，于是两头巨兽你死我活，同归于尽。因此，对犀牛的凶猛产生了最初的印象。

但是，长大以后觉得这种传说恐怕只能是传说。

辛伯达去的那个地方大象属于非洲象，体重可达7吨（有记录能达到

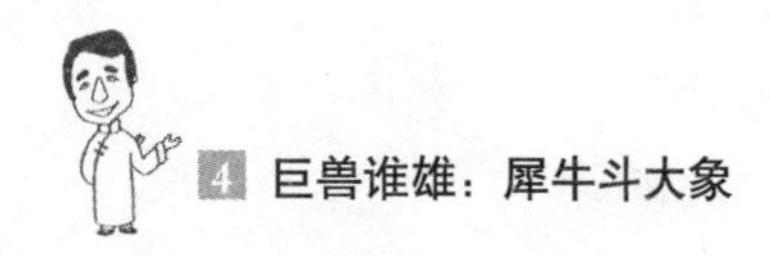


13 吨），媲美一辆解放牌大卡车，是世界上最大的陆生哺乳动物，任何一种其他动物想把它顶到头上肯定脖子都会折的。犀牛从体重上排，在现生陆地动物中可列世界第三，次于大象和河马，体重最大的也只有四吨多，和大象还差着等级呢。

可是大象和犀牛，这两种动物都在亚热带热带生存，街坊邻居还有个吵嘴开瓢的呢，野兽之间就没有个打架斗殴、争风吃醋什么的时候？真正这两种“战车”相撞的时候，到底谁更能称得上动物中的坦克之王呢？

▲ 自然界中犀牛和大象的交锋屡见不鲜

让我们看看犀牛，它们的祖宗是世界上存在过的陆生最大哺乳动物原犀，可惜这种巨兽已经绝灭，没有机会和大象交手了。今天的犀牛包括五种：黑犀牛，白犀牛，印度犀，苏门答腊犀和爪哇犀。苏门答腊犀和爪哇犀我先把他们排除了，因为这些家伙在热带岛屿上蜕化成了迷你犀，比牛大点儿，和大象交手未免过分，而且它们生存的地方，也少大象的踪迹。我以为，最有资格和大象比划比划的，是犀牛中的老大——印度犀。

印度犀，又名中国大独角犀，可惜，在中国自然界今天已经看不到它，中国最后的印度犀在 1922 年绝灭了，今天的印度犀生活在印度和尼泊尔等地。它体重可以达到四吨，在犀牛中无出其右，而在它生存地区活动的大象，则是体形较小的亚洲象。亚洲象个头较小，体重可

▲ 印度犀

▲亚洲象

以达到五吨，性情比较温和，这样算起来，此消彼长，实力相差就不太大了。

印度犀一般的体重达不到四吨，也就是两吨半，比亚洲象小得多，动能上不如大象，智力上大象明显比犀牛高。

那么，实战如何呢？

英国猎人、探险家梅兰上校（《喜马拉雅山的大猎物》的作者）在他的著作中提到：打猎的时候，印度人用大象当作坐骑，英国客人坐在大象背上的包厢里。忽然，一头犀牛出现在视野中。梅兰立即催促大象上前，准备射击。这头大象训练有素，前一天他们围猎老虎的时候，大象曾经勇猛上前，表现出色。哪里想到闻见犀牛的气味，那大象再不听驾驭，嘶鸣一声，把包厢从背上丢了下来，掉头就跑……

同样的例子也发生在印度的卡基兰加自然保护区，那里的管理员曾经看到一起犀牛和大象的冲突。在一个湖边犀牛和大象本来都在平静地喝水，一头犀牛突然毫无征兆地冲向附近的一头大象，大象匆忙中闪身躲避，避开了犀牛的第一次攻击，但是犀牛锲而不舍地紧追上来，第二次攻击大象虽然避开了犀角的冲撞，却被犀牛锋利的犬齿刺伤。管理员看到大象的身体侧面两米高处，留下了一道“一”字形的流血伤口。

大象，逃跑了。

有个英国人记载，印度的一个土王马高达尔王曾经进行过犀牛斗大象的比试，他也有幸参加观礼。那一次，土王动用士兵建起一座木栅，然后赶进一头大象和一头犀牛，看它们决斗。刚刚进入兽栏的大象安闲自在，表情平静，而犀牛则表现紧张，努力寻找自己刚才进来的地方，试图夺路而出。几分钟以后，犀牛似乎忽然感到了大象的存在，于是掉过头来，低

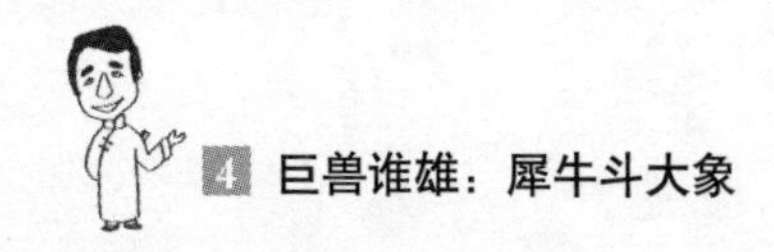


头逼向大象。大象如梦方醒，但并不迎战，而是步步后退。犀牛喘息一声，奋开四蹄猛扑过来，大象撒丫子就跑，就是不敢回头交手，最后愣用大鼻子把木栅扒开了一个大口子夺路而逃。周围观众大哗……还好，两头动物都是狼狈逃回自己的饲养地方，并没有找观众的麻烦。

由此可见，至少在亚洲，大象不是犀牛的对手。但是并不能由此推出大象不敌犀牛的结论，因为亚洲象比较温和，在非洲的情况可就不一样了。

实力分析：

论进攻武器，亚洲象中公象有两根长牙，鼻子虽然在一般的战斗中可以发挥鞭的作用，对付犀牛则如同苍蝇拂子不起作用；印度犀只有一根角，形状短圆，并不十分锋利，可是一旦比划起来，以五十公里高速冲来的印度犀那就是一根古罗马的撞城锤！一根对两根也看不出劣势来，而且印度犀还有一样秘密武器——它的下颌犬齿相当发达，如同两柄短匕首。双方都有雄健的四肢，经常通过践踏的方法消灭对手，可是双方对阵，一个身高两米，一个一米八，大体没有使用的可能。双方都没有恐龙或者袋鼠那样强有力的尾巴，使用回马枪的可能性基本为零。要算武器，是双刀对长锤加两把匕首。

防守方面来看，印度犀的皮坚厚，常被当作武将盔甲的原料，表面还有钮状的疣，犀牛是带装甲的，而大象的皮质柔韧，硬度没有犀牛皮这样好。

真正好斗的大象是非洲象，性情暴烈，睚眦必报，身高三米，体重六七吨，而非洲的犀牛，比印度犀还要小一些，白犀牛大一点儿，三吨多，黑犀牛只有两吨多，不足非洲象的二分之一。值得一提的是，黑犀牛和白犀牛是音译过来，黑犀牛并不黑，白犀牛并不白，如果意译过来，是说两种犀牛的嘴巴长得不同。武器就不再分析了，如果说非洲犀牛有什么有利的地方，那就是它们的角是两根，而且第一根角如同弯刀，长而且颇为锋利，不过非洲象的长牙也比亚洲象更威武。

实战如何呢？

在乌干达的自然保护区，摄影师曾经拍摄过一次白犀牛对非洲象的对峙。两头巨兽沿着一条小道相向而来，发现对方后即站立不动，犀牛发出剧烈的喘息，并把角在一旁的石头上磨砺，仿佛临阵磨枪，对面的大公象

张开蒲扇一样的耳朵，发出阵阵嘶鸣。对峙半晌，结果是双方都慢慢地后退，避开了接触。

然而，这并不是交手，只能说明是各自留了面子。可惜的是白犀牛已经数量极为稀少，听说只剩一百来头，见到它们比见大熊猫还难，更不用提有机会看它们斗大象了。非洲犀牛和大象的格斗，有记载的是黑犀牛和非洲象之间的战斗。

南非，开普敦国家公园，曾经在1976年的记录中描述了犀牛和大象的一次冲突。在一个水塘边，一家大象，包括大公象、母象和一头小象在沐浴，一头犀牛远远走来，感觉到了大象的存在，安静地站在一边，仿佛在排队等待。

这时，象群中的母象好像闻到了犀牛的味道，而且很不喜欢，于是一边嘶鸣着，一边迎着犀牛走去，那意思——你一个老瞎，跟这儿偷看我们洗澡，算怎么回事啊?

犀牛仿佛忽然被激怒，低吼一声，猛扑过来，母象凛然一愣，顿了一下，掉头就跑，犀牛呼呼喘气，一转头就奔了大公象，大公象也和母象表现一样，掉头就逃，唯一不同的是抡起鼻子赶着小象离开，总算没把儿子扔在那儿。

一头大公象的体重，就顶那犀牛两个了。

无独有偶，德国柏林动物园曾在南非拍摄犀牛生态，再次看到犀牛和大象的搏斗。这次，又是大象首先挑起战端。当时，一头犀牛正在泥塘里悠哉游哉，大概是哼着小调搓泥巴，三头顽皮的小公象忽然一拥而上，连踢带踹，欺负人家老牛，企图夺占泥塘。那犀牛见势不妙，狼狈地爬起身来，但是并不逃走，而是一声低吼，掉头一个对仨反冲过来。三头小公象好像根本没想到老牛为了一个洗澡盆能玩命，兵败如山倒，抱头鼠窜，附近就有一头大公象，却冷眼旁观，根本不加入战团!

看来，正常情况下，大象不会和犀牛死拼，应该是一个在全世界共同的现象了。不过，这种镜头下犀牛大象的争斗，从未有斗到死亡的记录——正常情况下，大家也不过是一点儿小矛盾，犯不着你死我活么。相比犀牛和狮子，大象和老虎之间的战斗，就血腥得多。

但是以体重而论，能用角挑着大象，那恐怕只有古代的披毛大犀牛能够做到。

▲ 大型披毛犀

它一米长的头颅上有两米长的巨型大角，和它同时代生存的卑格米猛玛象没有牛大，要挑起来还是可能的。但是，辛伯达肯定是看不到这样场面的，因为披毛犀在一万年前就从地球上消失了。

面对小一号的对手居然闻风丧胆，堂堂大象怎么会如此窝囊呢？当萨向有关专业人士请教平时大象打不过犀牛的原因时，人家告诉萨，大象和犀牛交手，硬件上绰绰有余，之所以吃败仗，问题出在“思想上”。

根据解剖来看，同样体重的大象和犀牛相比，脑重居然是犀牛的五倍！因此，大象的智能远远胜过犀牛。智能高固然是好事，但有的时候也难免瞻前顾后造成误事，比如在战场上。古代印度和近东都有用大象作战的，称为象军。不幸的是大象虽然威猛能够吓人，可是在对敌的时候，经常有脑子开小差的现象。“生存还是死亡……”，智力颇高的大象即便在阵前也会不断思索这个哲学问题。于是，战斗顺利的时候还罢了，一旦敌军来势凶猛，或者有水火之灾的征兆，大象会不顾军令掉头逃命，常常把自己的军阵冲得七零八落，比敌人的威力还大。所以古代象军的驾驶员都携带一柄形状怪异的利刀，就为了一旦大象当逃兵，用它一刀切断大象的延髓，使其立即死亡，既惩罚临阵脱逃杀一儆百，也避免它横冲直撞殃及池鱼。

可见，在面对犀牛的进攻时，大象的判断肯定是——好大的个儿——哦，来玩命的啊——咱俩有什么仇啊，犯得着性命相搏么？——逃啊！

实际上大象在面对狮子、老虎的时候还是挺勇敢的，它主要是会琢磨一下是不是犯得着拼命。大象对犀牛怯战，多半是觉得不值得为了一个洗澡盆拼命吧。

犀牛呢，它的脑组织十分原始，反应迟钝，记忆力极差，按说应该是属于剑齿虎那一类愚钝的动物，完全无法和猫科、犬科这些灵活敏捷的食肉兽相提并论。因此，它没有灭绝应该是动物史上的一个奇迹。也正是因为这个原因，历史上从未听说有使用犀牛作战的军队，因为驯服犀牛和驯服鳄鱼的难度大概差不多，而且就算驯服了，让它理解命令也会让老牛发狂的。

剑齿虎是早已经绝灭的凶猛动物，奇怪的是和它一样脑筋不好的犀牛却幸存了下来。

犀牛能够生存下来，有人归功于犀牛鸟，说是这种在犀牛头上跳舞的共生小鸟会给犀牛报警，以免敌人的伤害。其实这只是一个次要原因。假如解剖犀牛，就会发现犀牛的脑袋前方，有两个古怪的膨大部分。这个部分叫作“嗅叶”，也就是主管嗅觉的神经。这种组织哺乳动物都有，但是其他动物只是小小的两片，而犀牛的“嗅叶”极为发达，实际上形成了两个巨大的“嗅球”，几乎占大脑总量的一半！

这就是犀牛的生存秘诀了。原来，犀牛的脑袋里头，是有两个司令部的，一个是大脑，一个是“嗅球”（这要是人，就是精神分裂症）。遇到麻烦，比如火灾的时候，前者掌管思维，而后者掌管反应。

正常人或者动物遇到麻烦，比如火灾，反应应该是——发现（闻到焦糊味）→分析（旁边某人把脚丫子放在火炉子上，肯定是他的袜子着火了）→判断（第一，不能被火烧到；第二，要提醒他）→反应（窜出屋子，然后冲里边喊：兄弟，袜子着啦）。而犀牛不是，它是分裂的，犀牛的眼睛不好使，但是嗅觉极为发达，一旦闻到

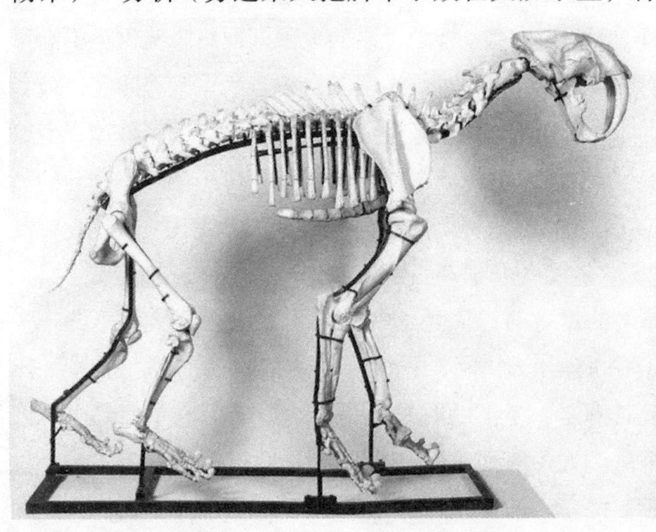

▲ 剑齿虎骨骼化石

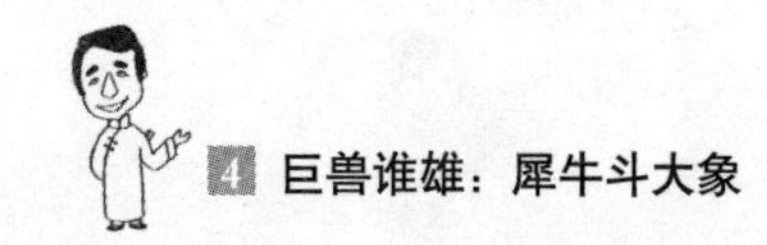


危险的味道，比如大象这样大动物接近的气味，第一条线是大脑指挥的，走的是——发现（有危险的味道）→分析（哦，是邻居象老大啊，它来干什么呀？）→判断（和老象打个招呼，问问它最近甘蔗涨价没有）→反应（走向老象，向大象问甘蔗价格走势）；另一条线是嗅球指挥的，它极为简单——发现（有危险的味道）→反应（阿米尔，冲！）

可以看出来，第一条线永远也快不过第二条线的。

所以犀牛常常表现出“暴怒”，然后不顾一切地猛冲过去，我想对面无论是不是敌人，看见一个两吨多的装甲坦克狂奔而来，只怕第一个反应就是三十六计走为上策！

您看，犀牛就是这样保护自己的。您要是大象，犯得着和这样的疯子较劲么？

说到大象这种因为智力高，打仗的时候三心二意的表现，总让萨想起一位老板说的故事。这位老板经常在东北做生意，好几次被车匪路霸欺负以后，找了个少林寺跑出来的和尚当保镖，再碰上玄乎事，那和尚一运硬气功把菜刀都崩出去了，从此三省平趟。无奈那和尚生性粗野，不近文墨，老板觉得美中不足，于是把和尚送去一个大学修个大专文凭。

两年以后回来，那和尚果然文绉绉的了，老板颇为得意。

不料几天以后出门，饭桌上和人吵起来，对手拆下桌腿就要玩命，老板见势不妙赶紧招呼和尚——

“还没等我招呼他呢，这秃厮噌一下就从窗户蹦到街上去了，撒丫子就跑，比兔子还快……”老板哭笑不得地说。

这书念的……

不过，这说的是正常情况下，要是不正常的情况下呢？

结果迥然不同。

有朋友提供情况，《探索》做过一期动物节目，讲肯尼亚建立的自然生态保护区，里面养了很多大象，当然，也有犀牛。这些大象说来可怜，很多都是孤儿象，爸爸妈妈爷爷奶奶什么的全被恐怖分子，不，是偷猎分子给杀掉了，然后拿走象牙（当时还放了一段黑白的偷猎分子杀大象的镜头，真的在用机枪乱扫外带迫击炮的，真是残忍啊人类，为了几根象牙……)。

这些小象在没有什么成年大象的带领下，尤其是没有成年公象和经验丰富的母象带领下逐渐长大，到了20岁左右，那些年轻气盛的小公象开始发情了，却不知道该怎么办。大象是母系氏族公社制度，成年公象都是独来独往的，群里都是外婆妈妈姨妈什么的，由它们对小象进行生理卫生教育。那些小公象，因为没人教，而且是独居，所以找不到也不懂找母象行周公之礼，然而……又很难受，怎么办呢，荷尔蒙分泌太多了，这些小公象开始变得脾气暴躁，极具攻击性，很危险。然后我们就看到了不堪的景象——小公象为了发泄去欺负犀牛，看到犀牛就跑过去蹭人家，压人家，犀牛虽然试图反抗但发现在这种情况下完全不是对手。然后……讲解员说这里发现的好多犀牛尸体就是这么来的——当然具体是什么品牌的犀牛就不知道了，黑还是白不确定。

据说后来为了让这些小公象能平静下来，公园管理员们找来一些年纪大的公象，让成年大公象来教小公象如何平静面对单身生活，让他们别去欺负犀牛，果然世界恢复了平静。不过，真不知道那些大公象怎么教的，节目里也没说，可能是，比如说，也许……化性问题为胃口问题，多吃草什么的？反正他们解决了问题。

▲犀牛大象真实身材对比

所以在拼命状态下，犀牛实在是没有大象厉害的，起码在非洲如此，如果大象充分发挥实力的话，大象是稳赢的。

# 5 猫猫斗狗狗：猫科与犬科猛兽的较量

这个题目有点儿似是而非，实际上，这里的猫和狗，可不是指的真正的猫和狗，萨想说的是大型猛兽的两个可怕的分支——猫科动物和犬科动物。

猫科和犬科的猛兽，经过了疯狂的生存竞争，度过艰难的冰河时代，都是成功的食肉动物，那么，它们之间的较量胜负如何呢?

看到有人长篇论述藏獒与虎的战斗力差异，觉得十分有趣，所以写下了这篇文章。

藏獒在某种特定条件下，成为猛虎的劲敌，这不是不可能，但实际上猫科和犬科动物的比较似乎不能用这种方式进行。

因为随着进化路线的不同，猫科和犬科动物在生存方式上存在着极大的差异，它们的比较无法一对一进行。

大多数猫科动物，除了狮子以外，都是孤独的狩猎者，当然开夫妻店

▲猫斗狗

▲美洲虎和黑豹的战斗

的不是没有，可是主要还是要靠自身的战斗力解决生存问题。因此，奇袭是猫科动物惯用的捕食手段。猫科动物的个体战斗力因此向极限方向发展，历史上曾经出现在西伯利亚草原上的巨虎，可能是有史以来最强大的肉食哺乳动物。这种恐怖的动物以捕食猛犸和披毛犀为生，甚至在冰冻层发现的巨虎残尸的胃囊中，发现多头东北虎（虽然不是大型成年虎）的尸体。以东北虎为食，充分地诠释了它的凶猛。

而犬科动物，以狼为代表，都是“社会主义者”，过等级森严的集体生活。他们的捕猎普遍采取集体行动。长距离的成群追击，是犬科动物的捕猎特点。因此，犬科动物的个体战斗力比较一般，更注重彼此的协作和合同作战能力。狼群的传说不是故事，而是在动物史上曾真实出现的恐怖肉食军团。至于独狼，则实际上是脱离狼群的老狼或者伤狼，它们的可怕在于濒于绝境的不择手段与残忍，而不在个体战斗力。

一个是独行侠，一个善于摆天门阵，让单独一头犬科动物和猫科动物决斗，是不公平的，这种战斗中，猫科动物占有天然的优势。所以，藏獒即便有战胜猛虎的记录，大概也不是普遍的，否则就有违生物进化的规律了。

但是，单独的猫科动物与成群的犬科动物的搏斗，历史上多有记录，曾有猛虎恶斗群豺的战例，第一回合虎杀豺五头，第二回合又杀两头，自己负伤，第三回合再杀豺五头，虎也伤重而死，被群豺分食。

▲猫科动物虽然凶猛，但最怕这种“人民战争”式的打法。

尽管一头虎换了十二头豺的性命，但无法说他们谁胜谁负，因为自然界中生命不是等重的，这片领地

最终被豺群控制。

▲ 善于成群出动的犬科猛兽——狼群

巨虎虽然战斗力强大，也最终消失在西伯利亚的风雪中，它的庞大的个体和沉重的身躯，使它在猛犸绝灭后自己也死于饥寒，而狼群却席卷西伯利亚，它们强劲的奔跑能力，使它们能够追击灵活敏捷的鹿群。

不过，大群的犬科动物对食物的需求也很多，所以在现代自然生态日益缩小的今天，狼的绝灭甚至比东北虎可能来得更快。不可思议的是，狼群竟然能在极短的时间内适应这一变化，大型狼群今天已基本不可见，但二十只左右的中小型狼群，依然是草原地区强大的掠食者。

同时，体形稍小然而更加灵活的东北虎，依然孤独地在密林中享受着王者的威严。

如果从进化角度说两者的战斗力，萨个人更看好猫科动物。这是因为猫科动物有着更为发达的大脑，有的时候，甚至可以看到和人一样的智慧。

比如，同样是集体生活，叙述狼群的生活就有些枯燥乏味，它们有些像大型的蚂蚁，劳碌而严肃。但是猫科的狮群，就有意思的多。狮群都是一头公狮子带领一群母狮子，有趣的是如果外边来了新的狮子，对待它的态度则迥然不同。如果来的是一头公狮子，那原来的公狮子多半会去拼命一斗（有时候势均力敌也发生一个群里有两个公狮子的情况，狮子很知道变通），而母狮子则神情暧昧，多有跑到领地边缘和新来的公狮子约会的事情。如果来的是母狮子呢？这边公狮子会敞开大门欢迎，而母狮子会冲过去和她搏斗……

同时，同样是有领地观念，如果狼群之间发生领地冲突，双方必然流血，猫科动物的狮子就不一定。有科学家在几头公狮子的领地边界上播放另一头公狮子的吼声，周围所有的“地主”都跑来看谁这么放肆。如果放两头公狮子的吼声录音，就只有一半地主来查看了，等同时放三头公狮子的录音，就没有一个来的了—— 地主们想，来的这一群里居然有三头公狮子，我去了也打不过，还去干嘛?

▲凶猛的猫科动物——狮子捕食河马

从脑量和身体的比例来说，猫科动物占有智力的优势。说猫猫比狗狗聪明一些，是有道理的。

这个智力优势可以转化为捕食优势。

老虎，是野生动物中唯一在捕食前对猎物进行评估的猛兽。因此，对待不同猎物，老虎有不同的战术。这一点，犬科动物就很难做到了。而老虎的进化的如同钢球的咬嚼肌，更给它提供了极强的攻击能力。不过很多猎人能够杀死老虎，也正是得益于这一点，因为老虎扑人的时候在最后一瞬间会有一个停止动作，因为它需要思考对手的战斗力，这时成为一个固定目标的老虎是最容易被射杀的。

犬科动物也有它的优点，它不如大象那样脑筋发达，所以不会临阵退缩，它又比犀牛聪明些，能够驯化，所以犬科动物能够成为人类的捕猎助手，从而依靠人训练的战术战胜很多比它强大的动物。

任何一种生存到今天的动物，都应该说，是竞争的优胜者吧。单算个体战斗力，是无法反映其在大自然中的真正地位的，比如下面这个凶猛的裂肉兽，应该比现生的猫科犬科动物都力气大，但是，它早已被历史淘汰，成了化石……

▲裂肉兽和人的体型比较

# 6 大蛇传奇

早年到浙江淳安去玩，停船蛇岛。见到有与蛇合影的，觉得有趣，欣然颈上挂一蛇，摆 Pose 照相。同学有南方人，再三邀之，坚决不肯，悄悄与另一个南方人诋毁萨曰："北佬不知厉害。"萨不胜怒，取颈上大蛇委之，惊呼一声，面如土色，细看，这位胳膊上的鸡皮疙瘩已经可以当锉刀了。

后来才明白这就是南北差异了，南方多蛇，人家从小打交道，知道这东西可怕，北方相对来说蛇比较少，萨这样的"北佬"敢玩蛇，那不是胆儿肥，是初生牛犊不怕虎而已。

▲在世界各国历史上，都有过各种各样的巨蛇传说。

但北方并不是没有蛇，而且，有的还挺大，这是见于史籍的，比如几百年前萨有一位大白话老乡纪晓岚先生在他的书里，就记了好几个关于大蛇的故事。

纪先生说他幼年的时候，县府有大柴堆，随用随加，年长日久用之不尽，据说其中就有了灵异妖物，众人皆不敢多取其柴。到了乾隆年间，当地大旱，开仓赈济灾民，每日以大锅煮粥发放。久而柴草不敷使用，欲取大柴堆的柴来用，但众人皆有惧态。县令是个清官，焚香叩拜，说您既有威灵，必通情理，本来

不敢打搅，但饥民嗷嗷待哺，不得已想取此柴一用，欲移您去守仓，若有怪罪请降灾于我一人。拜完取柴，了无异状。柴尽，现一秃尾大蛇，安卧不动，县令命取巨箕，将大蛇送入谷仓，转眼不见。

此后该县谷仓再厉害的大盗也不敢去偷，盖县令与大蛇有守仓之约也。

纪晓岚为此大发感慨，意思有些人蛇鼠不如。

要是从科学角度，萨倒觉得此事不无可能。那县令赈济灾民是在冬季，蛇在冬天都要冬眠，动作迟缓，所以对众人取柴毫无反应。民间有话“蛇吃鼠半年，鼠吃蛇半年”，说的就是这回事，冬天体温恒定的哺乳动物老鼠对爬行动物大蛇有天生的优势。

另一个故事就有点儿大忽悠的意思了。

说的是北京红果园有一大蛇，久而成精，但此蛇性格热情友好，并不整天炼丹修道，而是和附近一个巫媪交了朋友。巫媪出去装神弄鬼，大蛇跟着起哄，着实欺骗了不少善良群众。不过纸里包不住火，终于还是有人知道了这种奇怪的关系。于是，有个保定人和巫媪商量，想花重金买此蛇妖。媪贪财，置酒将蛇灌醉卖给了保定人。谁知到了晚上，巫媪忽然发狂，自批其颊，叫道：“我和你是朋友，你居然会卖我，做人可以这样的么？”众人知道是蛇妖附体，纷纷跪下求情，却不见理会，只见那巫媪卡住自己的脖子，竟然把自己掐死了。

这根本就不科学。按照现代生理学的研究成果，没有人能把自己掐死。估计是纪先生忽悠过火了。说他过火还有旁证。这篇结尾的时候，纪先生叨唠——人和妖交朋友，本来已经够稀奇，更稀奇的是居然还有人敢卖妖精，而那保定人买妖精，就更不知道买来干什么用了。

您问谁呢？您都不知道谁能知道？一看就是纪先生把自己也忽悠糊涂了啊！

倒是蛇有自杀的，北京动物园曾有一条出逃的蟒蛇吞豪猪自杀……有朋友说萨你就忽悠吧，蛇哪儿能自杀呢？这事儿呢，应该还不算忽悠。蟒蛇逃跑后吃东西不慎丧命是真事，而且就发生在北京动物园，是有文字记载的。这条蟒蛇的事情，园内还有人写成文章在杂志上发表过，配漫画插图的，其中那蟒蛇的表情画得十分精彩。关于逃蟒事件，萨所了解的情况与杂志上有一点不同，杂志上说的是一条非洲蟒从动物园出逃，几天无法正常进食的情况下巧遇一头也是逃出来的大猪獾，吞食后无法消化胀死的。据萨所知是吞了一头豪猪——当然也是动物园里跑出来的，扎死的。

▲蟒蛇吞豪猪的照片未见，但吞了鳄鱼结果发生一尸两命的悲剧，倒是有的。

萨是比较相信豪猪说，因为蟒蛇的消化能力很强。有报道在南美修路工人曾经遇到一条亚马逊巨蟒，竟然吞了一头牛，肚子上明显现出一对牛角的形状来，也没见这蟒蛇怎么不舒服。所以，吃个猪獾应该不至于胀死蟒。再说，旁边就有医院不是？以蟒蛇的身段，弄两片胃舒平不费劲儿吧。这里面主要的分歧是蟒蛇应该把猎物缠死再吃，而萨了解的是蟒蛇活吞了豪猪被扎死。萨的看法可能是蟒蛇养在动物园多年，捕食能力退化，可能没把豪猪缠死彻底就往下吞了，结果……

▲亚马逊巨蟒

当然也没准真是吃猪獾消化不良胀死的，蛇

消化不良的事儿，纪先生也曾经记录过一回。

这说的是有个小兄弟在财主家打工养鸡，可鸡蛋总是丢。那年头没有劳动保护法，地主老财凶得很，发现了大怒，诬陷他做贼，把小兄弟痛打一顿。这小兄弟思想落后，被打了不思发动起义反抗压迫，反而对偷鸡蛋的恨之入骨。只是，鸡蛋就放在屋里锁着，而且在大柜顶上，不要说没梯子够不着，一般人连进都进不来，怎么偷呢？

小兄弟看着鸡蛋发呆，正琢磨呢，犯人就出现了。

谁啊？

是一条大蛇。只见这条蛇顺着房梁爬过来，到柜顶上垂下头来，一吸一吸的，一个鸡蛋就下了肚。蛇的肚子上鼓起一块，继续吸，转眼就吃了十来个，然后，缠住房梁一用劲，只听一阵咔嚓咔嚓，蛇肚子上的鼓包就不见了。这蛇贼悠哉游哉，扬长而去。

这下子可把小兄弟气坏了——你吃得舒服，让我顶缸，哪有这样的便宜事儿？

一气，气出主意来了。

第二天，那蛇又来了，还是十个鸡蛋，吃完了绕房梁上一缠……哎，今儿这鸡蛋怎么不碎啊？再缠，还是不碎……

没法碎，敢情这次蛇吃的蛋比较特别。那是小兄弟连夜用木头削的，蛇眼神儿差，没看清楚，吞下去十个木头鸡蛋那还有好儿么。

当夜，此蛇在府上乱滚乱缠，折腾得天昏地暗，草木披靡，财主家人吓得一个劲儿烧香磕头。

再折腾这玩意儿也消化不了啊。第二天，小兄弟在门外捡了胀死的大蛇，回来给财主说明事情的真相，索回了自己的清白。

这就是典型消化不良胀死的。

老拿纪先生说事儿，人说萨咱们这本书说的是真实的动物世界，不说传说可以吗？好吧。比如，蟒蛇吃东西先缠死，这个，萨就真听人说过，里面还有一段传奇。

所谓传奇，就是有点儿与众不同的东西。这次的蟒蛇又是比较不幸，它挑错了袭击的对象。

蟒蛇袭击谁找错了对象呢？它缠了著名武术师林鹤龄老先生。

▲遇到这样的蟒怎么办？

林鹤龄先生，祖籍沧州，世代习武，早年曾经落草，洗手后一度作保镖，后在石家庄开沧林武馆，于解放前病逝。他的孙女林瑛女士曾在北京从事按摩正骨多年，这一段事情，就是从林瑛女士那儿听来的。

顺便多说两句林老先生，此人少年时性格刚烈，曾赴天津挑战著名武师韩慕侠。韩慕侠先生是形意大家，更兼武德过人，有迎战大力士康泰尔，力夺其24面金牌之壮举。今日电影中常见中国武士擂台挑战外国力士的情节，其实就是脱胎于韩先生的事迹。但韩先生对于中国武师，一贯谦逊恬退，并不以取胜为意。查看资料，林先生和韩先生一战不见于记载，大概也是韩先生不为已甚的表现。实际此战韩先生略胜一筹，林先生输得心服口服，他为人豪爽，也不在意输赢，乃拜韩先生为兄，韩先生并以剑术相赠，林先生则报以自家金刚劲绝学，二人遂为好友。值得一提的是，韩先生的弟子中有一人后来闻名遐迩，就是共和国总理——周恩来。

所以，蟒蛇来找林先生的麻烦，那不是活腻歪了吗？

那一次是林先生到南方走镖，闲暇外出打猎，走在林中忽然惊动一条巨蟒，欲待反抗已被巨蟒死死缠住。

按照朋友说法，蟒蛇对猎物，都是先缠死，然后才吞食的。

林先生对这一点不甚清楚，但他当时十分冷静，只觉这蟒蛇越缠越紧，似乎根本挣扎不动。林先生的同伴发现大惊，欲用枪射击蟒蛇解围。林先生示意拒绝，便运气施展开了他的功夫绝活。

应该说林先生的决定是正确的，在越战中曾有美军在东南亚丛林中遇到蟒蛇的，有士兵被缠住，其他士兵开枪杀蟒，结果连被缠的士兵也一起打死。人蟒缠在一起，用枪绝对是下策。

不过，如果不是林先生这样的武学大家，还是用枪吧，不然蟒一用劲，可以把人的肋骨全部折断，不动枪那一丝活路都没有。

林先生在武术上有两样绝活：一个是缩骨松筋术，就是俗话所说的缩骨功；一个是金刚劲，是发力的功夫，源出少林。这次对付蟒蛇，正好都被他用上。蟒蛇缠得紧，林先生运起松筋术，不和它硬抗，只避免自己的要害受伤。估计这蟒蛇也很奇怪，今天缠上这人怎么不像人，像泥鳅呢？要是人碰上这种怪事估计就知道碰上硬茬子了，聪明的撂下就跑，蟒蛇毕竟是爬行动物，脑筋不行，根本没琢磨过来，只顾越缠越紧。

你越想缠，林先生越发收束自己的身体，让蟒把自己死死缠住。

眼看蟒蛇缠紧到极限，如同环环铁箍绕住自己身体，林先生忽然大喝一声，力由心生，身形暴胀。

▲被蟒蛇缠住，没有林先生这样的功夫，就只能依靠同伴了。

只听“咔叭”一声，蟒蛇像一匹烂布一样向外飞开，生生被林老先生崩断成了三截。每一截里头的蛇骨头，也都被拽了开来。

林瑛大姐说，林老先生用的就是少林武功中的金刚劲，气功中的一种，就是真的铁箍，也能崩断，何况蟒蛇毕竟是肉身凡胎呢？不过，这门功夫没有十年苦功，练不出来的。

死在这种绝世神功之下，萨觉得，这蟒，也该可以瞑目了。

# 7 斗野猪记

野猪是一种普通分布，但又使人不好归类的动物，一般体重在一百公斤左右，但罗马尼亚与俄罗斯产的野猪体重甚至达三百公斤。在亚洲、欧洲、非洲和美洲的各处山林中，有大量野猪生活着，不受驯养，也许是为了躲避人类，它们白天通常不出来走动。

▲ 野猪

但是野猪习性凶猛，有一对不断生长的獠牙，攻击力可怕。连东北虎看到成年野猪都要掂量掂量自个儿的分量够不够。老虎经常袭击野猪的幼崽，但是除非饿得已是走投无路，东北虎才会冒险攻击带有獠牙的野猪，而且其结果往往是两败俱伤——野猪被咬死，同时老虎的肚皮被獠牙豁开。这种情况对老虎来说，结局不过是早死或晚死一天的问题。老虎都讨不了便宜去，瞧瞧，这是善主么？

所以，野猪这东西和普通猎人打的兔子、野鸭子根本不是一路，那东西是猛兽！东北说法“一猪二熊三老虎”。看这个排序，开始萨以为野猪比老虎还厉害，后来一打听老虎不敢叫阵老公猪，但一般野猪还是经常作老虎的食物，这个排名不是按照三种动物的战斗力排列，而是按照它们对人的危险性区分的。

虎、熊、野猪都有攻击人的记录。老虎虽然凶猛，但深居山林，极少和人打交道；狗熊活动主要在林区，偶尔出山，但闯祸和玩闹兼而有之。看过录像，加拿大狗熊到停车场拜访，砸开车窗偷吃里面饼干，还有黑龙江某加油站职工回忆当年一群狗熊把他们堆积的废轮胎扛上山，再坐着滑下来取乐，主动伤人倒不太多；而野猪则在平原活动的时间更多，甚至深入田间破坏稼禾。因此，和人打交道，发生危险也最多。

当年在萨的老家，也曾有野猪活动，清末的时候，萨的曾祖父，因为打了一头为害乡里的野猪而一举出名。

我们老家河北主要是平原，但附近也有荒凉的山沟，因此野生动物不少，最多的是獾和狐狸。它们不但占据了山林沟壑，而且敢于接近人类，萨奶奶回忆，村子外面不远有一些废砖窑，周围挖土烧砖形成大坑，夏天就积水，人不能入，远远看去，狐狸和獾们在窑洞外头晒太阳，丝毫也不怕人，因为它们知道人过不来，而一到水退，便再也看不到踪影，不知道它们居家何处。

萨小的时候和祖父回老家，虽然当时野物已经少了，老爷子一个下午仍然打到两只野兔、一只野鸭，都是脖子下面中弹，向下一溜铁砂窟窿，野物吃起来铁砂子牙碜，萨就是这次得的经验。爷爷的枪法可是得了曾祖父的传授。

田里也有野生动物，最多的莫过于田鼠。萨的祖母小时候的游戏是和伙伴们掏田鼠洞。这个在她们是游戏，而到了青黄不接的时候，穷人也有靠田鼠过日子的。这是因为田鼠非常干净而有秩序，挖开一个田鼠洞，可以发现十几斤粮食，有豆子、花生、麦子和黄米。花生都是咬断茎子，麦子都是整个的大穗儿。田鼠们勤劳肯干，洞里分成不同的储藏室，存放不同种类的粮食，就像开粮店的一样。乡人虽然穷苦，却有道德，挖田鼠洞必给它留下若干过冬，以感谢它“救命粮”的恩义。不然，它会气的找一根割过的秫秸，把自己挂在上面自杀。这一点，童年的祖母看得有趣，又记得真切。

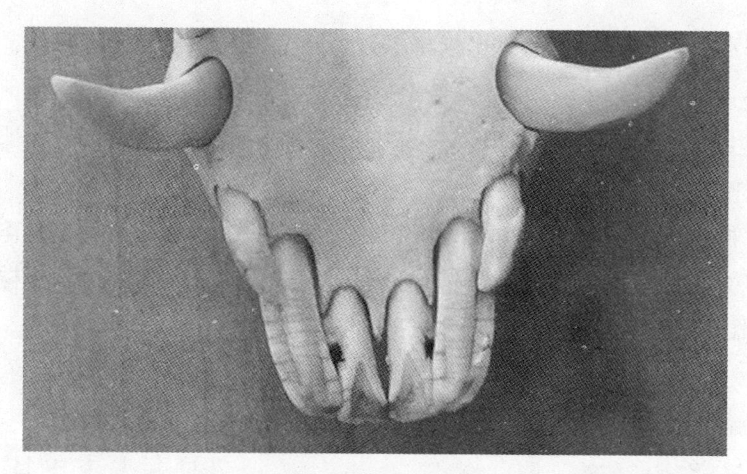

▲野猪的下颌骨

但是有的动物就不那么可爱了，庚子之后，当地田里忽然闯来一头野猪。

这头野猪远比一般野猪要大，体为黑色且不怕人，经常进入瓜田饱餐，而且吃饱之余还要祸害，踩瓜断秧无数。有个村民心疼瓜田，出去轰赶，结果被这野猪顶在胸前，肋骨断了四五根，险些丧命。

野猪危害大，这家伙吃东西厉害之极，一亩红薯地还不够它一晚上拱的，这一晚上连吃带糟蹋，第二天农民就瞅着自己的秋粮吧嗒吧嗒掉眼泪吧。当地有个绅士汪小翰林急公好义，见此情景向县令请缨，贴出榜文，悬赏白银100两，狩猎此猪。河北乡间，素有农闲习武的习惯，沧州武术天下闻名，好武之人不少，而据说1927年大革命失败时期，一个县农会主席悬赏也到不了这个数儿，因此很快就有人来应募。

来的多是当地猎人。他们不是专职的猎人，多是平时务农，闲散时节带上猎枪打獐子、野兔，一般都机敏勇敢。对于这头野猪，他们也有自己的办法。有个张姓猎人有勇有谋，颇有威望，他指挥在瓜田挖好地沟，上面覆盖鹿角，自己带着三名枪手隐藏其中，专等野猪到来。

连续两天晚上都没有收获。第三天，那野猪果然忍不住馋涎，再次来打牙祭。于是，这四名猎人就一起开火。

结果呢？那野猪中枪，却行若无事，辨明方向朝地沟方向猛扑过来。

那张姓猎人担心第一排枪打不死野猪，早有准备，脚尖一挑，一支预备的火枪已经到手，他枪法好，一枪正打在野猪颈部靠近背部的地方。令人瞠目结舌的是野猪背上居然火星直冒，仿佛打在石墙上一样，那野猪毫无影响，照旧口吐白沫猛冲过来。

枪都打不倒的野猪！猎人们吓得魂飞魄散，急急忙忙跳出地沟，上马逃走。那野猪把地沟的鹿角挑开，一通发威，才转身向一个叫作棵树沟的乱树山沟走去了。

这件事以后，猎人们又几次碰到这个家伙，都是刀枪不入，有个猎手还被野猪把马顶死了，自己爬上树去才逃得性命。

▲ 与人搏斗的野猪

2011 年 1 月 19 日，一头野猪从西山闯入太原，甚至进入一家医院，警察与之搏斗。最后，警方用十三发子弹才击毙了这头野猪，可见，即便今天，与野猪格斗也不是件容易事情。

为此，猎人们到个小酒馆给他压惊，一边喝酒，一边谈论这奇异的事情，越说越神，这野猪的神通也就接近天蓬元帅了。

忽听得另一边桌子角上有人冷笑：“一个畜生把你们吓成这样，我就不信这东西这样了不起。”

猎人们觉得这话好不刺耳，抬头看去，却见一个高个光头的瘦子坐在桌边，已经喝的两腮酡红，正对着他们指指点点。

这就是萨的曾祖父。

曾祖父打过猎，按萨祖父的说法还是当地有名的好枪法，因为他干“走商”，就是春秋两季忙活，别的时间都清闲，这位老祖不好生产，他好玩，好拳法，一个人吃饱了全家不饿的主，出去打猎也是一种娱乐。

但他如果清醒，绝对不会去招惹这头野猪，那是要命的玩意儿。就是

武松，敢打老虎他未必敢打野猪——这么个厚皮大膘儿肥，没抓没挠，武松没地儿下手啊。

萨推测，老爷子当时应该并不知道他自己在说什么，因为他喝得太多了，听见这帮猎人神猪啊妖猪啊的议论，只觉得一群人还怕一头猪，十分可笑，忍不住开口讥讽。其实呢，他连闹野猪的消息都不知道，只不过是酒劲上撞逞英雄罢了。

但是，几位猎人就不干了，挪桌过来和他理论，让曾祖父把话再说一遍。曾祖父清醒的时候就是一浑不吝，三杯下肚连玉皇大帝也不认识，怎能示弱？一梗脖子把人家教训一番，意思是爷们儿这耗子胆别扛枪了，出去打猎再让兔子吓着云云。

那猎人中有人激他，爷们儿你有种，你有种你去打呀！

它不来么，来了看我打它个两眼对穿的。

它不来你不能找它去么？我们都瞧见了，那野猪就在棵树沟里卧着呢，有种你去打一个给我们看看？

你当我不敢去么？

周围喝酒的客人纷纷跟着起哄喊好。

话讲到这里就没法转弯了。那姓张的猎人敲钉转脚，把自己的火枪往曾祖父身上一挂：行，爷们儿，你知道吗？汪家还有花红赏金呢，你要是打得来，我连这枪一起送你。

曾祖父当时二十多岁，血气方刚，加上酒劲上涌，听了此言大喝一声，出门上马，像关云长一样耀武扬威，晃晃悠悠地直奔棵树沟而去。他干的买卖也要防身，自己的枪挂在马鞍子上。

猎人们也都喝多了，因此没人阻拦，相反大声喊好，眼看着这愣头青去送死。回进店里，大家一边嘲笑曾祖父狂妄骄横，一边继续喝下去。

这时候小汪翰林就进来了，他到张家找张姓猎户商量办法，人家告诉他喝酒去了，于是就直接找到酒店里。到了，聊几句就听说了曾祖父这件事。小汪翰林当时把脸沉下来了，怒道：你们这不是作践人么？他一个醉鬼，你们这么多人都对付不了的，他一个人不是送死么？真要出了人命，性命关天，我第一个到县里告你！

人命？！猎人们这才认识到问题的严重性，让这一番话全都吓醒了。看看天色已经黄昏，也都发急起来。

他走了多少时候了？

走了……走了一个时辰了吧？

那还不快追？小汪翰林跺脚带着猎人们赶紧出酒店，上马疾追。

到的棵树沟的沟口，眼看树木层层，天色暗了下来，却不见我曾祖父的踪影，众人心中畏惧，便一面鸣枪，一面大声叫喊。那张姓猎人有经验，下令扎了松油火把，准备进沟去找，这野猪虽然不怕枪弹，火它总是怕的吧。

正在慌乱之中，忽听到沟口里有人微弱地呼喊。

众人抬头观看，斜阳中，只见曾祖父光头赤一只脚，全身泥土，沾着点点猪粪，拄着枪杆走出来了。

张姓猎人第一个跑过去，爷们，你好命大啊，碰上啦？

碰……碰上了。我曾祖父看来人还清醒，只是舌头怎么也不听使唤。

那……

曾祖父勉力回头，对着沟里深处指了指：在那儿呢，挺了。

啊？！

众人上了马，亮起火把，实枪荷弹，向谷中深处赶去。张姓猎人眼力好，一眼就看到小路边，一棵松树下面倒着黑糊糊的一个大家伙，凑近看时，正是那头猖獗一时的野猪，四蹄伸开，竟是死了！

大家呼啦啦围上来，一面称奇，一面忍不住凑近细看，但见这野猪口吐鲜血白沫，全身上下却没有半点伤痕，难道是赤手空拳打死的？！回头看去，曾祖父兀自抖个不停，又哪有半分徒手杀猪的英雄本色？

当时曾祖父一直无法说出一句囫囵话来，他的枪和马都不见踪影，小汪翰林只好一面着人寻找马匹，一面让猎手们先把他带回村里，当然，马后还拖着那头倒霉的野猪。

曾祖父进了村，就住到小汪翰林家里，却是颤抖不止，怎么也安静不下来，后来还是请来郎中扎了针，喝过一碗参汤，才慢慢舒缓下来，终于断断续续把这件事情的原委讲明白了。

原来，老爷子仗着一股酒劲进了棵树沟，山风一吹，忽然有些清醒，他勒住马，苦苦思索也不明白自己是来干什么的，但看日头偏西，隐隐觉得有些不对，便决定拨转马头出沟回去。

就在老爷子将转未转的时候，忽然风声大作，只听林中一声怪叫，接着他的马猛地一颠，已经把他从马背上掼了下来。老爷子措手不及，摔个七昏八素，勉强抬头一看，一股酒劲儿顿时变成了满身的冷汗。

只见一头一人来高的黑色怪物正垂着粘丝丝的口涎，瞪着鲜红的眼睛，龇牙看着他。老爷子要后退一步，才能看明白这家伙的全貌——啊！野猪？！

一时间，刚才酒店的赌赛，关于野猪的议论，全想起来了。

萨的祖父谈起这位祖爷，描述他练过武术，身手相当矫捷。有一年发大水淹了砖窑，住在里面的獾子逃进村，半夜里突然在堂屋里发现一头，这位老爷子冲上去，两腿一夹就把试图夺路而逃的獾子扣在裆下，抬手一门闩要了它的性命，后来獾油熬了一罐，治疗烧伤极有效果。

要没这两下子，老爷子当时就完蛋了，也就谈不上萨的祖父，更谈不上萨了。当时老爷子形容和野猪都快贴脸儿了啊。

老爷子“哎呀”一声，双手一撑，一个倒翻跟头飞了出去。

大概他这个动作过于怪异，把野猪也吓了一跳，竟然没有马上冲上来。

老爷子爬起来，第一件事就是到马鞍子边上取枪——哪儿还有枪啊，那马看到野猪一吓，扔了我们老爷子跑得连影儿都没了。就在他一愣的功夫，野猪一声怪叫，已经猛冲过来了。

老爷子见势不妙，他知道自己肯定跑不过这个黑家伙，情急智生，抱住一棵树手脚并用就爬了上去。

那野猪冲上来，向树上猛扑，老爷子拼命地往上爬，这水平的区别就出来了。当初灵长类动物能发展起来，大概就是欺负野猪这类不能上树的家伙吧。野猪第一下攻击，咬掉了我曾祖父的一只鞋，此后就再也咬不着了。

但是，攻击失败使野猪更为狂怒，它退后两步，开始奋力地拱撞这棵树。

老爷子属于慌不择“树”，匆忙上来，这树是既不太高，也不太粗，更要命的还是一棵椿树，大伙儿知道，椿树的杆子脆啊。

只听“咔嚓”一声，那棵树从中折断，把老爷子再次摔了出去。从这一点上看，鲁智深倒拔垂杨柳威震一方，要是在动物园工作，怕也没什么可牛的，动物们眼里，也就是一脑袋上没毛的野猪啊。

这一次摔老爷子受了内伤，动作有点儿迟缓了，他勉强挣命爬起来，往另外一棵树上爬，但是，没等他爬上三尺，野猪已经冲到了！

野猪拖住了他，用力往地上拉，他知道落地必死无疑，于是拼命地拉住树干，人急了力气倍增，野猪虽然力大，却拉他不动。

双方僵持不下，而胸前的带子嵌进肋骨里，把老爷子勒得几乎窒息，于是他一只手抱住树干，另一只手向后拼命拉拽，想把带子甩开。

拉拽中，只听轰的一声，带子崩断，老爷子从空中再次摔下来，正落在野猪身边。

他以为这次死定了，但是依然不肯待毙，一个滚翻闪在一边，抽出匕首来困兽犹斗。

却见那野猪并不向他扑来，却如同神仙般口吐青烟，满地打滚，猛地踢蹬了两下，就开始抽搐，慢慢地不动了。

死了！

老爷子看着小山一样的死猪，却无论如何挣不起来，哆嗦成了一团。

半天，他突然想起来，万一野猪还有同类呢？这个念头让他清醒了一点，只觉得膝盖疼痛刺骨。他也开始琢磨，这野猪怎么死的呢？

老爷子这才发现，刚才崩断的那条带子，正是张姓猎人给他挂在身上的那支枪的背带。因为吓慌了，而且不是自己的枪脑子里没印象，野猪扑过来的时候，他找枪不到，其实身上就背着一杆呢。他捡起枪，只见枪口周围齿痕斑驳，都是野猪咬的痕迹。再看看野猪，口中还在冉冉冒青烟……

老爷子恍然大悟。

原来，就在他爬第二棵树的时候，野猪咬住了张姓猎人这杆枪，拖他下树，咬的部位正是枪口，他被勒得受不了，用手向身后乱拨，恰好顶上了火，结果带子崩断，震动枪机，一枪几十发霰弹都打进了野猪的口腔里，直下喉咙肠胃。

▲在一些国度，野猪被作为凶猛的象征备受敬仰，比如日本，经常可以在神社看到这种动物的雕像。

这一家伙，别说野猪了，就是大象也吃不消啊。野猪的刀枪不入功夫练得虽好，却给自己来了个吞枪自杀……

他抖了有半个时辰都没法动弹，依稀听到沟口有人声呼叫，这才挣扎着拄上枪，慢慢走出来。

老爷子讲完，外面庆功的鞭炮已经响成了一片。小汪翰林安排给野猪开膛，发现这野猪的皮与众不同。这棵树沟里面都是松树，野猪身上寄生虫多，在树上蹭痒，粘了大量松油，然后在沙石泥水里打滚，以后一层砂石，一层松油，仿佛英国坦克的乔巴姆复合装甲一样，弄出一身硬壳来，猎户们的子弹都是铁砂散弹，如何穿的透它？另外，他们发现这是一头公猪，只是两边的长牙都折断了，估计是因为断了牙在山里不能自己找食，才下山来骚扰农田吧。实际上老家人的说法，大多数动物对人都是比较畏惧的。

老爷子整整昏睡了三天三夜，大野猪剥了将近四百斤肉，也没能吃到个新鲜。

# 8 和解放军作对的畜生们

少年时住科学院宿舍，院里有两个老兵出身的行政干部。他们都是四野出身，一个叫老俞，一个叫艾头儿。这两位在一起常常吹牛侃山，说起军中种种古怪的事情，而且你来我往，越说越奇。

萨曾经在俞师傅家借宿，颇听过一些二位所讲轶闻，还记得有一次听两位说了个古怪的话题。

地点是在艾头儿家。当时电视里正放赵忠祥主持的《动物世界》。看着非洲大象，话题不知不觉就到了动物上面，照两位老兵说法，中国人民解放军解放全中国，碰上的对手不但有国民党军、东北土匪、河南红枪会，还有不少完全不讲道理的家伙。

那就是动物——野生的，甚至家养的动物。

动物，居然还有敢和中国人民解放军较劲儿的？

老俞和艾头儿说得活灵活现，那战争年代啥古怪的事儿没有呢？

老俞说他一个战友回忆，抗战时期，在大青山军分区，敌后行动，林中宿营的时候，半夜忽然林外黑影幢幢，蹄声阵阵，游击队员一阵紧张，认为是遭到了日军骑兵的偷袭。严阵以待之下，却见“敌人”扬长而去，毫无战意。疑惑间有一个本地战士说，那是野驴……

▲野驴，喜欢成群行动，确有几分似骑兵团。

看来游击队潜伏得太好了，不但敌人难以发现，连野生动物也被瞒过。

艾头儿说我的战友更奇，他在南满部队当侦察员，打25师李正谊，国民党军在山下行军，侦察小分队就在山上跟着走，走着走着……

忽然有战士发现林中还有“敌人”在跟着自己行动，我们动，林中也动，我们停，林中也停，连跟了三四里。

螳螂捕蝉，黄雀在后?!

紧张的侦察员放下25师，赶紧回过头来准备对付林中的敌人，结果……几头狗熊东张西望地从林中露出头来。

到底狗熊跟踪侦察员是因为有人轻装的时候乱丢干粮，还是因为熊性好奇，那就不得而知。

▲熊是一种好奇的动物，只是有的时候好奇过分。

按说大冬天的熊该冬眠啊，估计是不断的战争惊得动物也改变习性了吧。当时南满部队供应困难，看着这几个肥头大耳的家伙，侦察员不免嘴馋，但要是响枪等于提醒山下的国民党，要是肉搏还真没这个勇气……只好忍痛随它们去了。

这几个家伙就一直跟着。

围歼25师的战斗打响，李正谊在国民党军中不是吃素的，活活让四野团团包围，电报上还狂得很呢：“不要援军要炮弹！”打25师真是不容易。

那，狗熊呢？再看这帮家伙……

艾头儿的战友说：枪一响，几个黑瞎子掉头就跑，跑得比兔子还快！

自然牙祭是打不成了。

这还是战友的事儿，大概是觉得不过瘾，两位又说起了自己的亲身经历。

艾头儿说起南下中的一件奇事：部队进军海南岛，在海口激战，打着打着国民党指挥官薛岳一声令下：不打了，撤！得，两家从拳击改赛跑了。国民党守军迅速南撤，四野部队包括艾头儿所部快速追击。

国民党军跑得快，解放军也不慢。要说解放军部队都是善于长跑和竞走的行家，艾头儿的部队可是有点儿稀罕，他手里应该是解放军最早的摩托化部队，一水儿美国道奇大卡车！

这说来令人瞠目结舌，解放军哪儿来的美国大卡车呢？就算有，那坐着帆船过琼州海峡，总不能带着大卡车吧？

都是国民党的，停在海口市的一个汽车营，因为长官跑了，连人带车被“解放”，马上载着解放军追。

正追得起劲儿，前进中前面部队忽然停了下来。突然停车，要说有敌人阻击，却没听到有枪声。艾头儿很奇怪，赶紧上前去看。

就见头车前面，几头肩高角大的牛在路上晃悠。这几头牛把路堵得严严实实，对汽车全然无惧，海南的公路狭窄，两边是山，车队只好停下了。

军情如火，被几头牛挡住算怎么回事儿？艾头儿看看这几头牛，无缰无环，野性十足，还有牛在从山上下来，显然是野牛。

那牛悠哉游哉毫无让路的意思。艾头儿丘八脾气上来，哗啦一下子弹上膛，下令司机硬冲。从国民党军刚解放的司机兼向导摇头不干，嘟噜出一串广东话。艾头儿听不懂，也不想和他废话，端起枪朝天就是一梭子。

听了枪声，有的牛掉头就跑，有一头大公牛却怒吼一声，迎着大卡车撞了过来，弯弯的大角如同磨盘。

惊奇的解放军战士乱枪齐发，终于把这头牛击毙在车前。

艾头儿让把这野牛的尸体拖到一边，准备放在后面车上，交给炊事班做成肥牛料理。没想到正在拖，山间牛角号鸣起，不知从哪里钻出了一批脸上刺纹的黎民，手中持刀，忿忿然挡在了路上。

这下子不能像野牛那样好处理了，只好停车，直到后续部队中冯白

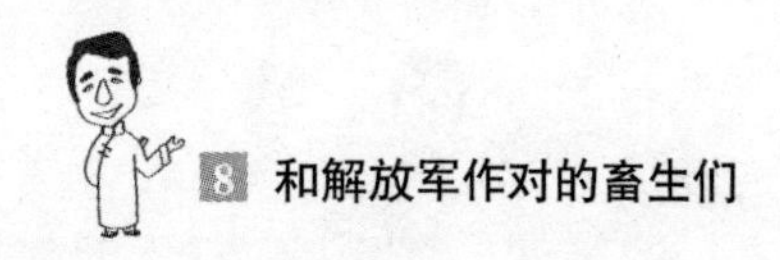


驹手下的联络员赶到，才把事情搞清，当场给黎民赔了不少钱，才打开道路。

事后，联络员告诉艾头儿——当然得赔人家老百姓了。那牛，是人家养的，你打死了还得了？

养的？不是野的？！艾头儿想想那牛比自己家乡的老牛起码大三号，野性十足，也没人放牧，怎么可能是家养的呢？

人家说那是因为你不懂海南怎么养牛。这儿的牛都是这样漫山放着的，自己吃草，自己找对象，没人管。

那叫家牛？

是啊，一到耕种的时候，那牛就各家回各家，该拉犁拉犁，该翻地翻地……

艾头儿说：这简直是——萨插话说："雷锋。"艾头儿说你瞎说，那时候还没有雷锋呢——只是党员啊。哪有这样荒唐的牛？

牛当然不是雷锋，而是因为到需要牛的时候，主家会在门前放大桶的米酒和甘蔗酒，让牛痛饮一番。当地的牛酒后精神倍涨，干活更有力气。干完了，主家就把酒桶收了，那牛，就还回山上去逍遥自在。多少代都是如此。当地人不吃牛肉，很多村寨的寨门前立有高杆，上面装饰一对牛角，表示对牛的崇拜。

从这个角度看，海南的牛和当地人倒不似主奴，而颇似一种共生的关系。

这应该是实情，萨在1994年到海南工作的时候，到通什去玩，当地的牛依然过着这样逍遥的日子，只是听到汽车喇叭知道让路了，算是一个进步。

因为这头牛的耽误，估计有不少国民党败兵摆脱了艾头儿他们的追击，乘机登船逃走。

那种牛特别高大有力，艾头儿曾因此有意搭桥，给家乡运回普及，这可比北方的黄牛强多了。无奈当地干部告诉他这不可能。原因是这种牛虽然孔武有力，却只产在分水岭以南的热带地区，特别不耐寒，有一年当地的温度降到了零上十五度，许多牛就被冻死……

▲ 海南的牛就是这样

这是艾头儿碰上的牛，应该说，只不过是阻挡了一下解放军的脚步。而老俞碰上的家伙，就有谋杀人民解放军战士的嫌疑。

老俞和艾头儿不一样，艾头儿是冒牌儿的机械化部队，老俞则是正规的汽车兵。

事情发生于东北解放期间，当时国民党军已经被围在长春、沈阳等几个孤立的据点，东北的解放区基本巩固，形势很好。老俞的部队有一段时间没什么战斗任务。他带着一个副司机和一个司务长，去附近城里采购，回来路上，车却抛了锚。

修来修去，天都黑了依然毫无进展，原因是缺少备件。那时候东北的“电道”上车少，想找个帮忙捎脚的都没有，老俞一算，离部队也就十几里路，走吧。

于是，老俞就让两个助手看车，自己辨辨方向，向驻地方向走去。

老俞走出没有三四里地，就发现自己被跟踪了。

谁？国民党特务？

不是。是一匹狼！

这个地区是城市的郊区，按说不算太荒凉。

没有想到的是，就在这个不算太荒凉的地方，居然有狼！

老俞这下可紧张了，伸手去摸枪，却发现自己修车修得慌忙，居然把枪放在了驾驶楼里，手里唯一的武器，就是一把花扳子。

老俞走得快，狼也走得快，老俞走得慢，狼也走得慢，只是距离越来越近，夜晚老狼的眼睛如同两个电灯泡。

惊慌之下，老俞忽然发现路边出现了一个废弃的马架子。

马架子，就是当地老百姓搭的简易窝棚。老俞一头就钻进了马架子，用扳手对着入口，他觉得这总比荒野地对着一头狼强一些。

那狼就蹿了上来，蹦上了马架子顶部，接着，开始抓挠入口的地方。

老俞用扳手猛敲狼爪子，但那狼非常机敏，爪子一翻，要不是老俞躲得快，手上的筋都会被狼抓断。

眼看情况不妙，老俞忽然发现自己的口袋里，带了一盒火柴。

老俞就划着一根火柴，举到窝棚口。

狼吓了一跳，后退一步，看看火苗熄灭，又向前凑。

老俞又划着一根……

一来二去，老俞开始发急——快用完了啊。

他急，狼更急，那狼在外面进不去，索性地上一蹲，呜呜咽咽地号叫起来。

老俞灵机一动，也跟着呜呜咽咽地号叫起来。

良久，外面没了动静。老俞大着胆子探头一看，狼，没了。

老俞得意洋洋地讲完这段，自鸣得意地点上了一支烟。

艾头儿忽然插话。

“这条狼肯定是公的。”

老俞一愣，问：“你怎么能知道呢？”

艾头儿：“它叫，你也叫，它听出你也是个公的，今天肯定是占不着啥便宜了，所以走了，你要是学的母狼叫那就热闹了……”

老俞：……

▲狼的恋曲

# 9 吊睛白额兽死因的科学分析

吊睛白额兽，就是武松在景阳冈打死的那头老虎的名字。

看《武十回》颇为过瘾，尤其是武松打虎更是精彩纷呈，令人目不暇接。不过对于武松打虎的描述，萨一直有些疑义。

《水浒传》和评话中对于武松打虎的描述一直沿袭“三拳两脚”的说法，讲的是猛虎扑来，武松让开，连续两脚踢中猛虎躯体侧面，虎再扑，武松后退，虎恰好扑在武松面前，武松即将虎头按下，用拳猛打，直打得老虎口鼻七窍出血，结果了它的性命。

看来吊睛白额兽的死因主要是头部遭到武松武二爷的重拳痛殴，不过从科学的角度，这样致死老虎的可能性不大。根据对虎分布地域的分析，武松当时所打应该是华北虎，这是介乎于华南虎与东北虎之间的一个亚种，更多的接近华南虎，甚至有学术界认为除了体型较大，华北虎和华南虎并无本质区别。

▲ 武松打武

评书艺人的口口相传塑造了“吊睛白额”的猛虎形象，其实，白额，正是华南虎独有的特征，也是它区别于东北虎的重要之处。所以，这种形象塑造如果是基于对当时华北地区虎的观察，则从侧面证明了华北虎在形象上与华南虎更为接近。这种虎曾经广泛分布在华北平原以至秦岭北坡地区，历史记载中称为“草彪”，随着人类在华北平原的开拓而逐渐灭绝。史料记载，它的最后出现是康熙年间在汉中地区，但此后还有记载于北京郊区发现小于东北虎大于豹的猫科猛兽，应该是华北虎的后代或其变种。上个世纪50年代华北地区最后的虎踪消失，此时活动的是华北虎还是华南虎尚有争议，无论如何，可以认为吊睛白额兽的后代已经灭绝了。

根据记载以及它与东北虎、华南虎的亲缘关系，可以判断华北虎是一种有别于新疆虎、巴利虎等小型虎类的大中型猛兽，而根据对东北虎和华南虎的研究，其头骨的坚固程度令人惊讶，以至于冲锋枪子弹也不能击穿！虎头部的结构是一个极好的减震系统，否则就无法完成突然袭击大型有蹄类动物这样剧烈的动作。可以相信在这一点上，吊睛白额兽与东北虎、华南虎并无太大区别。

这样，武松按住虎头，用拳击猛虎头部致死，其可能性极低，所谓“铜头铁尾麻皮腰”，这个部位是虎最为不易损伤的部位。

早期评话流传期间，因为信息流通的限制，大概多数人对虎的认识还停留在口说耳传，没有感性认识，因此对这种描述异议不多，到了清朝晚期特别是民国年间，虎逐渐进入百姓的观赏范围，甚至民间有人养虎，见得多了，不免对武松能够三拳两脚干掉这样一种凶猛的庞然大物产生怀疑，就像有人吹牛说，他在家骑河马上学一样，没见过河马的对此可能会相信——河马不也是马么。真见过河马就会琢磨这兄弟每天鞍子、笼头怎么个上法了。毕竟《水浒传》不是《封神演义》，传奇也要有真实的成分在里面，否则观众就不太容易买账了。

于是，评书艺人就有了对于三拳两脚的种种加工。扬州的评话艺人在《武十回》中，将三拳作了修改，说第一拳指的是多拳的组合，第二拳和第三拳是重合的。《武松演义》则描述老虎恰好扑入了武松面前的一潭黄泥，陷住爪子无法用力，武松正面三拳打掉猛虎的威风，然后抓住顶花皮，骑上虎背，痛打不下两三百拳，老虎终于毙命。

总之，都是尽量扩大这三拳的威力，以使故事情节能够符合逻辑。但是，这些加工还是将拳击虎头定为老虎的致命伤，也就是说，假如给老虎来个法医鉴定，基本我们应该看到如下的描述：颅骨骨折、开放性脑外

▲虎的战斗力很强，这是在马戏团的一场惨案——猛虎咬死了美洲豹。

伤、脑血肿、重度脑震荡、脑溢血……

其实，这都是人的毛病，老虎是非常不容易颅骨骨折的，脑震荡更和它无缘，吊睛白额兽又不是镇关西。评书艺人的描述给人的感觉是有点儿“以己度人”。

好，说了半天，那么我们自己来分析一下吊睛白额兽的死因吧。

首先的一条就是人是否具备徒手杀死吊睛白额兽的能力。

萨以为这从技术角度是可行的，甚至，用打击头部致死的方式使老虎毙命的例子也不是没有。

历史传说中描述比较真实的徒手打虎英雄一共四位，第四位是武松，另外三位里面，有一位就是用击头的方式使老虎毙命的，这位就是五代有名的英雄——李存孝。

先说华北虎是否能被徒手打死。

要是没这个可能，那就什么都别说了，武松打虎是谣言，施耐庵看人家宰狗编的。

从历史记载看，华北虎很可能和华南虎还是有一定差别，它的体型应该比华南虎大。1953 年，甘肃会宁曾打到一头老虎，从记录看很可能是华北虎的最后子孙，只是不知道它为什么跑出了那么老远，可惜没有更详细的记载。1964 年，陕西佛坪打死一头华南虎，但这头华南虎的体型远比真正华南地区的华南虎要大，体长 1.99 米，体重 190 公斤，接近东北虎了，有人据此说华北虎就是这种变型的大型华南虎。萨的看法这还是华南虎，但是由于生存于华北、西北地域而体型发生了变异，只是从侧面说明华北地区的虎由于生存环境的不同，体型比南方的虎要大，华北虎应该也是比较大的。

但是华北虎与华南虎不同的是它较早就成为人类的猎获目标，按照动物学家的研究，早在仰韶文化时期，人类就经常捕获华北虎，甚至用它殉葬。从武松打虎的记载来看，华北虎的生活习性可能与华南虎不同，很少做大范围漫游，因此与人类的冲突更为频繁，同时它的战斗力不如华南虎，华南虎敏捷凶猛，极难捕获，没听说河姆渡人敢拿它殉葬的。考虑到体型的问题，这种虎战斗力差，大概和智力有一定关系，也可能华北虎过的是类似狮子的慵懒生活，靠劫道过日子，弄得肥而不勇？这个问题咱就没法回答了。总之，考虑到仰韶文化时期的武器条件，既然那时候的人能够打华北虎，大概人中个别比较悍猛的如武二爷徒手干掉一头也不算太稀奇吧。

实际上，四位在历史上被称为徒手猎虎的人物，都是在华北和华南打虎，打的都应该是华北虎或者华南虎。东北……那地方不说也罢，据说古代除了东北虎，还有巨虎这类吃东北虎的怪物，武二爷去了弄不好也就是让老虎觉得有嚼口些。

这四位是谁呢？

第一位，卞庄子。"卞庄刺虎"是坐山观虎斗的由来，但刺杀双虎是用叉的，卞庄徒手杀虎是传统评书的章节，名为"克刺咽喉"，所杀称为"竹梅"，说是用指甲刺虎喉，实际上卞庄子又没长剑齿兽那样的爪子，说白了就是把老虎活活掐死。这个动作需要扑入猛虎怀中，即便成功扑入老虎怀中，他的后背也会被抓烂，或在翻滚中被划烂，这需要足够的体力和勇气，还有身体恢复能力，古今中外只此一例，似乎再无人尝试过。看来这一招也只能对付"肥而不勇"的华北虎，对付体型稍小的豹子就抱不住了。

第二位，周处。所杀称为"山王"，《晋书·周处传》对此有过记载，但只有评书中有详细的描述，周处的打法是"铁腿断肠"，也就是一脚蹬在老虎的肚子上，这个地方虎的防卫比较弱，传说中的"唐打虎"也是攻击它此处。由此可见，周处的勇猛中有斗智的影子，估计是肠子断裂引发急性腹膜炎要了老虎的性命。周处是骑将，马上功夫好，好骑术都要好腿功，大概这是他踢老虎的身体资本。他后来还有"斩蛟"的记录，分析起来这“蛟”可能是湾鳄，体长六七米的凶猛爬行动物，周处能够在水中和它搏斗，骑在它身上浮沉几昼夜，最终将其杀死，驾驭如此坐骑，腿功之好可见一斑。

第三位，就是李存孝了。所打称为“斑彪”，打法是反掌击铜头，对老虎来说，这是一个典型的打击头部致死的案例。这个动作类似武松的三拳两脚，只是他一招得手。当时的场景是猛虎扑来，李存孝侧身出掌，击中虎头，老虎即时毙命。从科学角度分析，李存孝的打法更为可信。这是因为从描述看，李存孝是出掌，而不是出拳，在猛虎扑来的时候击出——按武术说法是用掌力，这多半是内功了。实际的力并不是打击虎的头部，而是推动虎的头部，而且从侧方，这时候，虎是猛扑过来，头部忽然被大力推动上扬，结果会怎样呢？

按照医学院学生弄死小白鼠的动作来看，这个推力的结果就是老虎的颈椎骨折。实际上，与其说是李存孝打虎，不如说是老虎自身扑来的惯力要了自己的性命。颈椎骨折，切断脊髓神经，其结果要么引起中枢神经麻痹死亡，要么高位截瘫，作用都是当场发生的，所以老虎即时毙命。

如果武松抓住老虎按着打，这种颈椎骨折的可能性就不大了，因为吊睛白额兽是伏着，又是基本静止的，没有老虎的配合，想扭断它的脖子还真不太容易，这玩意儿毕竟不是小白鼠么。

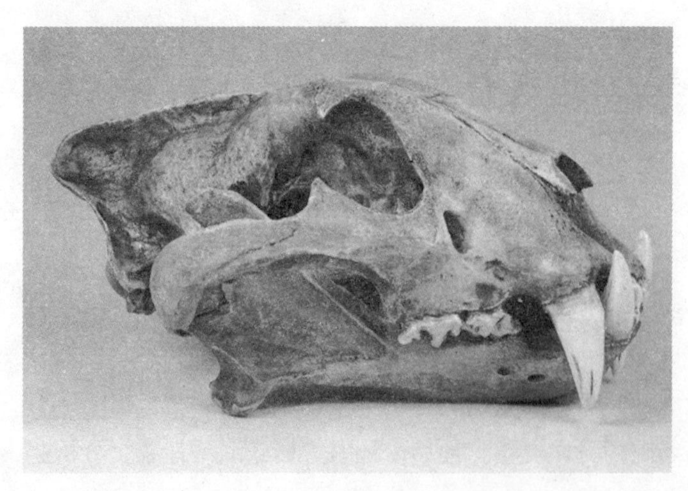

◀虎的颅骨，厚实坚硬。

所以，这吊睛白额兽的死，应该是另有原因，萨琢磨了一下，有三种可能，加上窒息，就有四种可能了。

第一种可能是卡老虎脖子的时候压到颈动脉窦了。

颈动脉窦在人的脖子侧面，稍微靠上的地方，这地方十分敏感，压力大了或者受到强烈刺激会引发猝死，特别是女性这个部位十分脆弱，萨上大学时，有一哥们儿就是追一个女孩，定情时激动了点儿，一吻之后香消玉殒。

话说回来了，就因为这个，萨想，武松打虎，会不会是三拳两脚中无意打中了老虎的颈动脉窦？那老虎来个猝死还算新鲜么？

后来才知道这种想法没有科学依据。

理由是颈动脉窦暴露在外是人的专利，因为他直立行走，颈部结构和其他动物不一样。四肢爬行的动物生理结构是不一样的，比如老虎，它的动脉窦深藏在鼻腔后方，也就不称为“颈动脉窦”，不要说拳打，就是用刀刺都找不到地方，如果肉食猛兽有着和人一样脆弱的生理结构，在这个弱肉强食的世界上根本就没法混。

所以，这第一个可能根本就是错的。

第二个可能呢？那就是要注意三拳两脚——拳不一定致命，但脚很可能是致命的！

按照《武松演义》的说法，武松斗虎的两脚，都是在老虎蹿过去的时候，照着老虎的腰眼踢出去的。而且踢出两脚以后老虎的气势就馁了，再扑过来颇有虚张声势的意思。

对着两台惠普显示器萨试了试武二爷的动作，哦？这不是跆拳道里面典型的侧踹么？当年雅典奥运会，铁腿陈中就是用这样一连串让人眼花缭乱的侧踹踢得对面那姐们儿晕头转向，最后带回来一块金牌么！好么，敢情是从我们老武家偷去的功夫啊！

武松，是《水浒传》里面特别善踢的一位，醉打蒋门神就是用的踢，把个拳术高手蒋忠踢得直飞出去，他的徒弟施恩每天早上在床上练这个练了俩月，居然也能情急中把蒋门神踢飞（《武松演义》)，用腿应该是他的看家本事，而老虎头虽然硬，这腰上可没有装甲。萨的推测，这武松的连

续两记重腿，很可能严重击伤了虎的内脏，比如肝、脾、胃、肠等，这才是老虎的致死原因。

受了致命伤，老虎还能反扑？

萨认识一位大夫，出门的时候被自行车把打了一下腹部，没当回事，也不怎么疼，骑到单位就觉得呼吸不畅，眼前金星一闪，就昏了过去。后来才知道那一下把脾给打裂了，要不是正好骑到医院这条命就交待了……

老虎大概也一样。

这样，后来的多少拳，都不过是加速老虎的死亡罢了，这时候的老虎已经无力反抗。一个侧面证据是老虎口鼻出血，这血当然有可能是被打出来的，但会不会更可能是腹部内脏损伤，引发内出血从消化道涌出，又扩散到七窍呢？

存疑，但不能说这种可能性没有。

第三个可能呢？萨觉得大家应该注意到这吊睛白额兽是一头性格怪异的老虎。

老虎是猛兽，但大多数老虎并不吃人，相反尽量远离人群，这是已被动物学家证实的。但是吊睛白额兽不同，按照《水浒传》的描写，这吊睛白额兽，是一头典型的食人虎，所以才成为景阳冈上的一害。

历史上，变成食人虎的老虎并不少，其原因则耐人寻味，食人虎多半是老残伤病，因为无力捕捉更敏捷的动物，才改为食人。由此推测，吊睛白额兽恐怕也是这种情况。

但是，从武松和它的对峙来看，吊睛白额兽动作灵敏，体格强壮，既不老，也不伤，外观看不出患病，因此只能推测它有某种间歇性的疾病，当时没有发作而已，但如果发作就会严重影响老虎的生活，而导致它不能进行捕猎，只能改为食人。

萨的推测是吊睛白额兽可能患有某种脑部疾病，确切地说，很可能是动脉血管瘤压迫脑神经，引发间歇性癫痫和头痛。

您说这不是胡说么？有证据么？

证据不好说，但至少可以有些蛛丝马迹，由此可以做两点推测。

第一，这老虎的形象——吊睛白额。白额也罢了，吊睛可不是每个老

虎都这样的，它为什么吊睛呢？萨大胆推测是因为瘤子压迫神经引发长期头疼，造成了老虎表情的变化，老往上翻白眼，被外人误认为吊睛了……

第二，根据武松自己的说法，这景阳冈上原来没有老虎的，吊睛白额兽很明显是外来虎。老虎从外地跑来，要么是所谓游山虎，来几天就走，这只肯定不是，要么是小老虎出来找自己的地盘，从描述来看吊睛白额兽是成年虎，也不存在这个原因。那么，老虎都有自己的地盘，它怎么会跑到景阳冈来呢？萨的推测是这老虎有癫痫，发作起来满山乱跑，自己都不知道怎么就到了景阳冈，肿瘤压迫神经影响了老虎的记忆和定位能力，回不去了。饿急了，就在景阳冈就地变成了食人虎。

▲行为怪异的老虎……当然，吊睛白额兽还没有怪异到这种程度。

如果这样，老虎被武松乱拳打死就说得过去了，动脉血管瘤是一种怕震动的疾病，剧烈震动会造成血管瘤破裂，武松的拳头虽然不能打破虎头，但是震破老虎的动脉血管瘤，让老虎大出血而死还是可能的。那样，老虎七窍流血的原因也就更容易解释了……

这样说来，吊睛白额兽被武松打死，也是武二爷的运气好啊。

# 10 当狮子碰上了车匪路霸

萨有个当兽医的朋友在华中某地帮人家开野生动物园，办理过一次进口非洲狮的业务。

进口非洲狮，当时最近的入关口岸在广州，没办法，就它那儿能办检疫，要不，就得去北京。两头狮子到了广州，一番打针吃药以后，就可以送动物园了。

▲运猛兽是个提心吊胆的活儿，但干得多了，感觉也就跟个大猫搬家差不多。

这东西怎么送呢？坐飞机太贵了，狮子是特种货物，要增压增温舱的，普通货机不行。坐火车呢？火车站不给狮子卖票——这是开玩笑了，实在是客车上没这个条件。您想啊，走卧铺过道里，忽然旁边一探头钻出一狮子脑袋来……

唯一合理的办法，就是大型货柜车，一路北上。

不过这也不是第一次了，以前动物园也干过类似的运输。园里组了个车队，弄辆尼桑开道，两辆大沃尔沃货柜车装了狮子，救护、保安、饲养人员一半随沃尔沃车，一半开辆金杯跟着走。

狮子虽然是非洲的，但是似乎没有多少野性，对动物园的安排很配合，大有我中华古国王者之风。

狮子挺老实，可没想到人不老实，走到湖南境内，车队让当地老百姓给截住了。

老百姓要干嘛?

要钱呗。这就是横行一时的所谓“车匪路霸”，王铁成老师都曾经在这块儿地方出过事，要不是当地农民发现误摔了“总理”，老爷子差点儿把命丢了。可能是贫富差距造成种种矛盾，当地老百姓把经过的“国道”当成了“劫道”，时常拉上根绳子就收费。你交了钱呢，没走多远又一根，你不交呢？一声呼啸全村人都出来跟你“讲理”。

▲非洲狮到了中国，估计从来没见过这样多的人，所以最初都会有些紧张——这时候人和狮子的关系，正应了那句话——麻杆打狼，两头害怕。

这回尼桑开道的小伙子是退伍军人，开惯了军车的本来就有点儿愣，再加上三番两次的被劫，终于按捺不住，和人家争吵起来。接着的场面正如前面逻辑所说，全村人扛着钉耙锄头就来和司机讲理。出事儿的时候老板要了个心眼，把金杯派出去找当地警方联系去了。眼看要打起来，警察同志到了。

来了三位警察，但是并没有像老板想得那样问题就此解决。这村里的干部带着来闹，也算一级组织。人家地方警察不愿意得罪乡亲，又有经验，看看一时不大镇得住，索性私下建议老板多少给点儿解决问题了事。这老板也能理解，可是谈起钱数来就没谱了，人家村民一看你居然还敢找警察？原来定的钱数还不行了，非得到场的人人给“误农费”。

说着，来的人还越来越多，这账就算不清了。老板咬死了不能再多给，三千块钱，一拍两散。人家说你打发花子呢？就有愣头青要上来动手。

眼看警察同志们也拦挡不住，忽然只见村民们海啸一样的人潮忽然好像撞上了礁石，只一瞬间，大家忽然掉头，亡命一样奔逃起来，哭爹叫

▲你可以骑它

娘。困惑间众人抬头看，只见那沃尔沃车的货柜门，居然不知什么时候打开了，从门里伸出个大鬃毛的脑袋来……

有关门放狗的，没有开门放狮子的，估计湖南老乡对这种不按常理出牌的行为一定十分恼火。

按照萨那位朋友的说法，湖南是老区，虽然多少年不打仗了，但老乡们遗传下来的反应依然敏锐，很清楚凭锄头、棒子这类冷兵器和这玩意儿玩命无异自杀，一声呐喊就散了大半。有句话叫兵败如山倒，但什么地方都不缺中流砥柱，所以在狮子门口五六米之内，还真颇有几个不肯走的——就是脸色变成了和路边庄稼地一个颜色。

可能是在车里憋得久了，狮子伸出头来，就吼叫了一声。

其实，从饲养员角度看，这狮子叫得毫无恶意，纯粹是抒情一下。就算是人憋久了出来呼吸一下新鲜空气，还会忍不住伸个懒腰长啸一声呢，这是喜悦的叫，快活的叫，充满善良和友好的愿望，根本不是针对某个人。

可是周围几个不肯走的中流砥柱听了，完完全全地误解了，仿佛一下子反应过来，扔下家伙狂叫而去，特别是几个女同志婉转悠扬，那音量分贝就不是狮子能比的了，倒把这畜生吓了一跳。您看，这世界误会不是太多了？

其实，村民对狮子是大大的不了解，如果吃饱了的情况下，有的狮子脾气好到不可想象。实际上，有些狗都比它危险。

▲揪它的鼻子

▲甚至用按摩术让它鬼哭狼嚎

但你不能指望每个村民都是动物专家不是？看人都跑光了，老板那三千块钱也就不再提，招呼一声，大伙儿清开老乡们丢下的各种奇形兵器，接着赶路吧。

狮子没出来？

当然没出来了，运狮子不是个轻松的活计，其中保安措施尤其严谨，门儿开了，可狮子腿还用铁链子拴着呢，这个小插曲对狮子来说，也就是看看湖南的丘陵是什么样子，长长地理学方面的见识，呼吸口新鲜空气罢了。

根据此后警方的调查记录，这事儿，纯属村民们自己惹的祸，是因为有村民看到老板出钱不痛快，准备自己开车门取货抵押，结果会开不会关，弄出如此结果。

从逻辑上说，完全说得过去，而且本地村民的确有些“自己动手，丰衣足食”的记录。不过，仔细想来，这里面很有些令人生疑的地方。比方说，货柜车上的锁头跟拳头一边儿大，强度上要保证狮子冲不出来，村民们如何能在几分钟之内将其打开？再有，村民们实施如此危险的行为，周围动物园的员工十几口子竟然谁都没有注意到，是不是有些玩忽职守？

不过，既然警方都这样认定，当然别人就没话可说了。

等等，这运狮子的车队不是已经跑了吗？怎么还会有警方来调查呢？总不会是老乡们上府告状说他们不该弄个狮子吓人吧？老乡们干的是灰色买卖，告官只怕也没有什么好果子吃的。

这就要怪警察同志自己了。

原来动物园的几辆车离开了是非之地，是一路狂奔，要知道狮子吓唬人一次可以，多了难免被看出破绽——嘿，我这说什么话呢，记住了，是村民放的狮子啊，和动物园的朋友们没啥关系。总而言之，这些村民还是老实人，就是拿个锄头、棒子的，要碰上个玩热兵器的，那狮子就靠不住了。

谁知跑出去一百多里地，金杯车上忽然有人说不对啊，怎么好像有人在砸后车门呢?

可别是把人卷进车底下了，赶紧停车。

停车下来，才发现金杯车的后面，备胎上牢牢地扒着一位警察同志呢。这还得了，一个不留神就是劫持国家执法人员啊。

好在，警察同志一点儿怪罪的意思都没有，光抱着轮胎哆嗦。

赶紧请下来，老板陪着说好话，到车里谈怎么解决去了。

至于怎么解决的，估计可算是世纪之谜，萨那朋友是兽医，对这种人类之间的事情不得与闻，给警察同志检查了一阵子以后，证明除了精神方面，没有其他伤害，老板就让他下车了。反正最后事情解决得很平和，警察同志作了上面这份笔录，跑出这一百多里地，算是为了工作被动物园方面请来做调查，和被狮子吓没有任何关系。到了前面车站警察同志给家里打个电话，双方就分道扬镳。

不过，根据老板回园以后不留神露出的口风，“请警察同志上车作调查笔录”之外，好像还有一些花絮，比如说警察同志当时正背对着货柜车劝导群众，没注意后边发生了什么，直到狮子在同志的脑袋顶上大吼一声才恍然大悟；比如说警察同志在作笔录的时候表达了某种程度的不满，想让动物园方面开车送自己回去，正在这时外面狮子又叫了（刚才露脸的是公狮子，一叫之后引发了另一辆车里面母狮子的崇拜，两口子隔着车相互交流呢），于是马上想起来前面车站十分繁华，找个车毫不费力，并且立即结束了笔录的工作云云。

事情的真相，也许永远不为人们所知……

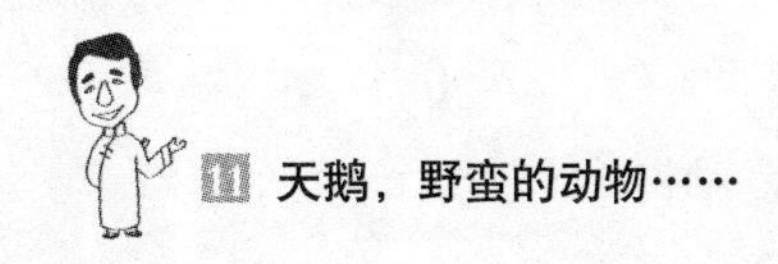


# 11 天鹅，野蛮的动物……

萨家老弟在工作上成就不错，但性格天真，经常给他老哥一些惊喜抑或惊奇。

比如有一天，住在澳大利亚的萨弟和萨在网上聊天，萨得意洋洋地告诉萨弟，自己趁着日本经济不振买了一所房子。

哥啊，我也买了一个。老弟说。他日前得了个专利，利用收入买了所房，问问价格，和老哥的差不多。敢情，澳大利亚的房价也不高，

哦，萨看了看自己的三室一厅，问他——你那房子多大？

老弟沉默了足有一分钟。萨后来才知道，他正在琢磨怎么跟他老哥说清这个问题的答案。

最后，老弟终于开口了——哥啊……我那院里……有五六十种树？！

听到这个答案。萨差点儿一头撞死在计算机屏幕上——五六十……种树？！只怕日本首相他们家都没这么豪华吧？（实际上日本首相菅直人连房子都买不起，更别说种树了。）

▲ 少见多怪，我们澳大利亚……七八百万平方公里，才两千万人，不够一个北京市的人口。院儿里种几十种树，实在不算啥嘛。

事后跟老弟核实，还真不是吹牛，澳大利亚地广人稀，土地便宜。萨弟的院子大得要俩月之后才发现里面有一个荒废的日本花园。

澳大利亚实在是个很适合居住的国家。

想想北京的房价，萨做出了如是判断。

不过，过了几个月，萨弟在MSN上忽然换了个痛苦万状的头像。

这是咋的了？萨问。

哥啊，我愁死了。老弟说，我们家来了俩天鹅……

原来，就在几天以前，由于换季，候鸟迁徙，一对儿飞到悉尼过冬的天鹅，不知道怎么就看中了老弟的宅子——那里除了五六十种树，还有一个游泳池呢。这玩意儿萨弟虽然不怎么用，但是碧波荡漾的，看着就觉得满舒服。结果，早上起来，只见这对天鹅在自家院子里嬉水，竟然住了下来。

多么美丽的鸟儿啊。

天鹅？！好事儿啊。萨一下子就想起来，当年玉渊潭飞来一对天鹅，立刻出现北京全城看天鹅的盛景，甚至有一个不识相的小伙子误杀了一头天鹅，还引来公愤，被判刑拘役六个月。天鹅，那简直是吉祥物一样的存在啊。家里飞来天鹅，是多么值得炫耀的事情呢，哪儿来的愁事儿呢？所谓“白毛浮绿水，红掌拨清波”……

哥啊，你是不知道这天鹅多混账啊。老弟打断了萨，不让萨乱发感慨。

听萨弟细说，才明白，天鹅刚飞来的时候，他也跟萨抱一样的看法。虽然没有欢呼雀跃，但见到邻居便忍不住炫耀一番。

结果，邻居都还以异样的眼光。

嫉妒？还是羡慕？萨弟觉得都有些不像，倒好像是有些……同情。

百思不解，但几天以后萨弟就明白了邻居们的同情来自何方。仅仅两天之后，萨弟的两岁女儿偶然进入了距离游泳池十米以内，立刻遭到两只鹅疯狂的攻击。一头大天鹅追着小姑娘咬她的屁股，吓得小丫头哭爹叫娘。萨弟出来救援，也遭到天鹅劈头盖脸的攻击，落荒而逃。

败在天鹅爪下，让萨弟十分郁闷，这东西又不是什么猛禽，他好歹是国家二级足球运动员啊！

天啊，要出鹅命了，快报警啊！

于是，抄起拖把出来再战天鹅，结果遭到两只天鹅的轮番攻击，除了

▲澳大利亚是天鹅的乐园，不但有很多普通的天鹅，而且盛产名贵的黑天鹅。

逃跑再无选择。萨弟以后经过几次尝试发现，天鹅这种动物异常凶猛，无论从力量还是从敏捷方面来看，自己完全不是这两个鸟儿的对手。

自己怎么会不是两只和鸡算亲戚的动物的对手，萨弟百思不得其解。

你怎么就不想想鸟的祖宗是恐龙呢？

两只天鹅占领了游泳池后，周围防卫圈足有十米，完全成为对萨弟一家的禁地。

事后才知道，这是完全正常的。世界很多地方都用鹅来看家，与狗的功能相同。鹅的祖宗还只是大雁，天鹅比大雁的子孙更胜一筹，不但凶猛，而且领地意识极强。所以，它一旦落入你家的游泳池，你家的人就别想染指了。

更糟糕的是，澳大利亚民选政府，居然不站在选民一边，而站在没有选票的天鹅一方，无论用石头投还是拿枪打，伤害天鹅都属于违法行为。所以天鹅这种动物，在澳洲劳动人民眼里是地地道道的害兽。

它可以咬我，我不能打它，萨弟彻底郁闷了——这是我家还是你家啊？

天鹅在萨弟家整整折腾了一个夏天，才洋洋得意地飞走了，留下一片狼藉。临走虽然没有留话，但看那意思是——明年爷还来。

那些天，萨弟跟我在网上说话，都是有气无力的。

是啊，一个大活人，让鸟欺负成这样儿，能不别扭吗？

直到有一天，这家伙忽然恢复了活气，告诉萨说：哥啊，那俩鸟儿，咱有办法对付了。

哦？萨问，怎么对付它们？让你嫂子给配两份化尸粉？——萨的媳妇专业是药物学，制作这种低难度的化学产品应该不费劲儿。

别，我怕俺媳妇用在我身上。我用的是合法的手段。

你用什么合法的手段能把会飞的恐龙赶走？

一问之下老弟还真不是胡说。

原来，有一天，老弟到邻居家串门，赫然发现人家的游泳池里放着两只木头鹅。

这是什么风俗呢？好奇的萨弟忍不住打听。

这个？邻居指指那两只呆头呆脑的鹅，道：是为了防天鹅啊。

这玩意儿能防天鹅？萨弟看看那俩木头鹅，差点儿问出来——道兄练的是五行搬运呢，还是天雷正法呢？

听说有道家用桃木剑练功夫的，和木头天鹅的材料一样，故有此问。

澳大利亚显然没有老道来传教，人家看萨弟看得自己都快成呆鹅了，只好继续解释。原来，天鹅虽然凶猛，却是很有原则的动物。天鹅的原则就是尊重自己，也尊重别鹅的领地。把两只木头鹅放在游泳池里，天鹅从天上看见，会以为自己的同类捷足先登，也就不会来骚扰了。

实际上，周围的邻居几乎家家游泳池里都有木头鹅。

谁说那个啥外国人的智力比猩猩的？萨弟赶紧学习，也去商场买了一对假鹅。虽然和萨说这件事的时候还看不到成效，但似乎是有理由乐观的。

如其所愿，几个月后，虽然天鹅再次迁徙过来，对萨弟家的游泳池都抱不屑一顾的态度。木鹅战术大获成功。

那些天，萨弟都挺愉快，在 MSN 上告诉我正在对庭院进行大规模扫除和清理，显然吓跑了天鹅令其对生活更加热爱。

不料，几天以后，又换成了一副倒霉蛋的表情。

又怎么了？萨问。

哥啊，又碰上倒霉的事儿了。萨弟说。

敢情，这人对生活一热爱，就会变得勤快。没了天鹅，萨弟工作之余整天收拾园子，乐此不疲。这天，他发现自家一排芒果树两侧，竟然各种了一颗刺柳——当地一种浑身是刺，很不和谐的植物。为什么要种这种愚蠢的植物？萨弟对原来房东的智力大为恶评，并且当机立断把这两棵树砍去当了柴禾。

半夜，萨弟媳妇忽然听到窗外一阵古怪的叫声，叫醒萨弟朝外一看，只见一群毛茸茸的小动物正趴在他家的芒果树上大吃特吃。震惊之中，萨弟依然认了出来——这东西是一种会飞的有袋老鼠，叫作蜜袋鼯鼠。据说酷爱在树间飞来飞去，偷吃人家的水果……

萨弟抄起根棍子去赶会飞的老鼠，忽然想起一个问题——以前怎么不曾见这东西光顾呢？

哦，那两棵刺柳树！

飞老鼠聪明得很，绝不会冒着把自己挂在树上的危险去偷几个芒果的。

那两棵刺柳树……

▲澳洲蜜袋鼯鼠，难道我很可怕？

## 12 出现在战场上的大象

以大象为主力编成的象军曾经在古代威震一时，是一个饶有兴趣的话题，比如迦太基人用战象和罗马人作战，给人的感觉就是古代的坦克。

公元前256年，罗马将领古鲁斯率军在北非登陆进攻迦太基。迦太基以一万六千军队和一百头战象迎战。战斗中，迦太基象阵重创罗马军队。迦太基甲胄象阵以方阵在骑兵和弩炮的掩护下冲入罗马军团，战象上的士兵远用弓箭射击，近用长柄大刀砍杀。还操纵战象用象牙上锋利的铁刺和鼻子去攻击对手，同时还反复践踏。结果，罗马惨败。包括统帅列古鲁斯在内的五千人被俘，三千多人战死。此后，汉尼拔曾率领战象远征意大利半岛。

▲迦太基战象

中国的商王武丁也曾使用战象出征（见于史料记载），可见战象曾经在东西方战场广泛存在。

萨第一次看到象战的描写，是在凡尔纳的《八十天环游地球》，提到福克爵士在印度买了一头本来要训练为战象的大象。亚洲象性情温顺，但因为易于驯服，可以训练成战象，只是有相当复杂的程序，可见当时印度对于训练战象和我们训练战马一样，是有正规的方法的。

那么，迦太基人用的又是哪种大象呢？会不会是非洲象？据萨的兽医朋友说，非洲象的性格比亚洲象远为凶悍和难以驯服，体型也更为巨大，驯服它和驯服犀牛的难度差不多。因此，萨推测伽太基大将汉尼拔使用的战象也是亚洲象而不是非洲象。三千年前华北地区尚有大象，从波斯人也使用战象看，当时大象的分布比现在要广得多，亚洲象古代不但当兵，而且能够做伐木、运输等许多工作。迦太基是一流的商人，从波斯进口亚洲象只要经过地中海，应该不困难。相反，北非并不是非洲象的原产地，非洲象产在撒哈拉沙漠以南的黑人区，要得到非洲象恐怕需要穿大沙漠，并不比得到亚洲象容易。

还有一种可能是当时迦太基人使用的是埃塞俄比亚的俾格米象，这种象比牛大一点而已，今天已经绝种了。

象战中不会使用非洲象，还有一个理由是非洲黑人从来没有驯象的传统，只有猎象的传统——当然少数耍马戏的例外。假如当时迦太基人的驯兽水平能够降服非洲象这样的猛兽，那么作战中他们使用犀牛不是比大象更厉害？实际上无论非洲亚洲，都没有过使用犀牛作战的例子。

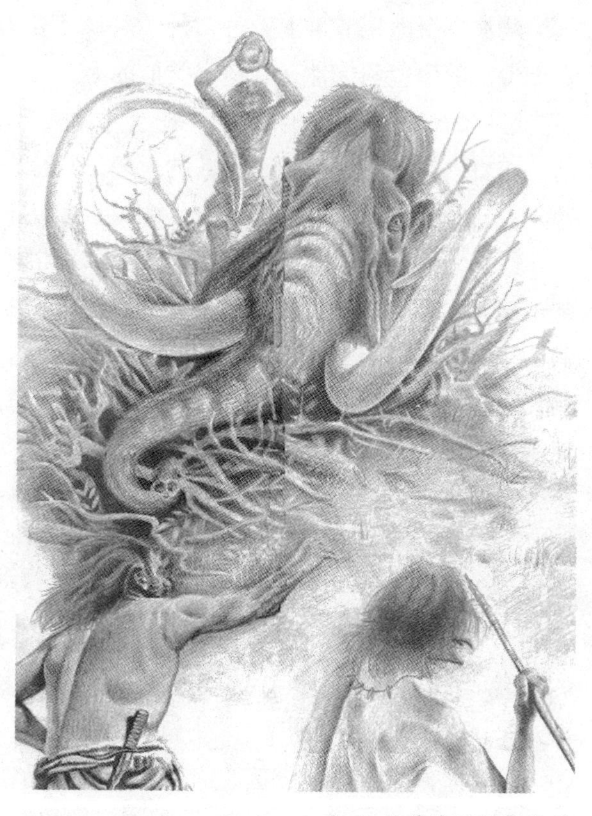

▲人类猎杀猛犸想象图

为什么提到犀牛呢？这涉及到象军为什么最终不能成气候的原因。它的致命弱点是防御力太差。

大象作为一种动物，虽然庞大威武，其实在进化史上一直是人类的手下败将。大象的品种曾经有两百多种，但是在原始人出现后，却大量减少，一直到目前的仅存两种。这其中，气候变化是主要的原因，而人类的猎杀也是一个重要原因。特别是北方的猛犸毛象，它的灭绝持续到几千年前，原始人的狩猎对它的灭绝起到了相当大的作用。

这是因为这些庞大的动物生殖力不强，同时北方的雪原留下其脚印，使猛犸无从躲避原始人的追踪。原始人在世界各地普遍捕杀大象，因为这东西的肉多，打到一头就够一个部落打牙祭了。

那么大象的厚皮能不能抵御原始人的武器呢？

萨在一个电视节目上看过，科学家曾经对此进行过一些试验，他们根据大象皮的厚度和韧性，制造出类似的人造皮革，覆盖在模型上，然后用石头磨成的镖枪发动攻击。从电视上看，每一镖都能穿透大象的厚皮。

历史上原始人也杀死了无数的大象，甚至有用猛犸头骨盖房子的。那还是石器时代，到了金属时代，大象就更无从抵御人类的兵器了。

这里，犀牛的优点就很明显。大象和犀牛虽然都是厚皮动物，其皮质却不同，大象的皮是柔软的革状物，而犀牛的皮是坚硬的角质物，因为它们的祖先就不一样。大象的血缘和鲸鱼、海豹比较近，而犀牛的祖先和马、牛比较近，因此古代有用犀牛皮作铠甲的，却没有人用大象皮作铠甲——那玩意儿又重又不结实。

因此，即使在希腊罗马时代，大象也是一种防御力比较糟糕的“坦克”，这一点在历次大象的作战中已经证明，它的厚皮根本不能抵御弓箭，镖枪等冷兵器的打击。同时，大象的脑子比较好使，感觉发达，——这脑子好不是什么时候都是好事——它善于分析，被打中感觉疼痛，发现情况不妙就要掉头逃跑，遇到火感到惊恐也一样。多次象战的结果都失败在大象对自己人的践踏上。

这要是马就好办了，因为人的块头儿和马相比差得不是很大，驾驭起来比较容易，所以马虽然也很敏感，连拉带拽的在人的“胁迫”下不得不

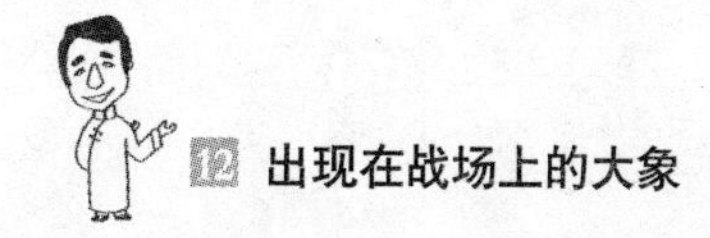


接着在战场打下去，而大象就不一样了，就算你想拉住它，谁有那个力气呢?！查看记录，还从来没有给大象带嚼子的，一个可能没地方戴，一个可能这方面的挽具开发研究不够（这个问题要是放在秦国的兵器研究所来搞……)，结果大象和指挥的兵士只能算是合作关系，而并不是绝对的服从，生死关头，大象一看形势不妙不肯卖命，在没有推土机的时代，那是谁也挡不住的。

迦太基著名的战象部队在第二次布匿战争中，遭到罗马名将西庇阿用“声学武器”攻击，在罗马人震耳欲聋的喇叭战鼓声中，大象受惊纷纷掉头逃跑，把迦太基军队踩得乱成一团，酿成汉尼拔有生以来唯一大败。从此，战象就开始在军中走了下坡路。公元970年，宋军进攻南汉，南汉军队在莲花峰下列阵，布象群于阵前，以壮军胆，宋将潘美命集中劲弩火箭射象，象群中箭后纷纷惊跃狂奔，导致南汉军溃败，南汉灭国。明朝对云南的几次用兵，都有和土蛮战象作战的记载。如万历年间名将邓子龙平定滇西之战，在山道间设伏，以劲弩火箭一举打垮番酋象群，并以击毙之象，“烹以享士”，犒劳三军。在屡次使用失利后，代价昂贵，但作战效率不高的象军逐渐被淘汰出了战场。

▲当然，事情也没有绝对的。不信，你看……

顺便说一句，要是真的能降服犀牛打仗倒没有这个问题，这东西脑子里听觉嗅觉部分比思维部分大得多，换句话说就是基本不思考，一旦听到犀牛鸟报警或者闻见什么怪味儿，奋开四蹄就像装甲车一样撞过去，遇佛杀佛，遇魔杀魔，不知撤退为何物，过几秒钟，就又把这一切忘得一干二净，开始安静地吃草了……

可惜啊，这种坚盔厚甲又没脑子的东西它没法驯服得了啊，谁又有本事把它牵上战场去?!

顺便说一条比较少为人注意的在中国象战的考证。

萨发现五代时新疆记载有象战的发生，当时阿拉伯军团大举入侵中国西部，建立黑汗帝国。于阗王李圣天父子在南疆奉中华衣冠，顽强抵抗。公元969年李圣天反攻疏勒，与之对战的木萨·阿尔斯兰汗的大军使用了战象。按照时间分析，这应该是波斯人的象军被阿拉伯人歼灭的战斗之后，或许阿拉伯人也学着使用了一次大象作战。然而大概因为气候和数量的原因，黑汗军的大象并未发挥重大作用，相反被李氏打得大败——李圣天是阿史那必寒一流的沙漠游击战大师，大概是不会傻到和阿拉伯大象部队面对面的硬碰，几次和对手交战都是把敌军引诱到自己的伏击圈里，再用轻骑加以消灭，木萨·阿尔斯兰汗的大象也无处用武。李圣天曾经把俘虏的大象作为舞象进贡中央政府，公元971年他的使臣带着大象拜见宋太祖，此事被记入《宋史》——从沙漠走出大象来，也够新鲜的了。

# 兽传奇

虽然我们都终将从这个世界消逝，但我们总是期望着，我们的所爱，走得慢一点，再慢一点。

# 1 抗日的华南虎

▲曾幼诚将军及夫人

原空军作战部副部长曾幼诚将军，因为在福州军区任职期间，先后指挥击落美制国民党军战机九架，可称空军中名副其实的悍将。然而，这位飞将军谈起自己第一次接触飞机，却提到了一个有趣的话题，那就是抗日战争中新四军战区的江南猛虎。

作为东方民族，虎以其凶猛剽悍在我国军中素来深受敬仰，信陵君窃符救赵故事中所窃的兵符，就是制成老虎的形状，故称“虎符”。这一传统一直传到红色军队中也毫不逊色，红四方面军有“夜老虎团”，海军有“海上猛虎艇”，都以作战勇猛著称。在新四军中，叶挺军长的爱将傅秋涛，曾在皖南事变中率一纵队在七倍于己的敌军中杀开一条血路，突出重围，其绰号就是“江南猛虎”。

然而，曾幼诚将军提到的猛虎，却和傅秋涛司令员毫无关系。这里说到的虎，是地地道道的老虎，如果按照品种来说，还应该是曾经因为发生了“周老虎事件”颇为引人注目的那一种，那就是——华南虎。

华南虎和抗战有什么关系？

当然有关系了。根据曾将军的回忆，这新四军地盘上的华南虎，曾帮着我们打过鬼子的，最少，也得算是咱们的友军。甚至，豹子也该算。

这从何说起呢？

还是从曾将军的回忆说起吧。

曾幼诚将军的戎马生涯，开始于新四军时代。他回忆，最早接触飞机，也是在这个时期。1944 年冬天，在新四军七师担任侦察参谋的曾幼诚，参加了一次救援美军飞行员的行动。事后，被救的美军飞行员曾驾驶飞机在新四军阵地上方作空中表演表示感谢。

严格地说，曾将军在这之前还有一次和飞机的接触，那是皖南事变时期。当时他原担任学兵队文化教官，因战斗激烈，部队伤亡较重，补充入老三团机炮连。这个连有一挺大口径重机枪威力很大，但后坐力也很大。它原来就是一挺飞机上用的航空机枪，只不过没人知道它的来历。

航空机枪没有枪架，但抗战中缺少重武器的八路军。新四军还是经常从坠毁的飞机中拆取还能使用的机枪用于陆战，因其射速快，弹道好，威力颇大。

在这次救援途中，曾幼诚指挥一个加强班，将美军飞行员抬着，护送到无为县一带的七师师部。走到贵池与铜陵交界处时，美国飞行员看到了一幕令人吃惊的场面。

在铜陵这边，山坳里面有一个新四军的秘密兵站，一行人晚上到达那里开始休息。早晨起来忽然看见营地对面二百米一个小高地上面，有头豹子在晒太阳，一会儿还舔着爪子洗脸，样子极为从容。

吓了一跳的美军飞行员连忙询问有无危险。

新四军的战士告诉他，这豹子反正也不会下来，我们人多。而且，豹子的嗅觉远远胜过于人。它在那儿洗脸打扮，就说明周围没有日本兵，多好的天然警戒哨啊。

当时的皖南地区，山丘纵横，植被保存完好，纯属自然生态，可以时常看到野兽，偶尔冒出个把豹子不算什么。

这里当时甚至还有老虎。

在他们歇宿的兵站不远，就有一个日军据点，但新四军大摇大摆从这个日军据点前不远处行军而过，根本不把它放在眼里，一点儿也不担心日

军出来找麻烦，这就和老虎有关系了。

那是几年以前的事情了，由于新四军在这一带的活动日益活跃，日军派出一个小队，在铜陵和贵池交界的地方设立了一个新的据点。这里北可过长江，南可出黄山，东可沿江进袭芜湖、南京，西可叩关九江，地理位置十分重要。日军显然希望这个据点能够作为自己的一个警戒点，切断新四军的重要交通线。

对日军有利，反过来说就是对我军不利了。

新四军设下埋伏，准备伏击这个据点按时出动的日军巡逻队。

结果鬼子没来。

露寒霜重，白趴了半宿，新四军设伏的官兵都有些沮丧。

没办法，派人与内线联络，问问日军巡逻队为何没有出来。

良久，那位内线传出了消息——日军巡逻队的确没有出来，以后一段时间估计也不会出来。

为什么啊？新四军们疑惑地问。

那位内线传出来的消息是——因为，这个，前一天晚上，鬼子那个站岗的哨兵，让老虎拖走了……

根据当地的地理位置，出现在这里的老虎，可以基本肯定，就是近来频频露出真假踪迹的……华南虎。

◀和新四军合作的应该是国家一级保护动物金钱豹。直到今天，安徽铜陵仍有金钱豹出没。

老虎拖走鬼子的哨兵，可是个新鲜事儿。

萨想起了小时候的一首歌谣：老虎不吃人，专吃杜鲁门……

原来，鬼子这个据点是个炮楼，为了扩大防御范围，周围布置的是流动哨，既然是要防止新四军或者其他游击武装来摸哨，日军哨兵自然是全副武装而且警惕性很高，结果到了半夜，依然被老虎叼走了。

40年代的中国南方，有很多地方山林繁茂，加上交通落后，猛兽伤人的事情不在少数，铜陵所在的安徽在1966年还捕获过老虎。香港作家陈娟，其父为抗战期间国民党中央警校学员。由于沿海沿江沦陷，中央警校迁往贵州，周围颇为荒凉，就曾发生过类似事件。陈娟将她父亲这段真实的经历，以自述的方式写进了纪实小说《昙花梦》，其内容也堪称惊险：

“五年前，正当抗日战争时期，我在警官学校学习刑事警察专业。这个学校设在贵州省一个山城附近，它沿山建筑，占地极广，四面青山环抱，到处蓬蒿丛生，荆棘纵横，孤坟荒冢里面，不时跳窜出狐狸野兔，荒凉极了。一到夜间，山风萧萧，虎啸猿啼，狼嗥枭泣，十分可怖。

当时土匪很多，为了保卫学校安全起见。四周筑有围墙，设有碉堡，沿山哨所林立，犬牙交错。晚上豺狼出没，当地人称它为狼狗，性极凶猛，往往趁着朦胧月夜，出来觅食，到处残害人畜，袭击哨所，人们稍一麻痹，便遭伤害。半年中，哨所站岗的同学被狼咬伤事件，就发生过多起。

在一个残月霜天之夜，我轮值带班，和两位同学四周巡哨。约凌晨两点左右，我们三个人巡哨到学校东北角的避雨亭岗哨，突然发现站岗的同学倒卧地上，我急用手电筒向前一照，只见他脸色惨白，僵卧血泊之中，左项伤口，血流如注，两手紧握，却不见枪支。

我急忙把他的绑腿解下，暂作绷带，紧扎其伤口。我们又四处寻找步枪，结果在附近草丛里，发现一只巨狼，倒毙草中，项部被刺刀刺通，连刀带枪，插在颈上。

捡回了枪，我和两位同学马上把伤员抬往本校附属医院。伤员项部伤口很大，流血过多，早已休克过去了。”

这位负伤的岗哨，是经过注射德国制强心针，才被从死亡线上救了回来。但是铜陵的日军哨兵就没有这般运气，按照曾将军的原话，这鬼子兵被老虎袭击，干脆利落就“拖走干掉了”。

日本那地方最大的野兽就是狗熊，还是袖珍型的。华南虎体长通常在两米五左右，体重三百斤，日本兵大概对遇到这样的大型猛兽毫无思想准备，地形又不如老虎熟悉，所以根本来不及进行救援。

没见过这样野蛮的对手，如此一来，日军不要说巡逻，连炮楼都不肯出来了，新四军也只好哭笑不得地打消了伏击的念头。

说起来，抗战期间共产党也和野兽打过交道，后来成为国务院副总理的耿飚在南泥湾就猎过老虎。从战绩而言，日本兵让老虎莫名其妙地吃掉，国民党中央警校的学员和巨狼打成两败俱伤，还就是耿飚战绩最好。

也是有点儿遗憾的，耿飚打老虎用的是枪，其实此人身怀祖传武功（耿父有光绪御赐的一对虎头钩，人称“双钩大侠”），轻功过人，还会点穴，完全具备和老虎肉搏的本钱……

只怕耿飚副总理的老部下听见这句话会把萨扔进狮虎山，让萨自己去和老虎较量较量。

然而，这头叼走日军哨兵的老虎，却引发了另一个话题：正常情况下，老虎并不以人为猎物，相对来说，正常的老虎更怕人，主动攻击人的案例极少。这头老虎怎么会去袭击日本兵呢？

当然也有一些老虎在某种情况下会变成可怕的食人兽。比如，1957年广东韶关曾出现一头先后吃掉32人的恶虎，遇害者中包括一个带枪的乡干部。这头老虎最终被老猎手邓仕房击毙，后发现其爪牙都已经松动，已无法捕捉野猪、麂子等兽类，估计是在捕食艰难中转向袭击容易捕食的人类。印度也发现过类似的吃人老虎，大体多是体弱的病虎或年龄太大的虎。

这头铜陵的华南虎，是不是也属于这一类呢？

然而，从后来这头老虎第二次和日军交手的情况看，这是一头相当凶猛健康的老虎，显然不像体弱抓不到猎物的样子，它似乎不属于这类食人虎。

那么老虎为什么去叼日本兵呢？难道是听了新四军宣传队的快板书要参加抗日活动？

据萨的推测，有两种可能：

第一种，日军进驻的时间，正是老虎的繁殖季节，可能日军这个炮楼的位置离老虎的巢穴太近了。带崽的老虎特别凶猛，所以破例主动发起了攻击。

第二种，日军个子矮，头上顶着钢盔，与平常老虎见到的山民大不一样。偏偏在华南作战，日军还有一个特殊的装备，那就是大脚指头与其他四趾分开的“牛蹄子式”水靴。

看到这样脑袋滚圆的怪物，加上奇怪的蹄印，号称猛兽中唯一捕食前会进行思考判断的老虎，脑筋短路把鬼子当成某种没见过的偶蹄兽类也未可知。

这个谜恐怕是无处可解了。

脑袋像乌龟，个头像猴子，蹄子像牛，味道像叉烧肉，这是个什么品种的东西呢？俺打猎这么多年可是没有见过——华南虎犯了嘀咕。

然而，事情还没有完。没过几天，从铜陵忽然开来了一百多鬼子，汽车一大溜。新四军得到情报颇为紧张——难道鬼子要扫荡？

内线来了消息——大家不要紧张，鬼子不是冲着我们来的。

那他们是冲着谁来的？新四军的指挥员问。

根据内线的情报，日军这次出动的目的和新四军没多大关系，而是老虎。

为什么出动一百多日军来抓老虎呢？最初萨的看法是日本的动物园想抓老虎去展览。

按照日本动物专家西山登志雄的回忆，他曾经见到战时动物园给日本陆军的函件，要求日军协助在中国等占领地区协助捕捉熊、虎、鹿等动物，提供日本的各大动物园。

不过，从后来的反应看，日本陆军对这个要求反应冷淡，甚至有些抵触。这主要是因为日军的上层多是一些战争狂人，除了打仗和占领外别无兴趣，对动物园更是直接视为浪费——把逛动物园的时间用来生产枪炮子弹不是更好么？这就是他们的思维方式。曾经，东京有右翼分子给上野动物园打电话，抗议从中国租熊猫展出。这大概就是和旧日本陆军一脉相承的家伙了。1936 年，东京上野动物园曾经有一头黑豹逃跑，虽然最后在一条水沟中被抓，但依然造成社会相当的恐慌。不久，中国空军派出了两架

▲日军在水网地带作战时使用的牛蹄子式水靴，踩出的脚印的确有些不似人迹。

马丁B-10轰炸机，对日本进行了“传单轰炸”，使日军认识到日本本土有遭到空袭的可能。在这样的背景下，1941年日军干脆制定了《动物园非常处置要纲》，要求各大动物园在出现空袭危险时将园中猛兽全部处死，以免空袭中动物出逃造成恐慌。

在这样一刀切的粗暴政策下，1943年7月1日开始，以“国防优先，战争第一”的名义，东京上野动物园、大阪天王寺动物园等在陆军逼迫下，被迫将园中猛兽全部毒死。其中聪明的大象“咚琪”预感到危险，不肯吃毒物，竟被勒令饿毙。“咚琪”最终被捆绑在柱子上23天后死去。

这样的日本陆军，是不大可能出动一百多人给动物园逮老虎的。

更大的可能还是“战争第一”。

华南虎是夜行性猛兽，在夜里日本兵看不着老虎，老虎却能凭敏锐的视觉、嗅觉把日本兵抓去当点心。面对如此不对称的打法，据点里的鬼子晚上是不敢出门了。然而，新四军的活动也多在夜间，有位红色将军说过这样一句话：“黑夜，是中国人的朋友。”夜里不敢出去，要这个据点干吗？

于是，不顾兵力捉襟见肘，日军硬是调了一百多人，在据点周围边搜索边合围，和老虎较上劲了。

新四军的表现有点儿不讲义气，这老虎怎么也算友军吧，四爷却按照游击战的原则敌进我退，轻松转移了，连个信儿都没给老虎报。

也不怪新四军，第一，这个友军可是六亲不认的，你去给它报信闹不好成它的午餐肉了；第二，大家都是本地人，这老虎是什么东西都清楚得很。上百里的山林，那都是老虎的家，它又没有门牌号，你鬼子初来乍到的想找老虎那么容易吗？几十年后，好几百个专家带那么多先进仪器，跟

着周老虎都没找着呢。

你就找去吧。

这个想法太托大。

不能不承认，日军是第二次世界大战中一台相当出色的战争机器，虽然人生地不熟，但仗着一股子轴劲儿，和“科学”的搜查方法，居然真的把那头老虎给找着了！

▲江南前线的新四军

按照内线的说法，鬼子来了，带着军犬，根据一系列蛛丝马迹，大概还包括了对鬼子哨兵被吃剩下那部分残留物的检查，判断这头抓了“皇军”当点心的老虎，就隐藏在附近的一片森林里。于是，全副武装的一百多鬼子，就把这块地方包围起来，别说，还真把老虎给围住了！

日军慢慢地收紧包围圈。

已经撤走了的新四军，留下了监视的哨兵。哨兵忽听那个方向枪声大作，知道肯定是日军和老虎干上了，不过这显然不是老虎的兵器。不一会儿，枪声停了，就看见鬼子兵抬着准备用来扛老虎的行军担架下山而来，看样子是凯旋而归。

等靠近了仔细看，慢……

不对啊，那担架上不是老虎，怎么好像是人啊！

怎么回事儿？

这次发生在铜陵的老虎和日本兵第二次握手，不，是交手，由于毕竟过了六十多年，只有如下事实保留了下来：

第一，老虎确实被鬼子围上了。

第二，交手的结果，老虎跑掉了，鬼子就捞着几根虎毛。

第三，交手中，又让老虎推倒了一个日本兵，推倒后干了什么不得而知，反正要用担架抬回来。

具体双方交手过程，由于当事双方——鬼子兵和华南虎——都没有到铜陵县县志编纂委员会提供正式的材料，只能沿用新四军得到的小道消息。

萨第一次听到这次鬼子和老虎之战，是从北京一位朋友那里，某次回北京，又抓了个机会和曾幼诚将军的女儿曾宁女士了解了一下，结果就出来了不同的版本，两个版本中哪个更加真实，萨也无法断定，只好罗列如下，请大家自己鉴定吧。

按照曾宁女士转曾幼诚将军用录音作的回忆，这老虎可能是受过军事训练的。

曾将军的原话是鬼子“还真把老虎围住了，开始包围圈比较大，有一百多人嘛。后来越围越小，大概日本鬼子指挥招呼的声音让老虎听见了，它蹲在草丛里没动，等围得比较近了，鬼子准备开枪，说时迟那时快，只见老虎突然发威，一个起跳，冲着围住它的一个鬼子就扑过去，那鬼子倒在了地上，老虎就从那个缺口跳出去了……”

这个描述倒真挺符合老虎的习性。华南虎发动攻击素来是隐蔽接敌，与擅长追击的狮子、猎豹不同，它是典型的奇袭专家，行动起来堪称静如处子，动若闪电，一爪击出可以打碎野牛的头骨！萨的一个同学是铜陵附近池州人，从她带来的老家照片看，当地的草丛可以长到一人来高。要是老虎藏在这样的深草丛中突然对日军士兵进行袭击，完全可以让他当场丧失战斗力。突然袭击，打开缺口，然后在草丛中跳出包围圈而走，简直和雁翎队用芦苇荡和日军捉迷藏打麻雀战的战术神似。

▲中国传统绘画中的华南虎，对其头骨狭长、身材矫健的特点描述清晰。

只是如此从容镇静，

等待时机的大将风度，假如不是受过军事训练，这老虎可算战争天才了。

而第二种说法，则是萨最初接触的传闻，对这次交手的过程描述是这样的：鬼子“还真把老虎围住了，开始包围圈比较大，有一百多人嘛。后来越围越小，大概日本鬼子指挥招呼的声音让老虎听见了，它蹲在草丛里没动，等围得比较近了，鬼子准备开枪，说时迟那时快……”

慢！有朋友看出问题了——你这不是照抄曾将军的原话么？一个字儿都没变的啊。

没错，到这儿为止都是一样的，但后半截不一样了。

按照这种说法，鬼子的包围相当严谨，老虎也没什么办法，只能等待最后关头鱼死网破了，谁知道就在这时，救星来了。

原来，这鬼子抓老虎的季节不对：当时正是老虎的繁殖季节，平时老虎都是单独行动的，唯独此时成双成对！

所以，鬼子光顾着围这头老虎了，没成想就在附近，还有这老虎的一位太太呢！

这位虎太开始可能没在意，等慢慢鬼子的包围圈越来越小，老虎多半应付过打猎的，一看再看可就看出不对来了……这是冲着我们老头子来的啊，那可不行！

虎有虎道，猫有猫道。于是，这位虎太就按照平时常走的路向当家的靠拢，悄悄尾随上了一个倒霉的日本兵。

等情况危急，虎太一声大吼，腾空而起，当即将这个日本兵推倒，虎大爷一看这儿有门，窜出来跟着太太就跑没影儿了。

这个说法比较离奇，但也有可取之处。第一，华南虎捕猎，多从猎物身后发起攻击，前面提到广东韶关那头吃人虎，袭击带枪的干部就是从背后下手，以至于那个干部没能做出任何反抗。所以，虎太从背后袭击鬼子兵更符合华南虎的习性。第二，这说明老虎袭击日军哨兵可能事出有因，可能是因为鬼子在老虎繁殖季节修炮楼惊扰了华南虎。

哪个是历史真相，就要大家自己判断了。

至于老虎突围后日军拿它没办法，倒是正常的。因为当地草深林密，而且地形起伏极大，第一排枪因为仓促没打着老虎，再打，老虎已经没影

▲孤独的华南虎在繁殖季节却是相亲相爱的

儿了。老虎对地形熟悉，鬼子无法相比，只能干看着老虎跑掉。

不管怎样，这一次日军出动了一百多人，只抬着自己一个士兵回来，完全是偷鸡不成蚀把米。

吃亏以后，恼羞成怒的日军再组织了几次围捕，结果更糟糕，连个虎毛都见不着了。

这也很正常，因为第一次围上老虎纯属运气好，属于老虎还没发现有危险的麻痹时期。而且刚吃了个古怪的东西，老虎也在思索兼消化，比较松懈，结果险些吃了亏。这受了惊的老虎可就不那么好抓了，它的嗅觉、视觉比鬼子强好几倍。一头老虎的地盘几百平方公里，往深山里一钻，你上哪儿抓去？

当时日军兵力不足，老把一百多人放在这儿是不可能的。既然抓不到老虎，而上面又不让撤据点。一来二去，鬼子抓来民工，在据点周围打起一圈桩子，上面围上了高高的铁丝网，来防止老虎跳过去。不过，这下子鬼子自己也轻易不出来了。

新四军知道了这件事，干脆在炮楼下方不远处建了个兵站，保障交通，同时监视鬼子，反正日军也出不来。此后新四军在这里畅通无阻，从来没受到过这个据点鬼子的威胁。这个日军据点，愣是让一头老虎给整成残废了。

日军没认识到这个么？

那倒也不是，劳工回来说，据点儿里的鬼子操着半生不熟的中国话，监督他们把桩子打得牢一些，讲：老虎地，不进来，皇军地，不出去。

看来，这鬼子是想通了，不就是一个糊弄上头么……

# 2 林旺不仅是一头象

林旺，是一头亚洲象。

▲林旺，1960年，台北木栅动物园。

接触到这头大象，萨可以说是从一个非常古怪的角度，那就是——战争。

亚洲象以温驯着称，怎么会和战争联系起来了呢？虽然古代的时候有人动过用大象打仗的念头，但在亚洲这种做法历来是杀人三千自损一万。这是因为驯服的亚洲象性情相当温和，遇到战阵往往不愿冲向敌人，但一遭打击就会本能地向主人靠拢——结果是踩死了大量自己人，弄得不可收拾。于是用大象打仗这种事儿，终于没有流行起来。

萨注意到林旺，是在研究中国远征军在缅甸作战历史时。当时，萨意外地发现双方在战斗中都使用了大象。中国远征军败退印度时，有一个被打散的小军官曾在当地人帮助下组织了一个游击队，用大象掀日军铁轨。但大多数时候，双方都仅仅使用大象运输物资，因为它们的性格并不适于在前线作战。这其中，日军使用大象向前线运送给养的情况较多。

日军大象的来源主要来自当地的木材公司——缅甸木材公司一直使用大象搬运贵重的热带硬木。林旺，就是这种情况下被日军征用的一头亚洲象，所以，它最初也不能算是一头野生大象，从阶级属性来说，应该算是

▲林旺当俘虏可不是丢人的事情，确切地说，远征军是救了老象一命！

“印缅木材公司”的一名林业工人。

根据台湾方面的记载，大象林旺是在缅甸作战中和十二头伙伴一起被中国远征军俘虏的，但是记录得语焉不详——这几乎是台湾文献谈抗战历史时经常出现的问题，甚至一些非常精美的图书，也不肯用心去考证一下史料，其原因很让人迷惘。

然而，这史料一模糊啊，可就把好多精彩的情节也都给模糊过去了。其实，林旺的“归汉”，是可以查到具体情节的。它应该是原服务于日军第18师团，在胡康河谷作战中，为中国远征军新一军所部俘虏。

当时的日军第18师团，在胡康河谷节节设防，阻击东归心切的中国远征军，但无论兵器还是后勤都无法与美械化的中国新一军、新六军对抗，被打得不断败退。18师团的后方基地孟拱到前线仅仅依托一条简易公路进行补给，由于日军机械化程度不高，公路又不断被中美空军炸断，能够在林中小径行进的大象就成了重要的运输工具。

在日军中，林旺们的日子可不好过。按照日军十八师团辎重兵部队的报告，由于道路崎岖艰险，使用大象运输，负重能力并没有想象得那样大，一头只能背负250—300公斤的物资，时速五公里，与中国军队在拉加苏、李家寨等地对抗时，运输兵要翻越险峻的万塔格山，大象是人背肩扛以外唯一的运输工具，一次到前线往返要两天的时间。由于战局对日军日益严峻，日军往往强行让大象背负500公斤以上的物资，结果许多大象很快出现“鞍伤”不能使用，到中国军队进攻孟关的时候，在前线的大象

已经从将近100头减少到了十几头。但是，那么大的象怎么会落到中国军队手里呢？难道日本人不能骑着或者赶着大象逃跑么？

根据现有材料，林旺的被俘，很可能发生在著名的西通切路战之后。西通切路战是孟拱战役的一部分。1944年5月，日军第18师团为了遮护孟拱基地，在其以西的加迈、卡盟等地据险死守。中国军队突出奇兵，以112团团长陈鸣人率部人手一口砍刀，从渺无人烟的林莽中强行穿插六天六夜，成功钻入敌军后方，突然抢占加迈与孟拱之间的枢纽西通，切断日军补给线，一举将18师团主力纳入中国远征军的大包围圈之中。这一战，包围圈内外的日军发疯一样猛攻西通，却在陈鸣人手下伏尸累累，不得寸进。被围日军粮弹皆无，在中国军队四面攻击下完全被打散，中国军队乘势拿下孟拱。

这一仗打断了这个"丛林战之王师团"的脊梁骨，仅仅被打散后饿死的日军伤病员，就有两千多名。日军师团部是依靠工兵在树丛中用斧头和砍刀勉强打开一条"伐开路"才逃脱的，师团长田中新一几乎是赤手空拳逃了出来。这条"伐开路"窄处仅有一人宽，大象根本无法通过。面对进军神速的中国远征军，日军只得丢弃了林旺等大象逃走。何铁华、孙克刚所编《印缅远征画史》中，有一张照片反映了这批大象被俘的场面，不知道林旺当时是不是在画面之中。

假如林旺这次没有被俘，其命运十分堪忧，因为日军的后勤运输是有自己特色的，在前线，他们通常采用水牛和山羊（甚至据说还有猴子）运

◀新一军俘虏日军的大象辎重队，照片题名注明是在孟拱战役中。

送物资，目的是在物资缺乏的时候，运输者本身也可以被作为食物吃掉。在英帕尔战役中，同样是用大象运输物资的日军粮食不够时，确有杀死大象食肉的举动。

事实上，萨是在查找这批大象的情况时，才骤然发现林旺的存在——这头长寿的大公象结束了军旅生涯后，一直生活在台北的木栅动物园，直到2003年才与世长辞，寿八十六，创了亚洲象的生存纪录。

这样一头传奇的大象，让人忍不住下笔，萨立即给《北京青年报》的尚晓岚编辑去信，说有好东西给她，要写林旺——那边一直催促萨给历史版面投稿子呢。

结果，萨却一直没有动笔。

倒不是懒惰，而是当萨打开网页，查看林旺的资料时，骤然发现，在台湾很多人不叫它林旺，而是亲切地叫它“林旺爷爷”。

要是仅仅从战争角度写大象林旺，那可就大错特错了。

其实，大象林旺的军旅生涯，还是延续了相当长时间的，不过是当了“机关兵”，已经和打仗无关了。加入中国军队的林旺，待遇明显改善。这是因为，当时和日军在缅甸作战的中国驻印远征军，已经全部美械化，新一军和新六军的主要运输工具是美制十轮大卡车和各种吉普车。工兵部队也十分积极，公路和输油管修得紧跟着一线步兵的屁股。如此，大象几乎没有用武之地，原来的“民工”成了军中的明星和宠物。

老远征军战士回忆缴获的这批大象很是温驯，也颇让没见过世面的农家子弟们大开眼界。他们提到的有趣事情很多，大多记录在大陆的政协史料中，也许台湾那边喜爱林旺的朋友倒是不知道的。

▲ 新一军军长孙立人将军和林旺

缴获林旺它们的时候，也俘虏了多名缅甸的“象奴”，他们本来是为日军管理大象的，现在为远征军工作了。大象行

进的时候，象奴坐在大象头顶上，手持一根形如钥匙的奇怪手杖，指挥大象前进的方法，就是用手杖去敲大象的耳朵，敲右耳朵向右转，敲左耳朵向左转，听话得很。

但是也有不听话的时候，那就是让大象坐下的时候，很多大象故意装作东张西望的样子，对象奴的命令视而不见，拖延磨蹭不肯执行。后来，远征军的士兵们慢慢看出了道理：大象身体非常沉重，坐下后起立是件很艰难的事情，它们不愿意坐下，倒不是没有客观原因的。

大象能听懂人话！可惜当时只能听懂缅甸语，对中文、英语和日语完全没反应。从后来林旺的情况看，他是慢慢学会了中文的，哦，懂母语之外的两国语言，林旺可算是个知识分子呢——不要对萨这个结论表示不满哦，你试试学大象的语言去，林旺能听懂咱的语言，咱就不能跟它比比智力？

大象不怕老鼠，经常把老鼠踩死。大象进入树林，象奴不让远征军们去窥看，说是大象有时在林中交媾，这种动物十分害羞，若发现有人窥视就会冲出来把你踩死。

大象们在缅甸并不需要人工喂养，到了晚上，象奴给大象戴上一种特殊的脚镣，这样大象一步只能走 40 公分，是没法跑远的。然后，大象就会给放入山林，自己寻觅食物，清早自会回营，是不需要多少照管的。

就是这最后一条，差点儿又要了老象的性命。新一军军长孙立人很喜欢这几头大象，决定带它们回国。回国路上，离开了野生植物繁茂的缅北滇西，人们才意识到大象需要吃多少东西，新一军的后勤部门为此吃尽了苦头，大象们也不得不临时学会一些简单的表演技巧，沿途杂耍给自己赚点儿伙食补贴。尽管如此，还是有多

▲ 刚刚到达台湾的林旺，依然在“军管”之中，干了好几年搬运工的活儿，才走进木栅动物园过起了安定的生活。

头大象因为照顾不周死在了路上。好在林旺体健貌端，生命力强，很活泼地到了广州。

值得一提的是，新一军的几头大象在广州继续登台表演，还曾经用所得赈济过当地的灾民。

后来孙立人到台湾担任新兵训练司令，就带了三头大象渡海去台，算是给台湾人民的礼物。这里面就有林旺，可惜另外两头大象寿命都不长，也就不如林旺这样出名了。

▲这是在大象林旺死前几天，捕捉到的镜头，让林丽芳（台湾动物摄影家）一生难忘。

林丽芳说，那时她正在拍摄猴子，工作人员知道体力衰弱的林旺已经快不行了，特地找她去拍摄。当时林旺泡在水里（林旺本来不爱游水，但是衰老而聪明的它却懂得利用水的浮力缓解自己的体力不支），不管工作人员怎样呼唤、拿食物引诱，林旺都不肯出来。

就在日落黄昏的光线下，林丽芳拍到林旺以象鼻喷水喷向自己的眼睛，表情细腻，似乎在享受着生命最后一刻的乐趣。后来还伸长鼻子朝向工作人员，就像是知道生命走到尽头，还依依不舍地跟老朋友打招呼。

应该说，看过这样的文章，萨只好停笔了。

做梦也没想到，居然有那样多的人写过林旺，回忆过林旺，想念过林旺。感到自己下手，无论怎么写，都有抄袭的感觉。写林旺的大多是成年人，每一个人都从童年走过，很多人记忆里都有一个老林旺。

有很多人，已经离开了那个岛很多年，在林旺辞世的时候，还是写它，怀念它。那种感觉让萨很熟悉，又很亲切。

因为在萨的记忆深处，也有一头一样的大象。萨小的时候，萨娘在外地工作，每年只能回来一次，回来总会听萨说说家里有了什么新鲜事。这些事情多半鸡毛蒜皮，无非是前院的蚂蚁搬了家，邻居的小义让马蜂蜇了头一类

孩子眼里的惊天大案。反正，不论说什么，妈妈总是听得那么开心。

有了自己的女儿，才恍然明白，妈妈一年一度的开心，竟是用其他所有时间里对萨的思念做底子的。

然而，有一次萨却把这种鸡毛蒜皮一举发挥到国际水平了——那一次，萨一见到母亲，就宣布新闻一样地大叫："米杜拉长毛啦！"

妈妈愣了："米杜拉？米杜拉是谁？"

米杜拉，是北京动物园的一头亚洲象，前几天父亲刚刚带萨去看过它。米杜拉是一个叫作班达拉奈克夫人（看，因为米杜拉，萨连这样复杂的名字也记得一清二楚）的老太太送给北京动物园的，当时还很小，当然肯定比萨个子大。平时对巨型动物有点儿恐惧的萨，对米杜拉要感觉好得多，近距离观察一番以后，冷不丁发现一个问题——书中的大象皮肤都是胶皮一样的，而米杜拉竟然长着毛！

把这个惊人的发现告诉父亲，父亲当时大概正想着别的问题，心不在焉地回答道："噢，小的时候没有毛，大了就长出毛来了……"事后证明问父亲这个问题明显问错了人，他的答案完全错误：亚洲象只有幼小的时候身上才有毛，长大了就不会有毛了，否则那就不是亚洲象了，那是猛犸！父亲是北大数学系毕业的，他在生物学上的知识，并不比街道老太太高明多少。

然而萨还是很兴奋，还看到喂了草给米杜拉吃。

那一年萨四岁。

以后又看过很多次米杜拉，每次到动物园都去看它，记得它脾气很好，还会吹口琴。直到有一次，米杜拉突然消失了，从此不再出现。

那种失落，至今难忘。当萨翻看台湾的朋友给林旺的留言，那种久违的感情一下子充塞了我的心房。

萨还是不写了吧，直接引用他们的话好了，原来这些文字附着一张张发黄的老照片。

以下文字引自摘自台北木栅动物园林旺的纪念网页。

其一　那一年，爸爸带我和姊姊专程从左营到我心目中的迪斯尼乐园——台北圆山动物园，留下与大象林旺合影的照片。现在我总会想起当

年那个5岁的娃儿，雀跃地穿梭在眷村里“奔走相告”，逢人就叽叽喳喳说个不停：我和大象照相耶！它的鼻子好长好长……

林旺真的很像阿公。

其二　翻开尘封已久的旧相本，找出记忆中的影像，三十多年过去了，图片中的小孩，现在已经是有两名子女的中年父亲，时光荏苒，岁月不再，世事变化，如今再去动物园，看不到林旺爷爷，只能在记忆中探索、回味。

其三　林旺和马兰（注：林旺的太太）相继离开了我们，让我难过了好一段时间，总觉得很失落。回忆起小时候，我们常常全家一起去动物园玩，最后一定要看到林旺爷爷和马兰，才心满意足地回家。虽然和它们打过无数次的招呼，但是这张爸爸在圆山为我拍的照片，却是唯一与它们的合照，如今此景已不在，更觉珍贵。看到照片中那个穿着绿色小披风的嘟嘟脸小孩吗？她就是大约三岁半的我，有着一张嘟嘟的小脸，那时候其实已经玩得好累好困了，但是，说什么也要和大象合照一张才肯回家。站在我身后穿着红色外套的，是长我五岁，总是很照顾很爱我的姊姊。嗯，妈妈那时候大概站在爸爸身边微笑着看着我们拍下这张照片吧！这一回首就是二十多年光景，如今我也快满24岁了，照片中点点滴滴的故事还是深刻烙印在心头，我会一直记得林旺爷爷每年生日吃甘蔗蛋糕的可爱模样，也不会忘记它们长长的鼻子总是昂扬着和我打招呼。深深感谢林旺曾经为国家的辛苦付出，更陪伴无数小朋友度过他们快乐无忧的童年。我默默的祈祷，愿它们在“快乐天堂”里继续恩爱地生活在一起，没有人间的藩篱和扰攘。为了庆祝我一周岁的生日，妈妈带我去圆山动物园玩。来到林旺的家，妈妈要我站在那和林旺照相。可是当小小的我看到那么大的象时，我只有一个念头“逃命哪！”

如今我已满20岁，也已不怕大象了，但却再也无法和林旺共度欢乐时光……

读到这些字句，仿佛胸中一种什么东西被轻轻打破。

萨想林旺或者米杜拉于我们的意义，就好像老宅子胡同门口那个修鞋的老师傅，当你满身疲惫地提着皮箱从异乡归来，一走到巷子口就看到阳光下20年前的老师傅依然在拿着一个鞋掌一板一眼地来钉。

▲1988年摄于北京动物园

那，就是和林旺爷爷一样的感情了。林旺不仅是一只象。

▲林旺爷爷制成的标本，至今存放在台北动物园里，供那些热爱它的人们凭吊。

散发着时光味道的老照片，更让萨有一种恍惚的感觉——照片上的那一个个认真对着镜头的黄皮肤黑眼睛，萨无法分辨他们是在台北还是在北京！这一点儿也不奇怪，因为他们的服装，实在与我们乃至我们父兄在某个时段的形象太相似了，连神情也像！

写林旺的前半生，萨的感觉带有扬眉吐气，写到不需要再动笔的林旺的后半生，心中却只有一份淡淡的欢喜和忧伤，平静如同一泓秋水。

原来感动就是这样简单。

萨一直有些怀念和担心的米杜拉，离开北京后是去了天津动物园，它当时并没有在这个世界消逝，只是搬了一次家。

# 3 耿飚将军打虎考

耿飚将军在大生产时期，曾率领八路军到甘肃定西开荒，打到过四只虎，送给朱总司令一只。这也就是信奉唯物主义的八路军干得出来，要搁古代，给“朱”总司令送“虎”，闹不好算是犯忌讳的事儿呢。

这段和老虎有关的历史，耿飚将军记载如下：

1940年冬……派129师385旅和120师359旅三个营到陇东庆阳县东北的大凤川、小凤川、东华池，在子午岭大山里开荒。……这个地方曾经是塞上谷仓，有清朝时稻田的痕迹……但是野兽特别多，尤其是猛兽，不但糟蹋庄稼，还咬伤人畜……我军组织士兵打猎，三个人一组，一个月下来，打到四只老虎，七八只豹子，上百条狼和狐狸，上千只野兔。……那是第一次吃老虎肉，与牛肉差不多。我们还送了一只老虎给延安毛主席和朱总司令。他们也看着有趣，毛主席问朱总司令，你能不能举起来……

▲耿飚（1909年8月26日—2000年6月23日），湖南醴陵人，政治家、外交家、军事家，中国人民解放军高级将领，是新中国建立以来唯一一位没有授予解放军军衔的国防部长。不过，称呼耿飚“将军”并非虚言，抗战胜利后，他于1946年1月至8月任北平军事调处执行部中共代表团副参谋长兼交通处处长并曾被授予少将军衔——这个军衔，比大多数解放军将军获得军衔的时间早了十年。

这段记载今天看来弥足珍贵，耿飚打老虎的地方和后来因为“周老虎”甚是有名的陕西镇坪相距不远，这倒是说明无论今天如何，在40年代，陕甘一带还是有老虎出没的。

据说许世友在南京附近打过豹子送给老战友，还有将领打了狗熊送熊腿给毛主席的——主席还为此指示厨子：“美味不可多得，好东西要多吃几顿啊！”这类人物多是张飞一类的猛将，没仗打浑身闲得难受，只好和狗熊、豹子较劲儿，倒和送礼行贿之类的事情不相干。

这种打猎，影响范围也不大，古已有之。然而，陕西、河南在60年代初期因为三年大饥荒曾有驻军成建制入山打猎的情况，其他各地纷纷效仿，连北京当时市场上都有内蒙黄羊供应救急，这种大规模连根拔起式的猎杀对野生动物资源损伤极大，东北此后一直没有恢复过来，陕西等地估计也不会好到哪里，所以，今天陕西山里要还能藏着老虎，实在不是一件容易的事情。

可是耿飚将军打的老虎是什么品种呢？是大家很好奇的野生华南虎么？对它的品种，曾有一位对动物感兴趣的朋友对萨分析道：“然而这里的虎是什么虎？东北虎，离得太远了；华南虎，没有在这么北的地方，尤其是近代的记录，只到黄河秦岭一线；孟加拉国虎更加不可能，而华北虎似乎早已灭绝。只剩一种可能，是1916年被明确记录最后一只的新疆虎了？可惜，估计八路军当时没有保留虎皮做研究的标本。”

这段话让人觉得饶有趣味。

以萨的看法，耿飚干掉的可以肯定不是孟加拉国虎，那玩意儿不可能分布到这样北的地方，应该还是华南虎（华北虎）。据此，华南虎的历史分布区域，应该向西扩展到甘肃地区。事实上，我国最早发现的虎化石，就是在陕西蓝田出土的。可见，古代这附近老虎的活动较为活跃。华北虎是华南虎的分支，其差别不足以被称作单一亚种，所以可以被认为是同一种动物。华北虎民间称为“草彪”，而伪造华南虎事件的当事人周正龙称镇坪那里的老虎为“烂草黄”，无论当地今天有虎无虎，这个称呼似有依据，或来自长期的口耳相传。从这个名字看，当地的老虎，当属华南虎的后代。

那么，耿飚打的老虎会不会是新疆虎呢？的确，甘肃位于新疆虎分布区的东部延长线上，又正好在华南虎分布区的西部延长线上，然而，个人认为，新疆虎属于新疆特有虎种，体态小，在绿洲沼泽地带活动，因此不大可能上山被八路打掉。

新疆虎是虎家族中最为神秘的动物，最早为斯文·赫定发现，1916 年才被定名，同年也是人类最后一次正式见到新疆虎的年代。据认为这种美丽的荒漠兽王是里海虎的一个分支，有说法 80 年代还曾经有新疆当地人在塔里木河流域下游猎获新疆虎，但所有新疆虎的标本，目前都在国外，而且都是 1949 年前获得的。

▲保留在哈萨克斯坦的新疆虎虎皮标本

这是一种萨个人很感兴趣的动物，萨认为它的生活特点十分独特，从新疆虎依稀可以看到新疆地理环境在近年来的剧烈变化。因为新疆虎目前被认为已经灭绝，所以，只能根据古代新疆地理特点来推测新疆虎的生活。

古代新疆，由于多季节性内流河，其流域两岸和末端部分往往形成大面积的芦苇沼泽地带，周围的植被依次为芦苇、柳树、红柳、沙柳和胡杨，胡杨带外还有耐旱植物，就不属于绿洲了。

古代罗布泊人，居然是以打渔为生的，现在当地还保留着当时这些水上居民使用的木船。有趣的是罗布泊干涸之前，科考队员经常在那里的水中发现巨大的鱼，但罗布泊消失后，却根本无法找到这些鱼的尸骨，它们到哪儿去了呢？至今这还是一个谜。

总之，这和我们今天对绿洲的理解有很大区别。现在新疆的绿洲，主要是农业绿洲，水都被水库装去了，养活的人虽然多，萨的看法，魅力却是不如从前。

这种潮湿，拥有浓密植被的地带，正是虎这种孤独的袭击型肉食动物

的乐园，也符合记载中对于新疆虎活动的描述，它们经常在芦苇丛中悄然捕捉来喝水的草食动物。所有发现新疆虎的地域，都与“河”有关。

▲罗布人在浅水中拖拽独木舟（引自斯文·赫定《亲临秘境》），可见当时的罗布泊是一个水上世界，他们身后的芦苇丛和胡杨林，正是当时新疆虎生存的地方。

新疆虎和里海虎被认为有一定血缘关系，但与里海虎相比，目前保留的标本确实体型较小，这可能与其生存地域更为狭小，呈现断裂分布，捕猎区有限，体型过大不容易生存有关。里海虎的脚有蹼，适合在沼泽地带生活。由于新疆虎标本都在国外，细节上的情况无缘知道，但如果二者有亲缘关系，则新疆虎也可能是脚上有蹼的。

然而，除了体型，新疆虎和里海虎也有区别，这被认为是二者并非同一亚种的理由。

第一，新疆虎的斑纹更加绚丽，有最美丽的老虎之称，相比之下，西亚虎的花纹就较为发暗。对此萨曾百思不得其解，新疆姑娘虽然漂亮，老虎却没有跟风的理由。直到有一次萨看到新疆沙漠地区的摄影作品才若有所悟——秋天的红柳林和胡杨林色彩是非常明快的，只有同样灿烂的保护色，才能让新疆虎隐蔽其间而难以被发现。

第二，新疆虎的耳朵是尖的，比较大，而里海虎的头型较圆，耳朵小，有点儿像和尚。之所以会有这样的区别，推测里海虎是为了适应日照强烈环境进化的原因，而新疆虎因为栖息于茂密的芦苇丛（新疆的水畔胡杨下面就是芦苇）中，视觉不容易发挥作用，听觉和嗅觉这些第二感官就不得不进化得更为敏锐。

那么新疆虎可能翻山出现在陕甘宁边区吗？虽然距离不算很远，但可能性很小，因为从新疆到陕甘宁边区，一路都是山地。新疆虎在山地森林中生存比较困难。新疆东部山地树种主要为松、杉类，依靠雪山的积雪融水生存，树间距大于东北地区，而三米以下树干很少横枝，地表灌木植被不很发达。林中动物较少，且多为奔跑较快的高鼻羚羊、格斗能力较强的马鹿等，这样的条件下，新疆虎无论隐蔽还是猎食的难度都比沼泽地区要大，而且需要更大的狩猎区域。除了东北虎的生活情况不详以外，虎多是喜水动物，新疆虎需要绿洲沼泽才能生活，不会轻易地离开栖息地到这样不适合生存的地方活动。

实际上，萨对新疆虎还残存于世的说法不抱太大希望，其最主要原因便是新疆目前已经极少这种无人打搅的芦苇沼泽地带了。大多数新疆的河流今天都成为农业灌溉的重要资源，已经没有足够的水源形成周边的沼泽湖泊，残存的尾系湖泊其含盐量也大幅上升，无法提供哺乳动物生活所需要的环境。罗布泊以外，塔里木河沿岸的胡杨林带，或许是新疆虎最后的可能生存地，但那里人类活动太多，新疆虎能够隐藏在某处不被发现的可能性实在不大。

应该是随着人类开发新疆的进程，新疆虎的家园被逐渐剥夺，逐渐退向不适合人类生存的内流河尾部地区。然而，人类在上游的蓄水造田，彻底把大部分内流河尾部变成了荒漠。而新疆绿洲沼泽的消失，集中发生在20世纪短短的几十年间，新疆虎没有足够的时间来改变自己的生活习惯来适应这种变化。

新疆虎是在和人的直接生存竞争中失败而消失的。说来，是一件很令人遗憾的事情。

耿飚将军在甘肃垦荒的时候，正是残余的新疆虎在最后挣扎的时刻，当时人迹罕至的罗布泊还能够为新疆虎提供生存的空间，70年代罗布泊的彻底干涸，应该是新疆野生动物的一次浩劫，不但是新疆虎，而且罗布狼也就此消失，只有顽强的野骆驼得以生存下来。

由于新疆封闭的地理条件，当地和甘肃陇东地区的气候环境有着巨大的差别，在20世纪40年代，新疆虎似乎不会有这样强的能力迁徙到此处生活，并成为八路军的猎物。

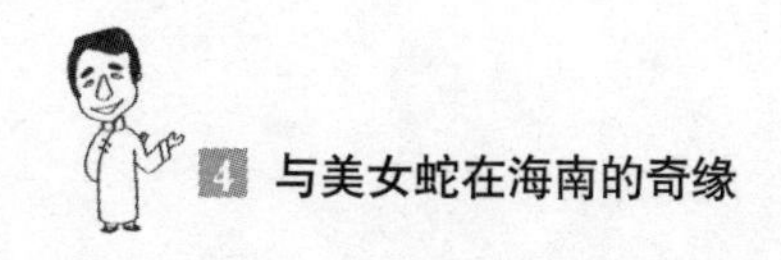


# 4 与美女蛇在海南的奇缘

曾听说某个自然派的画家，讲他有幅北美狼群的作品差点卖出了天价。原来此人颇为自负，作品标价甚高而少人问津。然而有位懂行的艺术收藏家偶尔过来，一看就说好，讲此人的作品与众不同。他画中的主角不放在黄金分割线上，而是在画面的边角，这本来是艺术审美方面致命的缺点，但他所画的动物造型都是在奔向画布之外，于是整个画面豁然开朗灵动起来。这可以形成一个新的画派啊。

如此高的评价说明了作品的魅力，但是画儿最后却没卖出去。

原因很简单，这位买主说我可以出高价——价钱我认了，等我把你炒红了我赚的可不是十倍八倍。可你那画儿上有个地方得改一下——在狼群中间怎么有个罐头盒子呢？你把它去了，加点儿银子也成。

大伙儿开始都没注意，定睛一看，可不是，萧索草原，矫健的狼群……中间一条狼腿下边还真有一罐头盒子，还带标签呢。

怎么回事？这又不是照片，不留神漏进镜头里的。您老这是故意搅局，心理有问题。

人家当然不会这样说，但是不管怎样，从审美角度谁都知道这东西不会给作品加分的，哪怕看在银子分上，您抹布一抹不就完了？油画就这点儿好，省事。

没想到，这位就是不干，结果生意没有谈成。

这位说了，我那罐头盒子是有意义的，我是想说——今天的野生动物的生活，已经不可避免地和人类联系在一起了，你抹掉了罐头盒子，也不能改变这一现实。

听完了深有同感，想起了在海南工作的日子。

当年从北京到海南去，工作不忙，山山水水地跑了不少好地方，比如陵水那边的沙滩，根本没有路，要用砍刀从仙人掌丛中劈过去才能到达。穿出天然的椰林，只见天地玄黄，宇宙洪荒，绵延几十公里银白色的海岸线上鸥鸟云翔，只我们这一小群人。一时，有一种“此地何地，此时何时”的感叹。

然而，等我们走近沙滩，马上就意识到我们还是在地球上。

在这段没有人来过的海岸上，一抬眼，就看到一个不知千里万里飘来的威士忌瓶子，但是，能认出它是个酒瓶子也需要些功夫，因为这个瓶子已经磨得如同艺术品般圆润，只剩了雾蒙蒙薄薄一层，拿起来刚要看，瓶子里住的一只小蟹受了惊扰，从瓶口一跃而出，挂在萨的衣襟上，引来一阵惊呼。

对于小蟹来说，酒瓶子就是大自然的一部分呢。

人和动物的世界，哪能分得那样清楚？

有时候，觉得人和动物的世界交织在一起，更有风韵，比如老家河北盛产油獾，一到大雨过后就会在四面积了水的废砖窑顶上晒太阳，看见人也是懒洋洋的，那东西精得很，反正知道你们这种两足动物要游过来不是件容易事情。比如在日本不时从山上爬下来溜到人家园子里偷柿子吃的狗熊，主人吓得在屋里哆嗦之后还要骂两句——吃也可以，不要糟蹋啊。

大多数人都对动物有一种天生的亲近感，要是我们在这个世界能够如此共处，不也是一件好事么？

▲山狮，又名美洲狮，原本是生存于北美山地高原的一种猛兽，近来却时有在人类周围出没的消息。

可是，也不是什么动物都那么好亲近的。日前，就有北美的哥们儿来信，说有个山狮爬到邻居家的房顶上了，被警察击毙。这哥们儿在信里是大为山狮鸣不平，说人家山狮还什么也没有干，就被一枪打死了，冤枉啊。萨的回信哼哼呀呀，心里说，要是山狮爬进你家，恐怕您的反应就不是这样的了。

之所以这样说，是因为萨也有一次类似的经历。

难道也有山狮光顾萨的厨房？这倒没有，那东西进宅的事儿几十年出不了一回的，萨碰上的，还是在海南。

萨当时在一个地产公司帮忙，所住的地方是鹿回头宾馆，一排漂亮的小房子，门前椰林门后芭蕉，前带门厅后带浴室，据说七十年代是江青到海南时随员的住房，条件挺不错的。但是，房子虽然好，毕竟已经经年，多年闲置，海南这种热带地方，是动物的天堂，其密度和与人类接近的诚意超过我等外地人的想象，入住的当天就让萨经受了一次严峻考验——半夜只听房里仿佛进了贼，而且明目张胆奔跑不休。开灯看时一无怪异，关了灯就又是一阵红拂夜奔的动静。难道是妖怪？折腾不休，看看这妖怪也无甚神通，一路疲劳，索性倒头睡去。早晨起来一问，才知道是老鼠。海南的老鼠比猫大而动作灵敏，相对我们这些住客来，它们才是此地的主人，自然出入无忌。

可不可以帮忙灭鼠？提心吊胆地问当地服务员。

海南人以悠闲懒惰、善于享受生活著称，服务员也是，说用不着，老鼠从你屋里就是路过，它们的窝在那一排空闲的其他房间里，又不招你，灭它干嘛？

一度很担心老鼠来偷吃或者啃咬衣服。多日，发现这老鼠却很守规矩，问之于当地人，带萨去屋后看过，只见一片狼藉的贝壳，原来此地老鼠都是吃海鲜的，牡蛎、砗蕖、海星都是它们的餐点，偶尔还会抓条比目鱼改善生活，怎么会看上你的干面包？而贝壳坚硬，磨牙也比啃你的衬衫好用呢。

好厉害的老鼠，佩服中下了相安无事的决心。

但第二天就见保安的胡子大哥拿大簸箕装了四五个死老鼠，好奇问是不是宾馆下了老鼠药。胡子大哥摇头，说不是，正琢磨呢，怕闹鼠疫，让宾馆的大夫看看。

吃中午饭的时候，碰到大夫，问起这事儿，大夫大笑，说哪里是鼠疫，这帮老鼠吃多了牡蛎想换口味，居然去吃海胆，又分不清哪个有毒哪个没毒，乱吃一气，结果，给毒死了。

听完也跟着笑，心说这会吃海鲜的老鼠看来还是新品种，按照达尔文主义，自我淘汰呢。

没死的老鼠照样折腾，萨已经习以为常了。

但是，海南这地方邪，你刚要过两天安生日子，就要给你出点儿新鲜的。几天以后，公司里的女工见到小萨都笑得暧昧，道：今天没有裸奔?

裸奔这种事儿纯属谣传，萨是要洗澡的时候发现不对跑出来的，还没来得及脱衣服呢，这谣言传的。

什么事儿能吓得咱从浴室跑出来?

换您也会跑。

海南的中午极为炎热，日照强烈，大家都无一例外选择睡午觉。那天萨循例想冲个凉睡得舒服，于是走进浴室，刚打开水龙头，就被吓住了。

只见萨的浴缸里，黑褐色的一团东西，被我放水的动作惊吓了，骤然开始蠕动起来——蛇?！！！萨"嗷"地一嗓子惨叫，没穿鞋就窜了出去。

惨烈的叫声把要睡午觉的同事都吓醒了——"小萨的浴缸里进了条蛇，把小伙子吓得裸奔"的谣言就此诞生。

说归说，蛇是真有的，而且外面闹腾得这样热闹，竟然还没有跑。大家七嘴八舌，就是没人敢进去，最后，还是本地保安来了，用网兜才把蛇抓了，居然有一米多长，碧绿黑点花，据说还有毒!

▲现在回忆起来，那条所谓的美女蛇是一条尺寸不大的无毒蛇，后来大家传说毒蛇云云，纯属吓唬北佬。

保安说萨那窗户的纱窗下面有条缝，蛇就是从此处爬进来的，正好掉进浴缸。这浴缸四壁滑溜溜的，蛇也是滑溜溜的，萨那个浴缸是俄式的，估计还是早年苏联专家留下的东西，又大又深。进去容易，要出来可就没办法了，于是束手就擒。

大家都来看新鲜，议论中就谈到了怎么处理这条蛇，有人说要不给三亚水族馆送去？兴许还是稀有品种呢。

正在这时，人群后走来一人，一把从保安手里把那网兜抓了去，口中叫道："给我，给我。"看时，原来是财务经理老刘。老刘是东北人，老顽童，六十多岁的人了从来没个正型，这回又来要活宝了。

人家就问老刘："给你干什么？吃蛇肉？你又不是老广。"

"你介银（这个人）没劲。"老刘隔着网兜看蛇，"我要看它变化。"

"这蛇还会变化？"

"当然了，你想啊，它干嘛往小萨屋里爬啊？旁边宝伟、小顾他们那儿怎么不去？"老刘一指萨，"就这小子没结婚啊！"众人哄堂大笑中老刘继续——"找人家小伙子，还躲到浴缸里等着，你说这是个什么蛇？——美女蛇啊！"

众人继续大笑中，老刘把袋子冲萨一举："小萨，要不我给你留下，晚上暖脚做伴的？"暖脚？这玩意儿可是冷血动物。萨摇头——"老刘你留着暖吧，小卖部有鹿龟三鞭丸，我给您买两盒去？"

有人叫："老刘别拿走，大伙儿一块儿看它变美女。"

老刘一拨郎脑袋："人家正主儿都送给我，你们起什么哄？"拎着网兜洋洋得意而去。

后来好几天，老有人问老刘："那蛇变美女了吗？"

"还没呢，变了我给你们带来开眼。"

"还没呢……"

"没呢……"

久而久之，也就没人再问。

第二年萨回了北京，过两年宝伟也回来了，见面叙旧畅饮，席上忽然想起来，问宝伟："老刘拿去那个美女蛇，后来变美女没有？"。

宝伟一愣："你……你还真信啊？第二天就让老小子泡了酒了，说是毒蛇，越毒，劲儿越大……"

狡猾的老刘啊，下次见到这老小子……叫他赔我美女！

## 5 周伯通骑鲨问题调查报告

在金庸先生的传世名作《射雕英雄传》里面，曾经有一个涉及鲨鱼的精彩情节。

老顽童周伯通、洪七公和郭靖等从桃花岛出海后，因为坐船出险落水，遭到鲨鱼围攻，被西毒欧阳锋的船所救。上船后，欧阳锋自称可尽杀海中鲨鱼，老顽童周伯通不相信。宋金之间的和约不是在凡尔赛谈成的，没有关于化学武器的限制，西毒发动宋代的生化战，用杖头毒蛇的剧毒打赢了这一赌。赌输的周伯通只好跳海。

不料有一条鲨鱼却没有死，因为欧阳锋的侄子欧阳克戏弄此鲨，将其嘴巴用木棍撑住丢回大海。欧阳克的本意是让它活活饿死，不料这鲨鱼因此无法吃其他被毒死鲨鱼的肉，没有中毒而幸存下来。于是周伯通把这鲨鱼当作坐骑，在大海中悠哉游哉，好不快活。当年我国潜艇发射弹道导弹试验成功的时候，新华社的题目是《骑鲸蹈海射神箭》，这里头的“鲸”也不过是个代指，说的是潜水艇而已。至于鲨鱼这种玩意儿的，还真没听说现实中谁骑过。武侠小说是成人的童话，金庸先生让老顽童骑鲨鱼，不过是性之所至，牛刀小试。

▲张纪中版的《射雕英雄传》中，周伯通骑鲨鱼剧照。

既然骑鲨鱼本身就是子虚乌有的事情，那么考察周伯通骑的鲨鱼

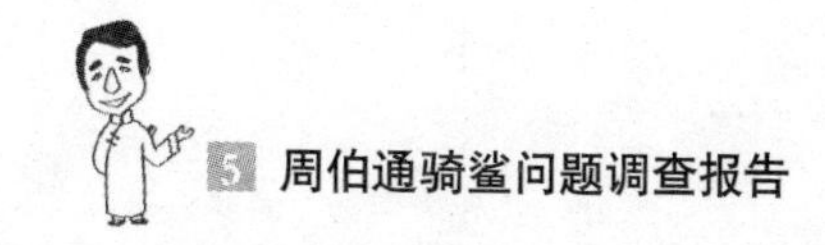


属于什么品种不是更加没谱的事情么？

事情不是这样简单，夸张想象需要有现实作为基础。韦小宝爵爷总结过，十句话里九句是真的，忽然夹上一句假的才最容易让人上当。武侠小说要想写得精彩，不真实读者不想看，不传奇读者不爱看。金庸先生显然深得其中精髓，他写下的武侠小说，其地理风情，人物史实，竟是颇耐得考据，在这些真实的背景里面加上传奇，就难怪读者会抓耳挠腮，掏钱买书了。

比如，周伯通等人海上遇鲨之前，是在黄药师的桃花岛上面做客，其中郭靖、黄蓉二人上岛的情节写得颇为详细。

第十六回《九阴真经》中写道："两人转行向东，到了舟山后，雇了一艘海船。黄蓉知道海边之人畏桃花岛有如蛇蝎，相戒不敢近岛四十里以内，如说出桃花岛的名字，任凭出多少金钱，也无海船渔船敢去。她雇船时说是到虾峙岛，出畸头洋后，却逼着舟子向北，那舟子十分害怕，但见黄蓉将一柄寒光闪闪的匕首指在胸前，不得不从。"

如果细看国家地图出版社出版的《浙江省地图》，确实可以在文中描述的位置找到虾峙岛、桃花岛等岛屿。桃花岛，是舟山群岛的属岛，在虾峙岛的北面，登步岛的南面。这个小小的岛屿也曾有过引人关注的历史。1949年10月，这里曾爆发过著名的登步岛之战，国民党舟山防卫司令石觉指挥所部顽抗，迫使解放军进攻登步岛的部队不得不在三天血战后撤离，是为解放军攻占沿海岛屿中仅有的两次受挫之一（另一次是金门）。当时的桃花岛，就是解放军主力攻击部队第61师师部所在地和进攻发起的大本营。

有趣的是，这座桃花岛上，确实有金庸在小说中描述过的弹指峰、清音洞、一线天、桃花阵等景观，只有那位脾气乖戾的岛主黄药师属于伪造。

金庸如何能在武侠世界中描述出这样一个几乎乱真的桃花岛呢？其实一点儿也不奇怪。金庸他老人家出生于浙江海宁，这里出了杭州湾就是舟山列岛，所以浙东各岛就像他家门口的蚂蚁窝一样熟悉，难怪写来如数家珍。无巧不成书的是，金庸选择让周伯通骑鲨鱼的这片海区，的确是自古鲨鱼众多的地方。早在7000年前的河姆渡人老宅子的垃圾堆里，就挖出来过鲨鱼的骨头，至今，这里依然有多种鲨鱼出没。这一点，久居此地的金庸先生显然是很清楚的。

因此，不得不让我们怀疑，金先生让老顽童在这儿骑鲨鱼，也是有真实背景的，对于其细节，大可考证一番。

那么，书中没有交待这鲨鱼是什么品种么？

最初，萨曾怀疑金先生曾经暗示过——周伯通在描述骑鲨经历的时候，曾经这样说：“老鲨啊老鲨，你我今日可算同病相怜了！”

老，同“姥”音，鲨鱼里面的确有一种叫作姥鲨的，这种鲨是鲨鱼中的体型亚军，身长10—12米，成群游动，在我国东海、黄海沿岸均有发现，每年都有数百尾被渔民猎获。这种鲨鱼倒是真背得起周伯通来，也符合他们与鲨群交战的描述。周伯通是王重阳的师弟，王重阳博学多才，他师弟精通生物学应该说的过去。难道周伯通说的是“姥”而不是“老”？

然而，萨很快否定了自己的看法。

因为姥鲨虽然体型巨大，但是性情温和，不攻击人类，它的主要食物是浮游生物和甲壳类。更重要的是，金庸书中提到周伯通骑的这条鲨鱼：“满口牙齿，便如是一把把的利刀”。可是姥鲨的牙齿细而小，作用仅仅是防止食物滑出口外，根本不是这个形状。所以，周伯通骑的鲨鱼，明显不是姥鲨。

要弄清周伯通骑的鲨鱼，我们得用更加科学的办法，不能这样投机取巧。事实上，写这个题目萨第一个感觉是想跳楼。

▲姥鲨，注意其嘴巴虽然大，却并没有锋利的牙齿，充分说明嘴大的动物比较善良。

因为查了一下，看我国出产哪些鲨鱼。这一看之下大吃一惊——我国竟然有鲨鱼七十多种！

金先生啊，您干嘛不让老顽童去骑老虎呢？假如周伯通骑的是老虎，全国就那么几种多好处理，你偏偏让他去骑鲨鱼！这七十多种，让萨如何下手呢?

但是细细分析下来，事情并不是那样可怕，要看周伯通老爷子骑的鲨鱼是什么品种，其中颇有线索可循。

首先，这种鲨鱼的栖息地必须包括东海或黄海。这是因为周伯通等人是在离开桃花岛北行当天与鲨鱼相遇，并把这条鲨鱼擒住的，当时正在日落时分。黄蓉在晚饭时推断“靖哥哥这时早已在数十里之外了”，可见鲨鱼出没的地方在桃花岛北方不足五十公里处，桃花岛所在的舟山群岛，向北五十公里为长江口外海，恰好在黄海和东海的交界线上。

根据这个判断，我们就可以最少把需要查证的鲨鱼减少一半——舟山群岛周围，较为常见的鲨鱼只有三十多种，包括大白鲨，丫髻鲨，金钱鲨，老虎鲨，青鲨，乌鲨，斑鲨，燕尾鲨，白蒲鲨，梨头鲨，扁鲨，白眼鲨，等等。考虑到周伯通等人遇到的是鲨鱼群，那些比较稀有，偶尔发病游过来的热带鲨鱼、淡水鲨鱼和冰洋鲨鱼，我们就不去考虑它们了。

其次，这种鲨鱼应该有主动攻击人的劣迹。因为周伯通、洪七公等落海的时候并无伤口，不是由于血液入水引来鲨鱼，而是鲨鱼主动成群前来攻击。这一下就可以把剩下的大部分鲨鱼淘汰了。这是因为鲨鱼虽然名声不好，但并不是每一种都攻击人类。例如，在东海最大的鲨鱼非金钱鲨莫属，2007 年福建渔民曾捕获一条八米多长，重达八吨半的金钱鲨。然而，这种学名为鲸鲨的鱼王，却性情温顺，牙齿细小，习性近似须鲸，靠捕食浮游生物和小鱼小虾生活，从无攻击人类的记录。又如扁鲨，犁头鲨，都是底栖鱼类，隐藏在深海海底，和人

▲金钱鲨——人善被人欺，鲨善。

▲犁头鲨：我？看我像能吃人的主儿么？

类活动没有交集。

这样一来，老顽童能骑的，只剩下大白鲨、丫髻鲨、老虎鲨、青鲨、白眼鲨和白蒲鲨这样几种了。此外，这种鲨鱼的尺寸必须较大，此鱼能够承载周伯通遨游大海，老顽童体重总要一百多斤，这鲨鱼的体态只大不小。

如此一来，乌鲨、燕（尖）尾鲨、斑鲨等小型鲨鱼都被淘汰，性情凶猛的青鲨和白蒲鲨也应该可以排除出“鲨”选之外。

青鲨，又名大青鲨，外观与张纪中版射雕中周伯通骑的鲨鱼极为相似。此鱼贪婪凶残，我国在太平洋的科学考察船上，经常有科研人员闲来钓鲨，捕获的多是这种鲨鱼；白蒲鲨，又名锥齿鲨，弯钩一样獠牙突出唇外，不但有攻击人类的记录，而且饥饿时会捕杀其他鲨鱼。然而，大青鲨最长可以达到 3.8 米，却出产在印度洋。在太平洋的大青鲨体长不超过两米，白蒲鲨最大的 3.2 米，通常尺寸也在两米上下。显然，对于周伯通来说，长时间骑这两种鲨鱼屁股不会太舒服，而鲨鱼恐怕也吃不消。书中描述，同遭骑鲨鱼一起被钓的伙伴都是长约两丈（古代度量衡比今日小，以

▶大青鲨：我长得像电视剧里的道具？这也算证据么？！

明代一尺 24.5 厘米论，两丈大约 4—5 米），头如巴斗，这条鲨鱼应该也差不多。

于是，剩下的候选坐骑，还有大白鲨、丫髻鲨、白眼鲨和老虎鲨四种。

思考了一下，萨把丫髻鲨划掉了。

这种鲨鱼虽然凶猛，但是外观奇特，老顽童这种好玩的家伙，看到这样的怪物，哪有放它回家的道理？书中没人对这条鲨鱼的外貌表示好奇，说明它应该是一条看来比较正常的鲨鱼。尔后，萨又把大白鲨划掉了。

▲丫（双）髻鲨：我这个模样，丫也敢骑？

这可能引发争议，因为大白鲨又名噬人鲨，是攻击人类最常见的鲨鱼，前几天还有一条大白鲨在东海落网，当时嘴里竟然还叼着一只海豚！如果是大白鲨集群攻击周伯通一行很合逻辑。但是，两个事实让萨觉得把它划掉是合理的。首先，大白鲨的皮肤特别，外表极为粗糙，如同锉刀，老顽童假如骑这个东西，就算老家伙武学精湛，练过“铁裆功”、十三太保横练一类的功夫，不至于把腿上的皮肤都磨掉，他的裤子可没练过这个，肯定折腾几下子就成破布条了。从周伯通下了鲨鱼，黄蓉见他时并无异样看（这黄丫头虽然邪，脸皮似乎还不是很厚），老顽童当时还是穿着裤子的；其次，大白鲨的嘴巴也很古怪，它的上颌与头骨之间，只有韧带连接，而下颌又可以向后张开很大角度。所以，它的嘴巴十分灵活，放一根木棍在它嘴里，大白鲨只要上颌一错动就可以将其摆脱，根本无法撑住。

此外，大白鲨是深海鲨鱼，能够潜水达 1200 米，这个深度的水压，也不是人类可以承受的。它的生性倔强，至今人类与它的对抗中，从来无法

▲大白鲨：想骑我？你来来看！

将其生俘，被抓后总是很快死亡，被周伯通驯服的可能性极小。因此，剩下的只有老虎鲨和白眼鲨两种了。所谓白眼鲨，又名公牛白眼鲛，体长3—4米，壮硕如公牛，体重350公斤，凶猛好斗，它主要以包括其他鲨鱼在内的鱼类为食，但它们以攻击人类并涉嫌卷入多起致命事件而闻名。更要命的是这种鲨鱼常常在河口和海港附近流连，甚至可以进入河流淡水环境生存，所以对人类威胁极大……这老顽童会不会骑的这个家伙？

然而，查资料时发现，东海还有一种大白鲨的亲戚生存，就是人称“活鱼雷”的灰鲭鲨，也是性情凶猛，体形庞大，经常攻击人类，而且还善于跳跃，颇为符合条件！

正在觉得节外生枝不好对付的时候，还是金庸先生好心救了萨——老先生在第19回《洪涛群鲨》里面，其实点出了这条鲨鱼的种类。金先生写道：“洪七公将木棒掷给郭靖，叫道：‘照准鱼头打！’郭靖探手入怀，摸出匕首，叫道：‘弟子有匕首。’将木棒远远掷去，周伯通伸手接住。这时已有四五头虎鲨围住了周伯通团团兜圈，只是没看清情势，不敢攻击。周伯通弯下腰来，嗵的一声，挥棒将一条虎鲨打得脑浆迸裂，群鲨闻到血腥，纷纷涌上。”

原来，这番考证都是白费，金先生已经写得很清楚：“四五头虎鲨围住了周伯通团团兜圈”。如果不考虑这群鲨鱼是不同种类组成的联军，攻击周伯通和后来被他骑行的鲨鱼，应该不是白眼鲛，也不是灰鲭鲨，而是——虎鲨。

虎鲨，舟山人称作“老虎鲨”，学名叫作居氏鼬鲨，虎鲨是人们对它的俗称。鲨鱼中专有一个虎鲨属，却是体长不过一米多的懒散动物，底栖，吃贝壳和甲壳类动物，很不出名，反而是“假虎鲨”居式鼬鲨名声大噪。经常有“虎鲨”的图片和录像公开，其实说的都是这个冒牌货。在世界上攻击人类的鲨鱼中，它仅次于大白鲨排名第二。这种鲨鱼体长可达九米，当饥饿的时候，虎鲨只要发现移动的物体就会紧追不舍，伺机发动攻击。这些都与周伯通等人遭到袭击的情景吻合。它的分布北线，恰好是舟山群岛。因此，周伯通骑虎鲨，倒是很合理的。

而且，周伯通驯服虎鲨的过程，也似曾相识。虎鲨虽然凶猛，却怕海豚。因为聪明的海豚面对虎鲨时，采用的战术是不断撞击其身体侧面。虎鲨是软骨鱼类，没有硬骨头，这种撞击很容易伤到它的内脏特别是巨大的肝脏。因此，被撞的虎鲨通常逃之夭夭。周伯通“双手牢牢抱住了它的头颈，举足乱踢它的肚皮”，与海豚的战术异曲同工。

如此，尽管还有其他选项，但周伯通所骑鲨鱼属于虎鲨——居氏鼬鲨的可能性，无疑是最大的。看来，金庸先生对于当地的情况，实在是太熟悉了。写完，余味未尽。在舟山群岛有一首谈到鲨鱼的渔歌，倒是让萨深有感触，且录在这里吧，歌名叫作《爱妹妹侬勿要愁》：

“爱妹妹，侬勿要再呆啦棕树底望我望发愁，侬昨夜头吩咐我格说话，我全记在心头。我抲得大鲨鱼，来给侬买三钱胭脂四两油，打格一副白镯子，带啦侬格手弯头。爱妹呀，要是龙王爷今朝请我去吃酒，侬也勿要哭，心爱相好尽管去求。就说我是侬啦爹娘手里结下的干哥哥，过年过节海滩头上你轻轻来呕三呕。”

这歌用当地方言唱来，别有味道。但是想来就算在桃花岛上一起住上几年，傻小子郭靖也学不会这首歌唱给黄蓉听吧。

▶虎鲨因为身上有酷似虎斑的花纹而得名

# 6 猪熊为邻

某日，回家开门的时候，发现信箱里塞了张广告，随手要扔掉的时候，看到上面的压题照片居然是一头半死不活的狗熊，心中疑惑，又捡了回来。再看，才明白不是商业广告，而是本地一个妇女团体的呼吁书，号召大家有钱出钱，有力出力，一起到“熊害对应中心”去抗议，为这头不幸惨遭残害的狗熊讨还公道。

“熊害”？当年咱们除四害好像没有这一户啊，难道狗熊也会成害？

没错，在日本的确有“熊害”一说，犯罪嫌疑人就是狗熊，此外还有“猪害”，那罪魁祸首就是野猪了。至于这狗熊、野猪怎么会成为灾害，要我的看法，和日本的自然保护干得太彻底了大有关系。

到过日本的朋友可能有印象，在民间多年支持下，日本的自然保护做得的确不错，地铁站旁边的小溪中野鸭翩翩，蓄水池的堤岸上河狸打洞。在日本的河边，经常可以看到里面一米来长的大鱼悠游自在，是见惯不怪的景致。因了这等原因，萨这等愚钝之人也能在湖里随手钓上四五条大鲤子来。

和大多数日本女性一样，萨那口子小魔女是野生动物保护的积极分子，在关西机场和若干无业闲散大妈游说行人脱裘皮大衣的主儿，见了心软，劝萨放掉。

萨冷笑道：剥夺我的劳动成果么？先去抗议日本捕鲸船吧。

小魔女语塞。

一边全心全意地保护着自己的野生动物，一边满世界不顾抗议屠杀鲸鱼，日本人的心态的确让人觉得矛盾。

不过以后萨也没再去钓过。这倒不是因为受了媳妇教育，而是日本淡水鱼的味道太腥，实在是难以恭维也，没有了嘴巴的诱惑，自然，手脚也

就不那么勤快了。

言归正传，日本保护野生动物积极总是件好事，但是放在地狭人稠的国家，就引出了新的问题，那就是人和动物很难保持距离。

▲日本提示“有熊由此过路，司机小心”的告示牌

虽说距离产生美，但这要是个兔子什么的距离近点儿也无所谓。

要是狗熊或者野猪呢？这种东西要是没事儿到您家逛游两圈，那麻烦可就大了。

想想您出门忽然有个狗熊拍拍您的肩膀……

有那么严重么？狗熊、野猪没人打，根本不怕人，又不能给它们计划生育，时间长了机会多，偶尔和这些古怪的邻居打个照面那有什么奇怪？前些天日本国会开会，有议员抨击执政的自民党规划公共建设计划不当，在人迹罕至的北海道修了大量的高速公路。结果呢？“那公路上现在除了狗熊根本就没有活物！”人烟稀少处如此，人口稠密的地方呢？虽然没有北海道那么多，也不是没有。日本保留的林地比较多，往往一直插入市区，神户市中心的布引公园，进门山路上就是一条标语：“当心野猪！”坐萨旁边的同事上野家住奈良郊区，说晚上出门，公路上经常是黑影幢幢，来往如梭，那就是野猪在作社交活动呢。

问题是狗熊、野猪这类家伙，都是没什么文化的东西，碰上人很少有谦让精神，要碰上人性格灵活的还好，偏巧日本人大多数都比较轴，认死理，这种见面就不免经常发生些摩擦，假如你再正好带着狗熊或者野猪爱吃的什么东西，那甚至一个馒头也能引发血案！

虽然卡通里面的狗熊个个可爱无比，现实生活中，这“和狗熊打交道

▲于是，“熊害”和“猪害”就这么登场了。

的人”可不是什么诱人的称号。

具体有哪些实例？那可就多了。

要说描述传神，还要算一位在日本行医的中国大夫所述，这位兄弟在日本某大学附属医院成形外科做留学住院医，前些天接待了一位“熊害”的受害者，他的描述如是——呼机响了，一问，急救室的干活。萨纳闷，成形外科和急救室挨不上啊。上那儿干嘛去？到了远远的就看见血淋淋的一——人头！哦，下面当然还有身子。问题这位大爷可真是有点——面目全非——了。嘴的位置咋看咋别扭——劳驾谁能告我鼻子在哪儿？

一问，大体搞清楚了事情经过。原来这位老哥闲来无事。骑着自行车出去兜风。可就是眼神不太好——咣的一声，撞树上了。

……那是他以为，再一看，天底下哪儿有会动的树啊，是……狗熊！！！

要说那狗熊大妈也真不含糊，当场就给大爷来了一个甜蜜的吻。按照北京话说是蹿上去就“开”了一口——把大爷脑袋当西瓜了，就成现在这样了……

手术很成功，基本恢复了本来面目……别以为伤得轻，头骨上现在还留着狗熊仨牙印呢。问题吃惊的还在后头——老爷子去年居然也碰上过一头熊！还没完，更吃惊的是——被咬下一半脸后，居然是自己骑着车来医院的！

这位被咬的眼神不好的大叔两次碰上熊都是在城市近郊。

于是，在狗熊经常出没的地方，就有了对付狗熊犯罪的“熊害对应中

心”，负责劝导、教育、帮助群众对付这些粗野没有教养的邻居。

那干嘛要去抗议呢？

细看传单，原来是这次闹“熊害”，熊族付出了惨重代价。据说是一头狗熊摸进了某家的柿子园，胡吃海塞，经报警后“熊害对应中心”派员随警察前去，当即将狗熊一枪放倒，至今生死未卜。“想想看啊，父老乡亲们，就是一头可怜的小熊啊，吃几个柿子就遭到如此暴行，你们能够熟视无睹么？”组织者的呼吁很煽情。

▲日本历史上最大的熊袭击人案件发生在1915年，一头大熊袭击了三毛别村，造成七人死亡。这是几天后被击毙的恶熊。

既然煽情，就有追随的。小魔女下班，看见这个广告立刻就产生了无法计算的同情和悲愤。前面说了，这小魔女是个到机场劝人脱裘皮大衣的，哪看得了“可怜的小熊”遭到如此残酷对待，扔下饥肠辘辘的萨，抄起个喇叭就要去助阵。

走到门口，让萨给叫住了。

怎么，不让我去？小魔女不解。晚饭可以等我回来吃么。

你看看报纸。萨随手递过去今天的报纸，翻开一版。

小魔女看看，指指上面大红字的标题和血淋淋的压题照片：“这和呼吁书说的是一样的啊，残酷劣警，无能专家，以残暴手段对付吃柿小熊……”

萨一声冷笑：你再往下看，案情好像没那么简单。

让我看什么地方？小魔女在报纸上乱找。

就这里。萨伸手指去。

那是狗熊伤势报告下面，有一行不起眼的小字：“熊在吃柿的时候，

和出来查看的主人发生冲突，致使84岁的男主人和79岁的女主人双双身负重伤，医院正在全力抢救。”

这个……小魔女傻眼。这样的熊暴徒毙了它都是轻的，还抗议？这报纸也是不像话，为什么狗熊吃柿子被打的报道字儿跟核桃那么大，狗熊伤人的字儿才跟绿豆差不多？

人家那是为了吸引读者的同情心么。得，做饭去。萨给小魔女脑袋上来了一记。小丫头没了底气，拿过传单又看了看，嘟嘟囔囔放下喇叭乖乖去了。

看着妻的背影，忽然想起来日前看到的一则报道。澳大利亚某市鸽子成灾，又不能人道毁灭，市政府很为难。有一个会训鸽子的工厂主出主意解决。他是做彩色标签的，加工好后分类是个劳动密集型的复杂劳动，经过他的训练，鸽子都可以很准确地根据不同颜色区分这些标签，做得又快又好。捉来鸽子训练干活，可谓皆大欢喜。

实验是成功了，不过从事自然保护的朋友也把他家围上了，理由是他让鸽子做这样枯燥的工作，是对鸽子的“精神折磨”。

▲日本提醒“有熊在附近出没”的提示牌

无奈，工厂主只好放了鸽子，重新雇用女工来干。

这回清静了，女工们的精神是否因此受到折磨，却成了无人关心的问题。

看来，这自然保护，也不是完全没有副作用的。

# 7 静坐示威的鸭子们

小学时代有一位邻居方阿姨。

这位方阿姨当年从事一项令人羡慕的职业——填鸭饲养场的饲养员，她们鸭场的鸭子，是北京各大饭庄烤鸭的指定材料。有时候放学回家，刚进胡同就闻见她家烟囱里飘出炖鸭子的香味，等走进街门就能听见鸭汤在锅子里炖得咕嘟咕嘟的声音了。

上个世纪 70 年代这种香味是令人难以忘怀的，那时非常羡慕家长是售货员或者饲养员的同窗们，有个同学的老娘在食品厂工作，经常弄来拳头大的麦乳精疙瘩，整个学习小组的男孩、女孩都能跟着大快朵颐。那玩艺儿硬如砖头，味道香醇，回味无穷。那时候萨爹在科学院数学所，他的工作，用我给老师的汇报就是："每天数数，数啊数啊数啊数……"虽然令人莫测高深，就远没有这种质感的美妙了。

◀ 北京鸭

方阿姨为人热情爽朗，按北京胡同的共产主义习惯，鸭子炖好经常给街坊邻居端一碗来——“给孩子尝个新鲜”，一来二去知道这鸭子绝非贪污，而是撑死的，场里处理给自己的职工，便宜得几乎等于白送。奇怪的是几乎每星期都有鸭子撑死，给萨留下一个印象，这鸭子和金鱼一样，都属于不知道饥饱的弱智动物。

后来到郊区生活，家里真的养了一只鸭子，才发现满不是那么回事，鸭子智商满高，能和大公鸡斗智斗勇，被撑死纯属于身不由己。

有一星期天家里大人出差，把萨托付给方阿姨家吃饭，早上就炖的一锅鸭子头，乳白色的浓汤，方阿姨说这东西比牛奶豆浆都有营养，炖烂的鸭子头蘸蒜泥和酱油佐餐，方阿姨的老公是个和气的大胖子，吃的时候敲骨吸髓，舔嘴咂舌，令人食欲顿生。

饭后，方阿姨和萨商量，愿意留在她家写作业，还是愿意和她去饲养场看喂鸭子？

当然是去看喂鸭子了。

于是，我们就一起坐车，去虎坊桥的鸭场。

到了地方，原以为会热闹纷繁，万鸭沸腾，哪里知道一片院墙之内“这里的黎明静悄悄”。难道鸭子今天不在家？好奇看去，却见笼里鸭子们一排一排都在静坐——倒是没举什么标语横幅的，应该没有政治事件——老老实实乖得很。萨走近前，摸摸兜还有零食，便扔进去两个奶油蚕豆，人家鸭子翻着豆眼瞅瞅我，爱搭不理的不屑一顾，继续养神，好像在练功。这和我们平时见到活泼的动物形象大相径庭，不仅令萨感到颇为困惑。

上午的鸭场似乎颇为冷清，几个女工打毛活的打毛活，喝茶水的喝茶水，对鸭子们的静坐见怪不怪。萨就在鸭舍旁边捉蚱蜢和螳螂。

等到日头近午，鸭子们渐渐开始有些活泛了，有几只年轻的鸭子伸伸懒腰，晃动脚掌，开始慢悠悠的散步，其他的鸭子虽然呆在原地不动，也开始交头接耳，唧唧呷呷，鸭场里出现了活跃的气氛。

就在这时，只见一群女工们挽起袖子摇摆而来，平时笑嘻嘻的方阿姨，穿上工作服，眼神竟然有些狰狞，对萨说：“该喂鸭子吃饭啦。”

但见一个女工拉开鸭舍的盖子，伸手就抓了一只鸭子出来，那鸭子肥头大耳，遇上这闪电一抓却全无反抗能力，被揪着颈项提起来，只有两个大肥掌还乱扑腾，笼子外边一排水龙头一样的东西，那女工手一伸，已将这鸭子的嘴巴凑上一个“水龙头”，乖乖地含住，另一只手在摇把上一推，只见那鸭子白眼一翻，作了个大鹏展翅的动作，两脚一伸，就不动了。那女工并不在意，随手把它丢进笼里，又抓出第二只来。萨这才恍然大悟，原来摇把一推，那“水龙头”里就会推出一条牙膏状的混合饲料，看水龙头长度，恐怕要直入鸭子的食道，一推之下，饲料就填满了鸭子的胃囊。这种“吃饭”的方法，快是快了，恐怕鸭子连饲料是甜的咸的都无从知道，更不要提口味了——剥夺了鸭子们“食”的乐趣！

回头再看那头喂完的鸭子，看来也习惯了这种待遇，但见它落入笼中，摇晃两下，无奈地绕绕脖子，又恢复了“静坐示威”的姿态。

女工们手脚麻利，一个人几百只鸭子，不消片刻便个个喂饱。20年后碰到德国来的朋友，说起他们德国人吃饭吃菜，计算的无非卡路里和各种元素的均衡，用天平称面，用量杯喝汤是德国的饮食文化，吃饭还要越快越好，省得耽误工作。看着此君一面用那张没有味觉的大嘴侃侃而谈，一面兴致勃勃狂吃喂兔子的蔬菜色拉，萨脑子中忽然闪过一个可怕的念头——把饲养填鸭的技术介绍到德意志，会不会大受欢迎？

虽然女工们技术熟练，毕竟鸭子是鸭蛋孵出来的，不是机械化大生产的标准化产品，那胃囊也就有大有小，消化能力有强有弱，到下午再次喂食的时候，女工们便捡出来几只撑死的鸭子……

回到家里，饶有兴致地和家人说起此事，一贯寡言少语的祖父忽然插话，说这鸭子可是好东西，有营养啊。

话说，祖父的一个朋友在解放战争的时候给围在长春了。

长春守将郑洞国很会打仗，解放军一时拿不下来，只好采取围困的办法。时间久了，城里的食物就成了问题，有一个金戒指换一个大饼的说法。

这位老兄养了一只鸭子，还在自己家墙里藏了一袋黄豆，等到最困难的时候，周围老乡都断粮了。他就把鸭子杀了，加上黄豆熬汤，几家老乡

▲填鸭的操作

都来吃。

这人很有义气，萨祖父说。

鸭子，黄豆，都是有营养的，一个鸭子翅膀加上几十粒黄豆，熬了汤就够十几人活一天。这人一只鸭子居然给十几个人熬了半个月的汤，末了鸭子汤已经薄如清水，又把鸭子肉剁了吃，吃了好几天。吃过的人说鸭子肉的味道已经如同朽木，根本吃不出是鸭子来了，但是依然顶饿。

结果几家人都活过来了。

……

萨当时就想啊，那鸭子莫不有一头猪那样肥？

# 8 中国的鱼是一种马

某年回北京呆了几个月，再回日本以后，小魔女问我：“夫君这段时间可想念日本的什么？”

“哦，当然了，日思夜想啊。”萨说。

“是什么呢？”小魔女端来一杯茶，很殷切地问。

“日本的鱼！新鲜的海鱼！怎么样，今天中午不做饭了，咱们去クラ寿司吃生鱼……”话说到这里，才发现这丫头的脸色变得很不好看。

本来自信满满地以为被惦记的会是自己，没想到老公日思夜想的却是新鲜海鱼。萨犯错误的结果是，负责采购料理原料的小魔女一个星期都没有买过可恶的——鱼。

北京虽然是世界级别的大都市，但到我国最大的渔场——舟山渔场的距离超过了从东京到大阪的路程。所以这里虽然可以买到海鱼，新鲜的程度却无法和日本相比。鱼呢，总是越新鲜越好吃。作为很重视吃的中国人的一员，萨当然会对日本的鱼印象深刻——当然，把太太放在鱼后面是错误的，这是有违夫纲的大问题啊。

▲日本的新鲜鱼的确令人艳羡

萨刚到日本的时候，曾买过一个杯子，上面烧制的汉字都是各种鱼的名字，比如鲹，鲷，鲇，鲭，鲕，鲆，鲑等，竟有几十种，看得萨目瞪口呆。说实话，这些汉字的大部分在《新华字典》里可以找到，但萨这个中国人大多念不出来。看着这些字，萨想到的是陈独秀那篇关于“鱼鳖不可胜食也材木”的盖世雄文。

▲看看日本带“鱼”旁的字，您能念出几个?

那么，是不是日本人找了一些字典上的怪字给大家猎奇呢?问起来，发现不是这样，大多数日本人能够很好地读出这些字，甚至还能够津津乐道每一个字代表的鱼是什么样儿的，怎样做好吃。比如，鲷是过年的时候烤着吃的，鲇用签子穿了，上面撒一点盐烧最鲜美，等等。

最初以为能够这样讲的日本友人都是学问高深之辈，后来发现他们在读其他汉字时也经常犯错。最后还是一个日语老师给了解释：“日本人自古以来是吃鱼的民族，日本料理里有一半的菜和鱼介类有关，当然会很关心鱼的品种了。萨想，中国一定不像我们这样有很多常用的带‘鱼’的汉字吧。”

当时虽然随声附和，但心里觉得这话似乎不太对，只是想不到哪里有问题。

▲胖头鱼，正式的名字，叫作“鳙”。

直到下一次回北京，走在市场门口，看到卖胖头鱼的摊子，才恍然大悟。

中国的汉字里不是缺少带“鱼”的常用字，而是和日本所用的不一样而已。比如，鲢，鲫，鲥，鳙，鲶，这类淡水鱼的名字，在中国很常见，而日本人看了，多半不知所云。

日本人吃鱼不少，但或许因为住在海边，有足够的海鱼吃，所以除了鲤鱼以外，很少吃淡水鱼。而中国人吃淡水鱼很多，内地的人却不常吃海鱼。所以，双方使用的汉字中，虽然与鱼有关的字都很多，却不一样。这大概就是海岛国家与大陆国家的不同吧。

有趣的是，那天见到一个北京大学的教授。说起日本的鱼好吃，这位教授笑着说，其实，在古代中国，鱼还有一个意思，是一种马的名字。

咦，这个说法倒是新鲜。萨半信半疑。

教授找来一本将近两千年前，汉朝人许慎编的书《说文解字》，翻开一页给萨看。只见上面写道："馬一目白曰䮍，二目白曰魚"——解释成现代汉语就是："一只眼睛周围是白毛的马，被称作䮍，两只眼睛周围是白毛的马，被称作鱼"。

这样的话，如果古代中国有人说自己家有一群鱼，难道表示家里养着一群两眼周围是白毛的马？看完书，萨有些吃惊地问教授。

"可以这样解释。"教授说。

好啊，以后可以把这作为一件趣事讲给朋友听了。但是，仔细一看，萨又烦恼起来——那个"馬一目白曰䮍"的"䮍"字，萨不知道该怎么念，给别人讲这件事的时候，念错了要让人笑话的。

◀山东临淄的东周殉马坑，全部殉马当在600匹以上，可见当时马匹在中国的重要性。

连忙请教教授。教授说你不要担心。要知道，当时中国人形容马的字，足有将近一百种，比如，前腿都是白色的马，叫騱；黄白杂毛的，叫駓；尾巴根白的，叫騴；整个尾巴毛白的，叫騡。但你不需要琢磨这些字怎么念，今天已经没有人用这些字了。

一个马，古代中国人为什么把它的品种弄得这样麻烦呢？

教授说你看这就是中国与日本不同的地方了。中国是大陆国家，对于鱼的品种不会像日本那样讲究。我年轻的时候，市场上卖的鱼统统拿来红烧，从来不琢磨它的品种。但是，作为大陆国家，古代中国人出门要靠马，打仗要靠马，甚至有时候食物和饮料也来自于马，对于马当然要重视——比日本人对于鱼还要重视。因为这个原因，才有了这样多形容不同种类马匹的字。今天马不那么重要了，很多字也就被忘掉了。

至于那个时代尾巴根白和整个尾巴白的马有什么区别吗，教授说，都是凌志，600SL 和 IS 有什么区别吗？一个日本首相用的，一个我们家用的……

原来古代中国的马相当于今天的轿车啊，难怪这么讲究！

最后问一句——今天，你家养鱼了吗？

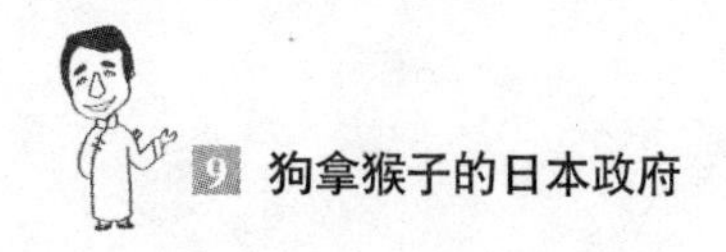


# 9 狗拿猴子的日本政府

曾带女儿小小魔女去动物园追鹿，小家伙累得一回家就人事不知进入准昏迷状态——那鹿估计也够呛，得喝两瓶营养补液啥的才能缓过来。这样萨就有了些空闲，本想有时间看看书，却有人来搅局。

搅局的人是小魔女，有事没事地拿了日本市役所的预算案子来要萨看。

起初不大明白，萨又不是他们市长，看这个有必要么？

案子被人家打开一页，拿起来看看，心里琢磨小魔女这是啥意思。

那是关于本地车站改造的部分，要说日本这预算和设计，还真是认真，连梁柱顶上要加两排铁刺都计算进去了——那样可以避免鸽子在梁柱顶上筑巢，真被它们搭了窝，鸽子粪会随时轰炸排队等车的男女老幼。是，够详细的，日本人做事细致，这是他们的一大优点，可是也没有什么特别的啊。

看到萨不开窍，小魔女点点其中一处，略带怨意地说——你老说日本人都是一根筋，看看这个设计，你看，这个设计师能说人家一根筋么？以后不要说所有的日本人都是一根筋，也有不是的……

哦，是因为老说日本人的脑袋是“一根筋”，人家找场子来了。

细看，原来这一页是个上下站台楼梯的设计，这个车站的站台在二楼，要上去才能乘车……哦，有趣有趣，这位设计师把楼梯用栏杆分成左右两部分，可以将上下楼梯的人流分开，但上的部分只有下的部分一半宽。这是什么道理？按说上车下车的总人数一样多，为何厚此薄彼呢？

小魔女看萨上道，洋洋得意地解释道——那是因为这位设计师发现，虽然上下楼梯的总人数相同，但其实上下的人流有着不一样的特点：下楼梯的人，都是随着列车进站一下子涌到站台上的，短时间内流量大，但没有列车来的时候就近乎为零。而上楼梯的人，是随时前来的，流量平均，并没有明显的波峰波谷。所以，为下楼梯的人留的宽度必须足够大，以便

大量乘客可以迅速走下站台而不必滞留，而为上楼梯人流留的宽度，完全可以比下楼梯的窄一些，并不影响使用。

小魔女洋洋得意地告诉萨，因为这个设计窄化了上楼的楼梯，整个车站的建筑宽度减小了若干，由此乘以长度，节省的土地面积就价值好几亿日元，纳税人的钱得到了极好的珍视……

真的很不错啊，萨赞叹一声：不过干嘛不把中间的栏杆取消了，大家都靠一边行，不就可以自动调节人流所需要的楼梯宽度了吗？你们……要栏杆干嘛？

小魔女：……

太座一脑门子黑线地收了文件要走，俺说等等，还没看够呢。

你还要看什么？小魔女纳闷。

我看见你们那文件后面有一页挺有意思的，说是什么养狗……市政府养狗干什么？

养狗？我们市政府养狗干什么？小魔女看来也没注意这一段，饶有兴致地跟萨一块儿开始在文件里找。很快，就找到了，不过，看完这份需要市政府提供数百万日元购买若干条良种狗，每年支出千万日元进行养护的提案，俺俩都陷入了石化状态。

因为，这养狗的目的太神奇了，居然是用来——

抓猴子！

▲看来，是日本的猴子生活得太自在了，已经达到了让某些人看不过的地步。

有听说过狗拿耗子的，怎么还有狗拿猴子的？

这里面有很大的问题，而且，至少两个：

第一，我们这儿有猴子么？从来没听说过啊。

第二，狗能抓住猴子么？

这是怎么回事儿？

面对日本政府养狗抓猴子这件事，小魔女到底是高学历的，目光只呆滞了片刻，就给出了两大问题的答案。

▲ 狗抓猴子？这可能吗？

对于第一个问题，小魔女的回答是清楚明白的：没有，俺们这儿是文明地方，现在没有野猴儿，以前也没有过。要有，可能得到江户时代以前找了。

也是啊，到大阪市中心才十几分钟车程的地方。要搁北京大概也就相当于南银大厦一带，想想北京要是三环路上冒出一猴儿……

没猴儿，它养狗是要抓啥呢？

这问题暂且搁置，没有不要紧，逼急了日本政府不会专门买俩猴儿来养着让狗抓吗？问题是狗能抓猴子么？这个咱感觉可是匪夷所思。

对于第二个问题，小魔女的答案同样清楚明白——狗，肯定可以用来抓猴子的。

狗能抓猴子？！谁说的？

你们中国人说的啊。

嗯？我们中国人什么时候说过狗能抓猴子了？

你们那《西游记》里面，孙猴子大闹天宫，最后不就是让那啸天犬抓住的？怎么别的狗就抓不住呢？

张了张嘴，这回轮到萨一脑门黑线了。看得出这小魔女是拿老爷我寻开心啊，来，拿咱家大勺来，咱要行家法！

惧于家法，小魔女只好乖乖说正经话。原来，在日本的民谚里面，猴子和狗真的是死对头。日本人若是形容王安石和司马光这样的关系，用的词就是“猿犬の仲”——意思说两个人的关系弄得跟猴子和狗一样，谁看谁都不对付。这个形容，与西方人说——Like Dog and Cat 是一样的。

至于为何会有这样的说法，小魔女也不清楚。找了些资料，对这个问题喜欢较真儿的日本人有各种各样的解释——

“在动物界，猴子是崇尚智力的草食派首领，狗是喜欢动用暴力的肉食莽夫，在世界观上有很大的分歧，彼此自然谁也看不惯谁。”——这个，给小小魔女解释起来好像差不多。

“从前有一个猎人，养了一只狗一只猴，有天他带着猴子和狗外出打猎，遇到一头熊，猴子掉头逃跑了，狗却为了保护主人拼命抵抗。从此以后狗和猴子不断口角，关系就变得恶化了。”——这个，毫无疑问小魔女会相信的。

“古人类来到日本的时候，已经开始驯养狗，生活在平原地带的猴子和人类为了争夺生存空间发生冲突，最终猴子败北，不是被杀死就是逃入深山。这中间狗作为人类的忠实助手经常承担驱赶猴子，把猴子轰出来让猎人杀死等任务，因此，双方形成了天敌的关系。”——这个，琢磨着还比较符合逻辑的答案。

不过，这应该是发生在远古的事情了，是什么原因让日本政府在编制预算时出现了这种返祖现象呢？

在日本这倒没什么奇怪的。由于对环境的大力保护，近年来日本的各种野生动物，比如，狗熊，浣熊（日本人叫狸），兔子，野猪，猴子等数量不断增加，而且逐渐习惯了和人类和平相处的生活。这本来是一件好事情，至少俺家小小魔女在公园里追鹿追到吐舌头，省了萨大量哄孩子睡觉的工夫。但偏偏日本是一个人口稠密的国家，这野生动物一旦多了，就难免和人狭路相逢。有些不怕人的野生动物，如今经常到城市近郊出没，已经不是新闻了。

▲惹祸的日本猴子

这下好了，您出门散步，碰上俩兔子或者狸倒不要紧，如果碰上个野猪或者狗熊呢？

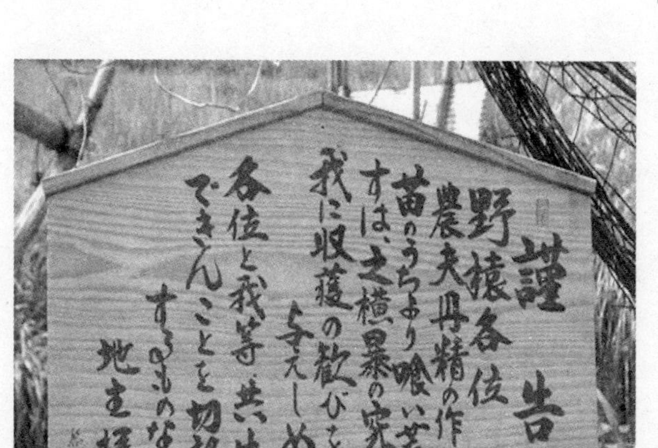


◀从某日本农场的告示牌可以看出当地农民对猴子的无可奈何，以及……日本人的思维特点。在这块告示牌上写道：“野猴们，农民伯伯精心栽培的各种作物，如果还在出苗的时候就吃，实在是太恶劣的行为了，请给我们一个享受收获喜悦的机会吧。深切期望各位与我等和平共处之世。——地主敬上”

于是日本各地，近年来屡屡出现标题“熊害”、“猪害”的文章，内容不是伤人就是把某个小孩儿堵在家里一天出不来，令人触目惊心，这日本国民还得感谢国土狭小，没有什么狮子、河马之类的超级猛兽出没，不然这日子可真是没法儿过了。

在各种动物造成的灾害中，“猿害”，算是最让人头疼的。

猴子智力很高，而且性格无赖，惯于得寸进尺。比如，在和歌山的那智胜浦，山中的猴子逐渐发现人并不是可怕的动物，于是开始进入田地活动。这帮家伙可不仅仅是来觅食的，而且边吃边糟蹋，拿农户的桔子练投掷，掰老玉米活动筋骨，都是猴们发明的运动方式。看西游记的说法——“一个个抢盆夺碗，占灶争床，搬过来，移过去，正是猴性顽劣，再无一个宁时，只搬得力倦神疲方止”，吴承恩可算是个懂猴子的。

猴们是自在了，可这个小村 2007 年一个夏天损失就达三百九十万日元。

这下子，日本的农民不干了，纷纷告到政府，要政府官员去抓猴子。

话说日本猴子下山骚扰，日本民众要求官员抓猴子。这日本官员都是经过公务员考试的，厉害的时候十七八个才能录取一个，本事肯定不小。但捉猴子的本事肯定没练过，自然，也就没法满足群众要求了。

▲日本农田中的防猴网

▲电网防猴子的设想图

没这个本事的官员召集有本事的技术人员，一番商议以后，下面的招数就出台了。

比如，在田地周围设立防猴网。

要在中国，出这招儿的，肯定让农民给扔出去了——绕着田地设铁丝网？那得多少钱啊？你种过地吗？！

可是在日本，这个费用还是比较可以接受的。一方面政府补贴一点，另一方面日本人多地少，保护有限耕地的政策之严厉，投入之多，和咱们的计划生育差不多。日本嘛，发达国家，比我们有钱……

问题是，仅仅一年，日本的技术人员……也让农民给扔出去了。

理由很简单：这种设计防个野鸡、兔子还可以，那猴子攀爬能力极强，有根棍儿都能上去。这样的网子，人家正好当秋千玩，不但能进去找食儿，还能锻炼身体，正中下怀啊。

而且，屡屡发生猴子进入民宅滋事的报道。这帮家伙看出人不能把它们怎么样，已经不满足于在地里刨食儿吃的日子了，人家也要吃熟食啊。

投诉不断增加，日本政府召集专家，筹措对策。

当然，还有死心眼的专家，继续在“严防死守”上动脑筋，比如，给防猴子的网上通电。

这肯定不是好主意，闹不好猴子没事把下地的农民放倒了，那麻烦可就大啦。

一筹莫展之中，不知道哪里的聪明人就想到了那句古代的谚语：“犬猿の仲”，既然古人都说了，猴子跟狗是死对头，那肯定是有道理的，干嘛不把狗请出来对付猴子呢？

イヌと人とのかかわり

▲日本森林警察手册中驱狗防猴术操作说明

这个主意好啊，第一，是自己没责任——说狗能抓猴子的早死了不知道多少年了，您要说这招儿不好您跟他讲理去；第二，这是动用天敌对付猴子，纯绿色解决方案，很环保的；第三，还可以收容一些流浪狗干这个，一举两得。

于是，现在日本很多地方政府为了对付“猿害”，纷纷开始养狗抓猴子，并专门给这种狗起了个名字，叫作捕猴犬（猿追い犬）。秋田，青森，和歌山，宫城各地政府都编制了这项的预算。

那么，效果如何呢？据说运用的结果，比预期还要好。比如前面提到的那智胜浦，因为饲养了七头捕猴犬，去年一年猴子的骚扰和损害，就降低了百分之八十。在宫城县大町村，三头狗就吓得二十多头猴子一年没敢下山作案。

看来，古人诚不我欺也。

以上这些资料，大多是小魔女找到提供给萨的。不过，看完之后，我们共同发现了一个问题：咦，这么多地方放狗抓猴子，怎么没见到有被捉住的猴子给押出来示众呢？

的确，尽管日本各地政府把养狗抓猴子当成了一项政绩来抓，真正抓住猴子的例子，在各种资料里却遍寻不着，不免让人对这一政绩的成色有些怀疑。

这个疑问，直到碰上了在更高一级日本政府内部工作的一位熟人，才算真相大白。

所谓的熟人，就是小魔女家姐大魔女的老公，此人正在兵库县当县知事秘书。按照日本法律，这类公务员是不能随便加班的闲人，每天下了班没事干，这家伙只要萨有空就会带着清酒跑来。来吃中华料理自然是一个原因，既然“家内”都是魔女，沟通沟通对付巫术的手段，也不失为国际交流活动中的一项重要业务。

周末此人来喝酒，放下大勺和面板，萨顺口问起狗拿猴子的战绩。秘书先生哈哈大笑，把食指和拇指圈起来一比，道：“这就是战绩。”

“零？！一个也没抓着？”

“嗯，不过这个正是我们所期待的啊。”

看萨面露疑惑，秘书先生才略带得意地解释了起来。

原来，日本政府养狗抓猴子，并不是因为古代传说中认为这两种动物是天敌。这种传说不定是哪个日本古代的郑渊洁弄出来的，真假难辨，不能当真。古人还说猴子可以避马瘟呢，也不曾见有赛马场养猴子的。日本人虽然有点儿僵化，还不至于糊涂到依靠古代传说制定政策的份儿上。

猴子刚开始成灾的时候，日本政府并没有想到狗，他们首先想到的是用警察来对付猴子。

这是顺理成章的想法：警察是武装到牙齿的专业人士，人犯罪是警察管，这猴子犯罪，难道让警察来管不正常么？不过，对野生动物不能跟对罪犯似的，所以抓住了，惩罚不过是押送回山里放掉，放掉之前还要给吃给喝，比当年遣返盲流还客气。

问题是，谁也没想到一交手，装备精良的日本警察却败下阵来。

原来，这猴子和人不一样。

首先，猴子没有足够的理智理解警察的警告和威吓，至少，它没有服从社会执法人员的自觉，也不会因为自己触犯法律而心虚，见了警察只有好奇没有畏惧。所以日本警察在猴子面前远没有犯罪分子面前的威慑力。

其次，警察在对付猴子的时候，没有足够的执法武器：您说，等等，你警察要枪有枪，要催泪弹有催泪弹的，这不是胡说么？

事实上，这些兵器倒是有，但日本警察还真是没法用。催泪弹不用说了，日本地域狭窄，人口众多，你对猴子用催泪弹？一阵风就能把催泪瓦斯吹到旁边人家去，要是熏趴下一个俩老头老太太，你警察可承担不起。那么动枪？要知道如今日本“要爱护动物”的宣传早已深入人心，估计哪个警察真敢一枪把偷吃苹果的猴子毙了，那血淋淋的照片第二天就能上报纸头条：这肯定是一副人类，不，世界公敌的形象。

想想一群义愤填膺的小朋友举着猴子的照片围攻警察所，那场面足以让警界人士退避三舍。

相对来说，要是日本首相偷吃苹果让警察给毙了，可能倒有不少人叫好呢，就算不说是民心所向，日本也从来没宣传过“要爱护首相”不是？

日本地方小，人口多，报纸也多，竞争激烈，记者素质高。所以猴子出来闹事的时候，记者来得比警察还快，使警察们根本不可能让猴子们玩俯卧撑或者藏毛毛一类游戏，也无法在众目睽睽之下使用大规模杀伤性武器。只好依靠绳子、警棍之类不带刃的原始兵器和猴子奋力搏斗。

石器时代，还没学会弓箭的原始人和猴子的搏斗，真是胜负难料啊。

一来二去，猴们也明白了——哦，这些戴大盖儿帽的家伙连狐狸、貉子都比不上啊。爬树，他也爬不过我；互挠，他也挠不过我。万一抓住了他还不敢不放我。我怕他干嘛啊！

于是，面对警察，猴子们连起码的尊重都没有了，甚至警察来抓反而越发兴奋。这样一来，警察抓猴子的战绩惨不忍睹。

可你要抓不住猴子呢？报纸又会对警察的素质大发感慨。

这不是老鼠进风箱，两头受气么？

有理智没有武器的日本警察，与有武器却没有理智的猴子打成了持久战。慢慢的，日本警察也不干了：我们也是受法律保护的公民，凭什么让我们跟猴儿肉搏啊？换你去试试？

于是，日本政府里面的聪明人，想出了依靠狗来对付猴子的办法。

当然，狗和猴子的确有一点天敌的意思，狗会通过嗅觉迅速发现躲藏在树丛中的猴子，而且很自然地发起攻击，比警察的工作效率高多了。

更重要的是，狗也是没有法制观念的动物，而且比猴子更加没有理智。

于是，狗在追捕猴子的过程中不遗余力，毫不留情，会使出全身解数，完全是一付置猴死地而后快的嘴脸。如果狗咬了猴子，记者和舆论显然不会像警察咬了猴子那样一边倒。再说了，狗又怎么会考虑记者们怎么想？！

实际上日本政府的聪明人早就替猴子想到了退路，他们也力争避免出

▲在交通肇事者面前奔逃的日本警察，其战斗力之差，连日本首相都曾亲自过问，让他们去对付猴子，的确有些勉为其难。

现血淋淋的场面：猴子如果遇到狗，爬上树就会安全，狗毕竟还没有学会爬树的本事。这也是至今没有猴子被狗抓住过的原因。然而，想想猴子们爬在树上，看着下面一群严阵以待，张着大嘴狂吠的家伙，不知道会多么怀念那些善良的警察呢。

这下子，猴子到村庄周围活动的压力可就大了：这可不是和警察的游戏，而是变成了生死之战。猴子们骚扰居民成了一项十分危险的活动。既然这种游戏成了生命危险的事情，猴子的理智比狗还要多些，“君子不立危岩之下”的道理还是懂的。于是，猴子们纷纷避开有狗的地方，曾经“猿害”严重的田园村庄又恢复了安宁。

晚上把这个道理讲给正给小小魔女洗澡的小魔女听，小魔女先是听得新奇，听到后来忽然作恍然大悟状：哦，我明白咱们这儿为什么没有猴子也要养狗了？

为什么？萨的脑子一时没转过弯儿来。

你还记得咱们住北京东四的时候，有一回居委会要大家集体抓大老鼠正好咱俩都出差么？

记得记得，不过那不叫集体抓大老鼠，是统一放置灭鼠夹。那一次咱俩都不在，结果四邻的老鼠都跑到咱家开 Party 来了……

看到萨也明白过来，小魔女嘿嘿一笑，抱着包成粽子状的小小魔女上楼而去。

一向说日本人一根筋，中国人脑袋灵活，今儿俺家的事儿怎么好像颠倒过来了。

# 10 北洋水师炮毙日本牛

近来在和北洋水师站长、海军史专家陈悦先生合作一本书，双方合作甚是融洽。

陈悦这家伙人如其名，写东西带了一个“悦”字，果然是妙语连珠，趣事连篇。一次，边对稿边聊，为了邓世昌大人的狗，两人探讨起来。据记载，邓世昌阵亡时所养太阳犬曾拼死相救，邓“扼犬浩叹”，与舰同沉。然而，这段佳话今天却引来了板砖一片，主要观点是“邓世昌居然在军舰上养狗！”所以要“剥下邓世昌虚伪的画皮”。

说这话的显然是不懂海军传统，海军历来不禁宠物上船，若没有还常常要弄一只猫或狗作吉祥物上船，给全船作公共宠物呢。《北洋水师章程》中当然也找不到相关禁令条文。今天刘公岛上最多的动物就是猫，此即历年海军船猫所遗后裔，不乏当年北洋水师的功劳。邓世昌带犬上船，实在是再正常不过，指责何来？又何由上纲上线呢？

不过，如今就算为邓大人辩驳，又有谁会去听呢？始作俑者亦无须负责，反正邓大人不能来与他理论，就理论，也不过是一个敢于直言中的错误，精神可嘉。反而是邓大人气量不够。浮躁的时代，责人唯恐不深，很多人更愿意听到“秘闻”，证明邓世昌这样的民族英雄实际是混蛋一个。所以，错误的信息竟是比正确的传得远。

毁掉一个英雄，何其容易。这恐怕不是邓世昌的悲哀了。

萨性子急躁，对这种事不免有些微词，而陈悦这家伙厚道得多，倒是不会多所责难。

大约是为了疏散萨的心情，陈兄摇摇手中书（有空调，用不着羽毛扇），道，萨，邓大人船上养狗自不稀奇，还有养更奇特动物的，你可知道？——甲午海战中日本海军旗舰松岛号上养的，你猜是什么？

是什么动物？萨疑惑，心想日本人难道养上一头驴？不然何称奇特呢？

他们啊，养了一头大黄牛，而且在黄海海战中被北洋水师给击毙了。

啊？萨瞠目结舌又忍不住大笑，日军居然在军舰上养牛，这可真是需要一点想象力的。

笑是笑了，过后想想，老陈不会是忽悠我呢吧？

结果，真的在日本的资料中找到了记载——海战到下午两点三十分，中国自制的巡洋舰平远号逼近松岛，用260毫米主炮直接命中其左舷，击中医疗室和主炮之间，当场击毙战位上井手少尉等四名日军——甲板上关在笼子里的大黄牛也被当场炮毙！

还有图为证——

▲平远舰炮毙日军大黄牛

▲甲午海战中的日军旗舰松岛，其前方右侧被镇远击穿的弹洞依然清晰可辨。

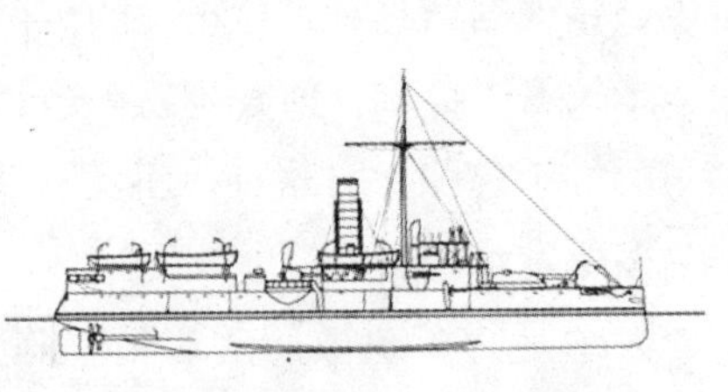

▲北洋水师平远巡洋舰线图

根据日军说明才知道，日军饲养大黄牛不仅仅是当吉祥物，还有一旦断粮可以吃牛肉的考虑……

看来，陈悦这家伙还真是言之有据啊。

笑过之后，谈起邓世昌的殉难，当时传闻甚多，他“扼犬浩叹”的举动，会不会是后世人的编造呢？

我们的看法这恐怕是真的。因为这个情节可以找到合理的佐证——邓的女儿曾经回忆当年常常倚门而望，父亲每次回家总是带着他的大狗，一人一犬，感情甚笃。邓平时住在舰上，不在当地置房，但似乎给妻女还有赁屋，并没有到“有家不回”，“无家可归”的地步。中法战争中，邓世昌在前线备战，其父丧消息传来，邓不离职守，却在舱中反复书写——不孝，不孝，不孝…… 其人性格，可见一斑。

这似乎能够说明，邓养犬并非传闻，犬有感情而抢救主人也是有可能的，假如编造，这两段事情不大容易如此合榫。

忽然觉得，邓的女儿那段倚门而望的回忆竟然颇带温馨。这却是以前看关于邓世昌的文字，少有的感觉。

# 11 漫谈动物化生存

动物化生存是什么意思呢？就是考虑一下用动物们的方式来过日子呗。

看了这个话题，会有人质问：萨，你吃多了？你撑糊涂了？好端端的工业社会，现在都数字化生存了你搞什么动物化生存啊？

动物化生存怎么了？这种生活也可以很有情趣呢。比如，在数字化生存社会里，萨会用键盘打好这篇文章，然后，一按鼠标就发到网络上来了。要在动物化生存的世界里呢？那萨就会用更浪漫的方法——拔出一根用大雁翎毛做的笔（很多文豪当年都是用的这个东西哦），蘸着化学处理过的乌贼墨汁（我国古代最好的墨的原料之一，但如果不化学处理，字迹过一段时间会自动消失），把文章写完，装进信封，抓过一条变色龙来，用它的舌头舔一下封口（变色龙舌头上的粘液，其黏度远远超过市面上最好的胶水），然后把信塞进充任邮差的袋鼠（每小时60公里的时速，当城市邮差足够了）口袋里，让它给网站送去。

喏，袋鼠这个邮递员可比普通邮递员有一个优点——它不怕小流氓拦路抢劫！袋鼠是动物界的拳击手，曾被一些娱乐界人士戴上拳套上荧屏和真正的拳击手比赛呢，当年，日本东京马戏团的一只袋鼠，戴着拳击手套逃到了街上。警察驾驶汽车追击，最后，把这只逃出来的袋鼠逼到了一个墙角里，不料袋鼠施展了它的拳击和格斗本领，不一会儿便将三名警察打翻在地……说起来，有几个小流氓有这样俊的功夫呢？

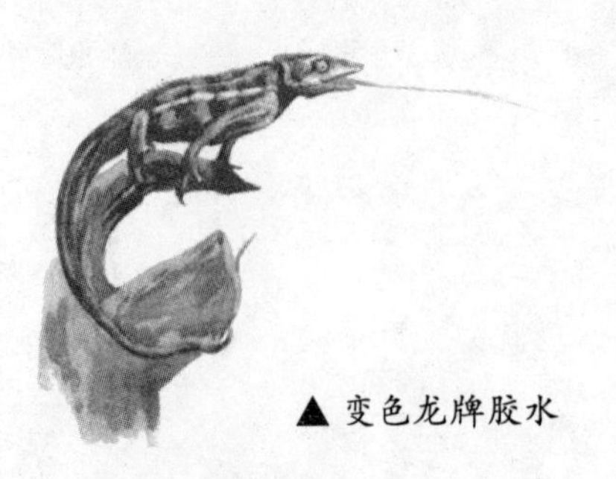

▲ 变色龙牌胶水

不过，这只是动物化生存的最低方式，高级一点的，就要利用动物们的专业知识了。说起来，动物世界的成员们，很多都能够称为工业化时代某方面的专家呢。

▲袋鼠是真正的拳击手，我等闲人不是其对手。

不信，就以刚才这个送信的例子而言，虽然浪漫，但是比起今天的电子邮件来，其实存在很大的问题，那就是速度相差太大。其实，如果依靠动物界的通讯专家，我们完全有办法通过动物化生存的方式，获得和今天电子邮件不相上下的越洋通讯服务呢。

用动物的方式实现越洋通讯服务，这怎么可能？有朋友会想了——难道用鸽子？

鸽子，的确可以称作一个动物界的通讯专家了，它的定位系统十分先进，可以利用地磁来为自己导航。鸽的头部，眼球内侧和大脑外侧神经末梢组织都含有一定量的磁石，骨骼内也有一层微粒状的磁铁矿物质。鸽子在飞行中就是利用这些器官来给自己定位和导航的，它们对磁场变化的灵敏度达到了10nT，同地震前的地磁异常幅度相同。因此，从古代就有用鸽子充当信使或者情报贩子的先例，鸽子也因此有了“信鸽”的美名。用鸽子作邮差，至少它不会跑错地方，比很多邮局的工作人员强多了。

不过，鸽子吃这碗饭也有很多不利因素。首先，速度毕竟是有限的，它需要从一个地方飞到一个地方，与电子邮件之类的工具相比，靠肌肉吃饭实在是缺乏竞争力；其次，鸽子途中可能遭到猛禽的猎杀，不够可靠；最后，鸽子靠地磁定位，所以在矿山这类地磁异常的地方，就会晕头转向，如果您给矿山的牛三斤大哥送个信问他过年回不回来，鸽子就无能为力了。

出于这种考虑，我们不赞成用鸽子解决动物化生存中的通讯问题，还是让它到交通部解决全球定位系统去吧，毕竟，维护那个卫星为基础的GPS网络太贵了，如果用鸽子来解决这个问题，无疑可以为社会节约大量财富。

信鸽先生，努力去代替GPS吧，这样又便宜又袖珍的系统，肯定把轿车的卫星定位厂商挤趴下了。

我们可以用更加先进的手段解决，价钱也比鸽子便宜。

说来，远程通讯的概念会把很多人吓跑，认为它的理论一定很繁琐。不幸萨恰好是干这一行的，分析一下，就会发现，它的原理其实并不复杂。

所谓远程通讯，从甲方到乙方，无论是电子邮件，还是MSN，其实本质上都是依靠在一定的物理媒体，通过某种手段在其上传播信息来实现的（专业说法这个手段是物理层和数据链路层控制，萨来普及一下这方面的理论知识……咦，怎么观众都跑了……算了，打住），只要信息能够传到，具体它的内容是一张美女图，还是一段MP3，那只要有相应的网络Application把它复原出来就可以了。所以，如果解决了数据传递的问题，远程通讯就完全可以实现。

而这个数据传递的过程，则需要两个条件：第一，能够把数据从甲方到乙方传到乙方；第二，这个数据必须是按照一定标准规范传递的，不能走样——这个专业上叫作“协议”。

好了，只要有动物专家能够完成这个过程，我们就可以像使用电子邮件一样进行远程通讯了，上层软件的问题，交给系统工程师好了，和通讯无关。

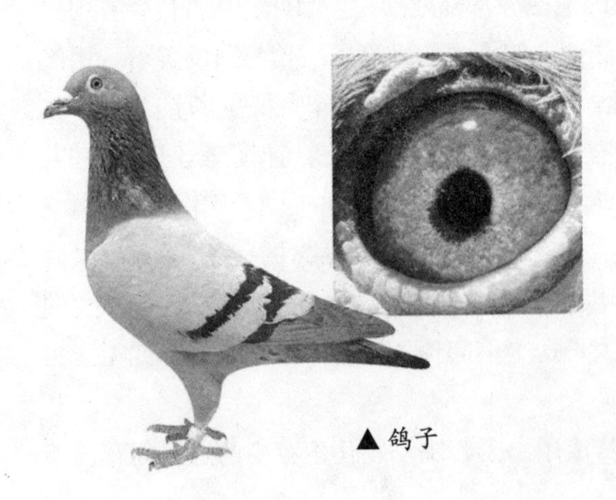
▲ 鸽子

而动物中，恰恰就有这样一个极品的专家，能够帮助我们建立一个越洋的标准的高速通讯网。确切地说，这个网络，已经存在并通过调试了，只不过我们人类还没跟人家达成协议来利用罢了。

这个专家，就是——座头鲸。

座头鲸，又名长须鲸，体长11—15米，体重可达25吨。广泛分布于太平洋、大西洋，我国台湾海区及黄海北部都有座头鲸出没。萨小的时候看过一本《捕鲸记》，就是描述我国渔业工人捕捞座头鲸的故事。

人们很早就发现座头鲸能够发出歌声，而且这种歌声极有旋律。有研究座头鲸歌声的学者称："座头鲸并不使用声带而是通过体内空气流动发声，它唱的是自然界中声音最洪亮、最冗长、最缓慢的歌。座头鲸唱歌音域宽广，音调强烈，由雷鸣般的低音节和呼啸尖锐的高音节组成。它的歌声包括像打鼾、悲叹、呻吟、颤抖、长吼、叫喊等18种不同的声音，节奏分明，抑扬顿挫，交替反复，很有规律。这种歌声像是浑厚而快乐的合唱，从海洋里倾吐出来，洋溢在海面上，充满着雷鸣般的回鸣，汇集成一曲辉煌的海洋交响乐。所以，人们称座头鲸为动物世界里最杰出的歌星。"

人们对座头鲸为何唱歌深表不解，有人认为它是为了回声定位，但是座头鲸只在繁殖季节唱歌的行为表明这肯定和定位无关（一说捕猎的时候它们也用这种歌声相互协调）。更多的科学家认为座头鲸这是在传递一种信息，来吸引异性，换句话说，就是在大说情话——只不过，这种情话的传播距离十分惊人，特别有才华的"歌手"能把一百公里以外的异性座头鲸吸引过来。最近，科学家铃木隆二才较为权威地分析了座头鲸的歌声，结论发现其规律非常复杂，接近人类的语言结构。他编写了一个能检测声音单个组合的软件，用统计学方法，把声音组合转化成"AAABBB"或者"ABACC"这样的符号，使得计算机和分析人员都能识别声音的特殊结构。科学家借助这个软件，终于客观地证明了座头鲸的歌声中确实存在层次性的语法结构，说明它们的确在用这种声音进行"远程通讯"，换句话说，它们是在水下大煲电话粥，来博得异性的青睐呢。

现代的数字化通讯协议，其实只需要两个信号——0和1——就够了，用这两个信号，可以表达所有人类需要表达的信息。这就是所谓的二进制编码，座头鲸能够有18种不同的声音，已经远远超过所需了，就是

▲ 动物通讯专家兼歌手——座头鲸

采用16进制都绰绰有余，还能留两位识别码。什么AAABBB啊？想想看，我们最初的摩尔斯电码，不就是和它很相似的通讯方式么？

专业上说，这就是一种通讯协议。而水下电话？我们至今还有很多数据通讯是通过电话系统实现的啊。所以我们很容易发现，座头鲸建立了这样一个通讯系统。

首先，它可以高速远程传递信息——如果用一队座头鲸担任通讯中继站，它们可以轻易把信号以声波的速度和方式传过整个大洋。

其次，它们建立了一个彼此能够理解的标准通讯协议——如果座头鲸在电话里大讲对方听不懂的情话，那肯定吸引不来异性的，说明它们彼此明白对方的意思。

所以，理论上，我们只要能够得到座头鲸的合作，一个用它们传递电子邮件的高速越洋通信系统，就很容易建立起来了……有什么问题吗？可以去问尼古拉庞帝同学。

看看，动物化生存的高级形式，完全可以和工业化时代媲美吧？

最后说一下，这样一个系统，当然有优点也有缺点喽。

优点么，费用低廉而安全（不用越洋光纤，座头鲸体格庞大，在海洋中很少天敌），而且没有污染，绿色的数据服务。

缺点么，怎么能让座头鲸为我们服务是个问题，萨当工程师是为了养活小小魔女，人家座头鲸的食堂就是大海，一生下来不愁吃不愁喝，自由自在的干么给你人类卖命呢？

也许，这就是今天我们还不得不依靠互联网，而不是座头鲸系统传递电子邮件的最根本原因吧。

# 古兽志

从科学的角度来说，在人类诞生之前告别世界的动物种类，比现存的动物要多得多。这些洪荒怪兽给我们带来了独特的魅力，也迫使我们施展类似福尔摩斯的手段，才能够揭开它们隐藏在化石和传说背后的秘密。

## 1 神秘的袋狮

在澳大利亚的一个角落，存在着一个叫作袋狮洞的奇特地方。

袋狮洞，真名纳拉克特岩洞，位于澳大利亚东南角，濒临塔斯马尼亚海峡，因为形似陷坑，肚大口小，酷似漏斗，而成为许多粗心大意的爬行动物、鸟类乃至哺乳动物的坟墓。古生物学家在这里发现了大量原始化石，其中一批明显带有肉食动物特点的骨骼被复原以后，出现在我们面前的是一头有着剪刀状利齿和长长爪子的肉食猛兽。它，就是地球上存在过的最大有袋类猛兽——袋狮。在这个洞穴里，人们发现了袋狮最完整的骨架化石，该洞也因此得到“袋狮洞”的绰号。

今天幸存下来的有袋类，大多是草食动物，如袋熊、袋鼠等，很少的几种肉食有袋类都是小型动物，如著名的“塔斯马尼亚魔鬼”袋鼬，看来就是一个放大的老鼠。袋狮的真实尺寸也并不太大，虽然它和人类比较体型要大一些，但称为“狮”有点儿夸张。其实，有袋类猛兽大多身量有限，也曾称雄于澳洲的塔斯马尼亚虎、袋剑虎等，也不过是狼那样大小的动物而已。

▲袋狮复原图

然而，袋狮确是一种极为奇特的猛兽，它在进化史上有着和熊猫正好相反的经历。

袋狮属于袋貂科，今天的大型有袋类全都是这个科的，比如大袋鼠。然而，古今这一科动物几乎全是吃素的！只有袋狮，不知道为何

忽然从吃草的变成了吃肉的。它的食物应该是同属于袋貂科的其他大型有袋类动物。看袋狮的完整骨架，会发现它的牙齿部不同于今天的各种猛兽，却……有三分像兔子……

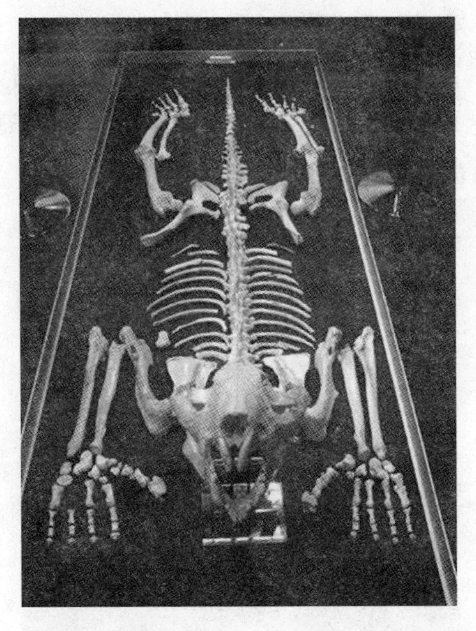

▲ 袋狮骨骼化石，看来与鳄鱼有相似之处，显示了它的原始性。

在袋狮洞，同时发现了一些奇怪的袋鼠化石，这些袋鼠的牙齿和爪子表明，它们也是肉食动物，这就是所谓的肉食袋鼠。

当时澳大利亚到底发生了什么？以致这些温顺的素食动物变成了吃肉的凶徒，对于这个独一无二的进化特例，科学界至今没有明确的答案。开玩笑说，大熊猫从吃肉的变成吃竹子，可能是因为周围的动物进化太快，自己比较笨抓不到猎物，只好改为吃植物；而这袋狮长期生活在仅生存有袋类动物的澳洲，周围同伴如袋鼠之流进化缓慢，比较原始，偏偏却肉味鲜美，可能让袋狮觉得不咬一口说不过去。

一定要追究理由，或许是因为远古澳大利亚环境封闭，没有进化出更高级的哺乳动物，食物链中大型猛兽的空缺，让食草动物自动完成了填补的工作，以维护生态平衡。

对于袋狮，动物学家还有很多感到疑惑的地方。从化石来看，袋狮的前肢比后肢更为发达，澳洲古人类的壁画中所绘的袋狮，甚至忽略了后肢。这又是一个奇特的生态现象，现生肉食动物中，几乎没有哪一种具有和袋狮相同的前后肢比例。考虑到前后肢分化是哺乳动物进化程度的一个标志，袋狮的大脑应该更为发达才是。偏偏袋狮的大脑很小，可能不属于高智商的猎手。同时，袋狮怎样利用长长的前肢捕食，也很令人好奇。有人推测其活着的时候，可能捕食动作类似泼妇，进食动作类似龙虾，那实在是哺乳动物中的奇观。

可惜，五万年前，袋狮在澳大利亚忽然绝灭，至今原因不明。但是，那个时代有一个新闻正在澳洲大陆传播，就是一种叫作人的动物出现在了澳大利亚……

▲曾经生活在澳洲的有袋类动物，最大的是袋貘。

▲原始人壁画中的袋狮，说明它曾经与人类共同生存过。

那个时期，有大量独特的有袋类动物在澳洲走上了灭绝的道路，例如和熊一样大的袋貘。以原始人的狩猎能力，似乎不大可能通过猎杀完成对它们的“种族灭绝”任务，它们至少应有可能如同恐鸟一样在人类的追杀中退向更为荒僻的地区，苟延残喘千百年，甚至延续生活到公元时代。

对于这个谜，科学界一些人士从猎豹身上提出了一种理论。

猎豹，是动物园里最难繁殖的动物了，不但生育率低，而且小猎豹的成活也很难。其实猎豹不难驯服，但是为什么如此难以繁殖呢？经过研究，科学家们惊讶地发现，猎豹这种优美的敏捷的动物，居然大部分是阳痿，精子数量比狮子少 80%，而且小猎豹中，大部分先天带有遗传疾病！这个现象让科学家们困惑之后忽然醒悟——这很像人类近亲结婚的恶果啊。

最终对猎豹的基因解析发现一个惊人的事实——今天的猎豹，全部来自于五十万年前的一群猎豹，而其他所有的猎豹，都在那一个短时间全部灭亡了！从它们能够恢复种群来看，它们的灭绝，显然与正常的生存竞争关系不大。

▲ 猎豹是世界上最有魅力的动物之一，但谁能想到它竟然是一场绝灭灾难的幸存者。

显然，世界上的哺乳动物，曾经在人类出现后的短时间内，多次发生浩劫般的灭绝。

再参考天花对美洲印第安人的毁灭性作用，科学界提出了一种理论，人类很可能是把原始动物没有抵抗力的病毒带给了动物界，造成了包括剑齿虎在内的大批动物的灭绝。病毒，是一种比病菌更为原始的生物，医学界对其致病原理仍在探索之中。病毒造成的传染病来势凶猛而且常常没有特效药。从防控艾滋病和禽流感中，我们可以领略到病毒的厉害。

为什么动物界自己没有这样的问题呢？

病毒是需要生物载体才能有效传播的病原体。在人类出现之前，除了候鸟，动物不具备长途迁徙能力，也不会轻易改变生存地域。史前动物界是相互割裂的，病毒的传播没有载体。亚洲的老虎不会游过大洋去澳大利亚，非洲的狮子也无法穿越西伯利亚冰原去美洲。这些自然的障碍，阻止了不同地区间病毒的流动，所以，美洲的病毒到不了非洲。本地动物与当地的病毒共同进化，自然具备一定的抗体，即便有扩散，这也是一个缓慢的过程，当地的动物可以通过自然淘汰，慢慢产生抵抗力。所以，史前时代病毒性疾病很难流行。

但是，这些障碍，对于人类来说，就不是不可逾越的了，人类可以造船，可以开路，可以携带工具进行长时间长距离的迁徙。人类为了寻找更好生活环境所进行的迁徙，打破了大自然的规律，使病毒可能被携带到全新的环境中，从而在当地全无免疫能力的动物群中肆虐，乃至造成物种绝灭。人类出现后地球生物曾发生一次大规模绝灭，或许就与此有关。

六万年前，人类到达了澳大利亚，袋狮等大型有袋类动物迅速灭绝。

一万五千年前，人类到达了南美洲，大懒兽等动物随即消失。

在一些数千年前死亡的猛犸象遗体上，科学家们找到了病毒性传染病的痕迹——在猛犸最后时代的化石上面，发现了大量因为病变导致的畸形。

考虑到当时的工具水平，狩猎也许并不是它们消失的原因，也许，就是这种迁徙，把人类居住地的病毒，在各个大洲之间交互传播开来。

这个推测具有一定的逻辑性，可以想象，袋狮等动物对于迅速传播而来的病毒性疾病，是没有那样快的适应能力的，其灭绝并不奇怪。人类自己似乎也吃到这个影响的不小苦头，史前人类的传说中，大瘟疫、大灾难的场面占据了重要的部分。科学家有一种推测，认为这正是与人类迁徙带来的病毒性疾病传播有关。

或许，与猎豹同样的事情也发生在澳洲的袋狮身上，唯一不同的是袋狮没有幸存者。

无论猛犸、袋狮，还是猎豹，是否是人类当年迁徙活动的受害者，至今还没有定论。只是，袋狮就这样突然带着无数遗憾在几万年前悄然消逝，一种有着太多谜团的奇特动物，只给我们留下了袋狮洞中的遗骸。

# 2 塔斯马尼亚虎的生死之谜

在澳大利亚广袤的土地上，曾经居住过有袋类一个食肉的种族 —— 塔斯马尼亚虎。这种动物被称为塔斯马尼亚虎，是因为它的身体上有虎斑一样的条纹，因而得名。其实它并不是真正的猛虎，形态和大小与狼更为接近，所以也被称为袋狼。但是……它和狼的亲缘关系就像鳄鱼和螃蟹那样远，而和袋鼠的关系更近些。塔斯马尼亚虎是有袋类，当然身上也有育儿口袋， 不过，它的育儿袋是向后开的，这样捕食的时候，幼兽受到伤害的可能性就大大降低了。

▲ 塔斯马尼亚虎

▲ 一头被猎杀的塔斯马尼亚虎

从塔斯马尼亚虎和人的比例，可以看出它比袋狮要小得多，和大型狼狗差不多。

在四足肉食动物中，塔斯马尼亚虎有着一个独一无二的特征，那就是它的嘴巴可以如同蛇一样张开180度，这样，撕咬的范围就更大。

然而，如果看它的骨骼，就会发现作为有袋类，塔斯马尼亚虎这种古老的食肉兽有着较多的原始特征，它的头骨显示其牙齿分化不甚明确，活脱脱和爬行动物比如鳄鱼很接近。和更晚些的猫科犬科兽类相比，它的骨骼比较纤细，肌肉爆发力不大，而能够大张的口腔骨骼构造，则显示其咬合力较弱，且下颌骨骼愈合不完全，所以，作为肉食兽，塔斯马尼亚虎——袋狼并不是进化得很出色的动物。但是，在澳洲，由于长期封闭，只有有袋类生存，没有生存竞争的威胁，使善于乘黑夜捕捉袋鼠的塔斯马尼亚虎得以悠然生存。它们的足迹遍布澳大利亚各地。

3500 年前，随着人类进入澳大利亚的澳洲野狗——丁狗数量渐渐增加，开始沿着左右海岸向南扩大自己的领地，由于塔斯马尼亚虎竞争不过这种狼的亲戚，渐渐退出了澳洲大陆，只在南部的塔斯马尼亚孤岛上苟延残喘。

塔斯马尼亚岛，隔海与澳洲大陆相望，由于海洋的隔离，这里成了古老物种的一个避难所。

当人类进入文明时代的时候，袋狼还有幸存。然而，塔斯马尼亚岛上的移民似乎是殖民者中最为自以为是的，他们轻易将塔斯马尼亚虎列入害兽的范围，指责它偷食羊只，于是在政府的授权下大肆捕杀，当 1936 年人们想到要保存这一物种的时候，野外已经见不到它的踪迹了。最后一只袋狼——塔斯马尼亚虎被认为是死在霍巴特动物园的。

◀塔斯马尼亚虎——袋狼

其实，当时的疯狂捕杀不仅是针对塔斯马尼亚虎，殖民者甚至以莫须有的借口像打猎一样追杀灭绝塔斯马尼亚土人。这种土人有着独特的文化，从人种学角度来看，由于其脑容量比其他人种小很多而令人惊讶，但是，这个人种却被殖民者彻底灭绝了。

近年来，又有发现塔斯马尼亚虎的传说，甚至有人拍摄到了照片，但是还没有捕获到活的标本，因此无法证实。澳大利亚一份动物学刊物上曾经发表了一篇报告。报告人大卫声称，在西澳大利亚尤克拉以西 110 公里的一个石灰岩洞中，发现了一头腐败的动物尸体，尸体身上的大部分软组织已经腐烂，或被昆虫啮食，露出根根白骨，但背脊残留毛皮上的深褐色虎皮斑纹却清晰可见，残存的舌头和左侧眼珠也具有塔斯马尼亚虎的特征。这具动物尸体运到西澳大利亚自然历史博物馆后，经专家鉴定，确实属于塔斯马尼亚虎，但对尸体死去时的时间，人们还有分歧，有的认为，尸体虽已腐烂，但相对来说还是新鲜的，这说明袋狼消失多年后又重新出现了。而另一些科学家则认为，这尸体是几千年前的塔斯马尼亚虎干尸。

塔斯马尼亚虎的生死之谜，今天依然没有解开。我们期待着结果能够是一个好消息。

▲ 塔斯马尼亚虎在动物园的图片，可以看出它并不是一种不能和人相处的动物。

## 3 洪荒恶兽：揭开剑齿虎的面纱

曾经，在广州，陪一位德国老板外出，几个着奇装小伙子走上前来拦路，鬼鬼祟祟地兜售他们的虎骨、虎鞭，老板弄明白了大惊失色。他是个特别热心的动物保护主义者，曾经在法兰克福街头一手举标语一手提油漆，到处找穿沙图什的毛皮女郎，吓得时髦丽人四散奔逃，现在见到居然有卖虎骨的，那还得了，马上就要萨打电话报警。

萨赶紧拦住，打发了那几个小子走路，然后问老板：你叫警察来干嘛呀？这种小骗子警察哪有工夫管。老板很奇怪，说你怎么知道是骗子呢？那虎骨上头还带着老虎爪子和残存的毛皮呢！你看那虎骨，根本不可能是真的。你看他那老虎爪子，露着锋利的钩爪，跟镰刀似的，也太夸张了吧。实际上老虎的爪子哪有这样大？它和猫一样，爪子是缩在肉垫里的，这样挂在外面，不早就磨成秃爪子了？那肯定是用牛角加工的。再说，那皮毛上花纹窄细，明显是猫皮粘上去的……

老板恍然大悟：噢，认错了老虎了…… 冷不丁一激灵，冲萨喊道：哎，那你也应该报警啊！随便杀猫也是犯罪！

萨看看旁边饭馆的龙虎斗大餐广告，大大地打了一个喷嚏：啊！

识别假虎骨，要是没有早些听朋友说过，萨也做不到的。但把别的动物错认成老虎，却是很多朋友都曾犯的错误，比如，著名的剑齿虎。

说起来，剑齿虎实际上并不是一种单独的动物，而是一类猛兽的总称，它的旗下，包括大剑齿虎、美洲剑齿虎、剑齿豹、快剑猫等一系列凶猛的肉食哺乳动物，曾经广泛分布于美洲、亚洲和欧洲。它们共同的特点，是上颌有一对威猛如刀、其长如剑的锋利犬齿。这一类猛兽，今天已经不再生存于地球上了，我们只能够从残存的化石上瞻仰它们的风采。

现代的大型肉食动物，最为典型的是猫科猛兽——包括狮、虎、豹

等，还有犬科猛兽，包括狼、豺、犬等。剑齿虎名字虽然是虎，但不是真的老虎，它是现代猫科肉食兽的一个远亲。对剑齿虎和老虎的外形进行比较，可以看到剑齿虎比老虎更为粗壮，外观也颇有不同。

▲剑齿虎复原图

这亲戚远到什么程度呢？剑齿虎是古代类猫形猛兽留下的三支分支中，向最重型方向发展的一支。

哺乳动物的猛兽，是在霸王龙这些爬行巨兽的尸体上站起来的。不过，这个过程持续了非常漫长的过程，六千五百万年前，因为现在还不能完全明了的原因，恐龙和世界上 90% 的物种在短时间内完全绝灭，哺乳类的祖先侥幸逃过劫难。

这个打击给地球生物界的伤害是沉重的，此后绵延三千万年，地球上一直没能出现可以和恐龙媲美的大型动物。沼泽林间，哺乳动物依然不过是和山羊差不多大的五趾马之流，地球上的霸主是凶悍的恐怖鸟，这种两米多长的狞猛怪鸟晃着一米多长的大鹰钩啄在大地巡行，哪儿有哺乳动物猛兽发展的空间呢？

▲恐怖鸟，曾经的地球霸主。

直到三千万年前，气候逐渐干燥，草原出现，哺乳动物开始向大型化发展，恐怖鸟出门捕猎就渐渐有些头大了。原来它的长腿一迈，

无论沼泽还是平地，抓个三趾马不在话下，而且长嘴一挥便可一击毙命。现在看来，哺乳动物要么变得灵活能够奔跑，要么身躯硕大不好招惹，抓起来越来越难。

您说它可以跟着进化，可以与时俱进啊。现在看来，恐怖鸟已经进化到了大型猛禽的极限，属于大熊猫这样的特化动物。为了格斗的需要，它的骨骼已经加重到鸟类的极点，要捕捉智力较为发达的哺乳动物，恐怖鸟需要进一步增大自己的大脑，可是它为了利啄的雷霆一击，已经发展出了一个花岗岩一样沉重的脑袋，再大就要头重脚轻了……

要它继续发展来对付新一代适应性更强的哺乳动物，实在力不从心。这霸主的地位，就该换一换了——剑齿虎正在历史的舞台下等着。

新一代的霸主，是哺乳类中进化出的猛兽。其中，以类猫形动物最为引人注目。类猫形动物的始祖是小古猫，根据复原考证，它的特点被一种现存后代形神兼备地继承了下来，那就是小熊猫。看看这种憨态可掬的小东西吧，谁能想到它是非洲狮、东北虎、美洲豹，乃至剑齿虎一流的祖宗呢?

经过漫长的生存竞争，类猫型猛兽逐渐战胜了哺乳类中的另一支潜力股——有袋类猛兽而跃居地球食物链的顶端。有袋类猛兽也曾进化出各种形态的子孙，但由于其骨骼结构和肌肉附着模式更接近于爬行动物，存在先天弱点而在竞争中失利。

▲小熊猫……竟然是所有肉食猛兽的老祖宗。

类猫形动物经过进化，演变出了三个完全不同的猛兽分支，它们采取迥然不同的捕猎方法，而且每一支在当时都是非常成功的。这三支中，第一支是向高速轻型化方向的猎豹；第二支，代表杀伤力与灵活性并重，重视智力的猫科动物，包括狮子、老虎等，也是

今天猛兽最大型凶猛的一科；第三支向重型化、重杀伤力发展，即剑齿虎的家族。在它们之前，还有过两种古兽——古剑齿虎和伪剑齿虎曾经存在于世，它们和真正的剑齿虎血缘关系甚远，这里就不多赘叙了。

也有说猎豹分离的还要早。正统的说法是小熊猫一样的类猫兽生了两个儿子，一个猎豹，一个大古猫。大古猫又生了仨，老大是剑齿虎，老二是现在狮虎所在的真猫科，老三是恐猫……至于它们家登户口的时候，民警会不会怀疑这些家伙之间的血缘关系，萨就不知道了。

总之，可以看出猎豹是一种孤独的动物，老虎和猫的亲缘关系比它和豹子近多了。早期的猎豹被称为古猎豹，今天幸存的非洲猎豹和亚洲猎豹，都是它的后裔。

我们来重点看看剑齿虎家族的情况。了解一种灭绝的猛兽的生活，比描述狮子和老虎更为困难，许多剑齿虎生活的细节，直到不久前才渐渐为人们所揭示。

剑齿虎的体形其实并不特别高大，在周口店北京猿人遗址周围发现的剑齿虎一般个体高 1.2 米，体长两米，和一般母狮大小仿佛。当然也有大型化的品种，大剑齿虎的体形比现代最大的狮子还要大。和现生猛兽相比，它有很多独特的地方。首先是那一对超长的上犬齿，美洲剑齿虎的颅骨长 30 厘米，一对锋利如刀的上犬齿长度达 18 厘米——人的颅骨也差不

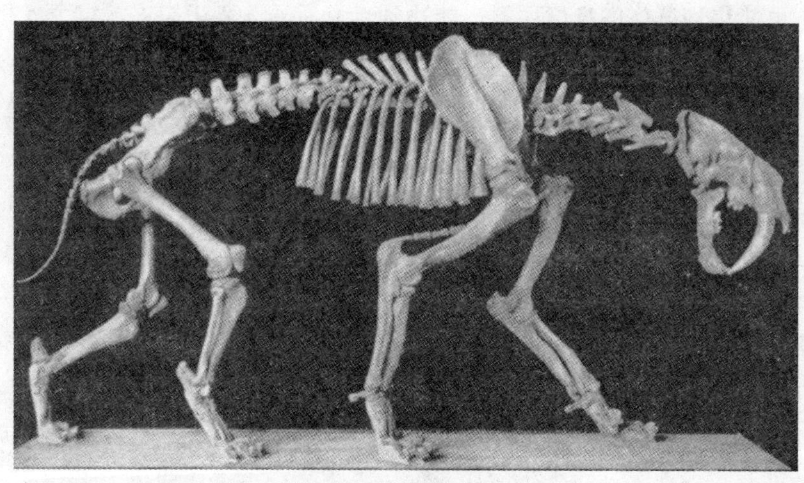

▲ 剑齿虎骨骼化石

多30厘米长，所以您可以把两把餐刀塞进嘴里体会一下剑齿虎日常生活的感觉…… 其次，它是一种短尾巴的动物，而现生大型猛兽除了熊几乎都有一条漂亮的长尾巴；再次，它的骨骼十分粗壮沉重，是同样尺寸的狮子的两倍多，而且前腿长后腿短，甚至……研究发现剑齿虎还是一个扁平足！

记得在萨上小学的时候，扁平足可以免长跑的。如果让剑齿虎在今天追捕梅花鹿，那几乎是无法完成的任务。所以，长期以来，剑齿虎一直被认为是一种愚钝的动物，只能捕捉比它更笨的哺乳动物，结果，愚笨的野兽都抓完了，剑齿虎就饿死了……

然而，这很难解释古生物学家发现的事实，剑齿虎的昌盛时代从距今二百六十万年前开始，到一百五十万年前达到巅峰，此后直到一万年前依然可以看到它们的身影。它们长期和狮虎等并存，甚至一度把自己的领地从美洲扩张到亚洲和欧洲，说明它是一种在生存竞争中不输狮子和老虎的成功猛兽。

进一步的调查令研究人员对剑齿虎刮目相看。

今天的研究表明，剑齿虎的脑量相当发达，它们群居，过的是一种相当井然有序的群居社会生活。在今天的猛兽集群中，多余的雄兽会被驱赶出群，甚至被咬死。而剑齿虎的群落要先进得多，受伤，哪怕是致残的剑齿虎也能得到群体的良好照料。能达到老有所养，剑齿虎这一点令人相当吃惊，因为群居社会化的程度是衡量肉食动物进化的一个重要标准。今天最优秀的社会化肉食动物群是狼群，它们通过分工合作组成荒原肉联厂，纵横欧亚。猫科动物中，只有狮子实现了真正的社会化分工群体，连老虎，都只是孤独的猎手，这一点上剑齿虎面对猫科动物站在了进化的顶峰上。

同时，这一点也让人感到困惑。老虎不采取社会生活的原因，是因为一头老虎就需要上百平方公里的领地，很难想象成群的老虎能够在大兴安岭获得充足的食物。剑齿虎从攻击力上看比老虎还要凶恶，且体型巨大，因此也长期被认为是孤独的杀手。剑齿虎群居的证实，不免让人产生两个疑问：第一，什么动物能需要比老虎更强大的剑齿虎成群攻击呢？这是不是一种武力的浪费？第二，要怎样的捕猎效率才能满足这些血盆大口的消费需要呢？

假如我们按下时间机器的 Prev 键，把时光倒流回几百万年前，就会发现，剑齿虎的身体结构、生活习性都巧妙地符合那个时代的要求，可以说是大自然造就的一个奇迹。剑齿虎和现代狮虎的种种不同之处，是因为它们选择的猎物不同。这就像电工和木工谁更有手艺无法评论一样，并不代表先进或者落后，一切都是大自然的选择。

猫科动物通过对猎物的选择，大致出现了三个发展方向：

第一个发展方向的主导者依然是猎豹。面对哺乳动物的发展，猎豹选择了敏捷的轻型有蹄类动物作为猎物，这些轻型有蹄类动物面对猛兽的攻击，唯一的对抗方法就是逃！羚羊 80 公里的时速让约翰逊吃二斤药也望尘莫及。

猎豹的战略方针是以快制快，即便最快的羚羊，也跑不过时速一百多公里的猎豹。为了达到这个目的，猎豹的体型发生了最科学的变化，它的身体就像军舰中最快的驱逐舰，变得极其细长，腿也变得很长，因此奔跑起来步伐轻捷，头小尾长，使它在高速中易于保持平衡，看猎豹捕食是一种享受。但是，猎豹为此也牺牲了很多，它的骨骼、肌肉都很轻，缺乏格斗所需要的爆发力，为了奔跑中抓地，脚爪进化为暴露在外的形式，因此磨损而没有一般猫科动物脚爪的锋利，头部重量轻，也因此颌骨不够发达，咬噬肌力量有限。所以，其他猛兽经常欺负猎豹，夺取它的猎物，弄得猎豹只好白昼捕猎。其他猫科动物都习惯夜间活动。不过，从对付猎物角度看，这没有什么遗憾，因为猎豹的对手都是以奔跑为主的中小型动物，自卫能力很弱。你看，猎豹这样优雅的动物是不能干重活的，以此类推，谁家要有个长腿 MM，当老公的就得多担家务，这不是男人犯贱，而是 MM 和猎豹一样，不适合从事繁重的体力劳动啊。

第二个选择是以现代狮虎代表的豹属猛兽做出的。它们的猎物广泛，不过主要集中在中型哺乳动物，特别是有蹄类，比如，狮子对斑马，老虎对鹿。这一类猛兽是自然界最精美的杀戮机器，它们有四支上下相对的锋利犬齿，可以轻易切断猎物的喉管，甚至刺穿脊椎，切断脊髓，在短时间内完成最后的致命一击。而修长的四肢，爆发力强大的肌肉，使它们能够追击猎物，即便是斑马这样的快腿，也往往难逃厄运（开上摩托例外）。而发达的大脑和灵活的搏斗技术，又使它可以避开野猪、野牛等的反击。

第三个就是剑齿虎类的选择了。它们对付的猎物，是大象、犀牛和河马这些厚皮类的巨型草食哺乳动物。今天，这些庞大的动物都成了珍贵的保护对象，然而，几百万年前，它们的祖先却遍布欧亚大地，是哺乳动物中发展较早，分布非常广泛的一类。它们的特点十分清晰，那就是躯体庞大，兽皮坚厚，强壮有力，食量巨大，但是比较不灵活。厚皮动物依靠向大型化发展提供对自己的保护，比如原犀，身高七米，体重达到 15 吨，厚皮类似坦克装甲，面对敌害，它们往往发动反冲锋而不是逃跑。假如原犀这样一个庞然大物冲向只有两米高的恐怖鸟，和姚明一样身材的恐怖鸟不想被踩死只有落荒而逃。由此可见，厚皮动物保护自己的手段有一定效果。

▲ 大厚皮动物们

雷兽，始祖象，这些厚皮的大动物，就是剑齿虎的最好猎物。

对付它们，前两类猫科动物都不太有把握。猎豹只有几十公斤的身材决定了它无法一试，即便试了，也会硌牙的。狮子和老虎不到无可奈何的情况下，不会进攻这些危险的重型战车，即便攻击，其威力也大打折扣。非洲曾有狮子攻击河马的记录，狮子从背后扑上正在水边吃食的河马的颈部狠咬，假如这是一头水牛，这一口就足以毙命，但是对于河马，它的厚皮和脂肪有效地避免了狮子伤害到自己的要害部位。猝不及防的河马带着身上的狮子冲向一旁的大河，狮子连忙放弃——到水里还不一定谁吃谁呢……印度曾有老虎袭击犀牛的例子，老虎将犀牛咬伤后跟踪追击达一周的时间，直到犀牛倒毙。

这不是老虎常用的战术，事实上，这更像剑齿虎的招数！

谁也没看到过活着的剑齿虎，剑齿虎是怎样捕猎的呢？我们只好根据现存的化石和遗迹进行分析了。

首先引起注意的是它的牙齿。剑齿虎有一口典型的肉食哺乳动物的好牙齿。牙好，胃口就好，吃嘛嘛香。

肉食哺乳动物相比霸王龙这类爬行肉食兽的一个重大进步就是牙齿的分工。您如果仔细看鳄鱼，就会发现爬行类动物的牙齿没有明确的分工（毒蛇的毒牙例外），它们的作用或者如同钉钯一样在对手身上造成可怕的伤口，比如今天的科摩多龙，或者只是挂住猎物，防止其从口中滑脱，比如蟒蛇。用它咀嚼完全没有可能，所以爬行动物最复杂的猎食动作是从猎物身上扯下一块肉来咽下去，大多数时候干脆是整个的吞食。肉食哺乳动物这方面发达多了，可以说它口中的每一颗牙都长得有道理。我们也是哺乳动物，所以我们的牙齿里面也可以发现和老虎相同的品种。犬齿，那是用于咬死猎物的（我们用来嗑榛子）；臼齿，那被用于嚼碎大块的骨头（我们用来吃甘蔗）；门齿，用于啃食骨头上的肉片（我们用来咬冰淇淋）。狮子和老虎还有我们没有的牙——裂齿，如同锯齿一样可以轻易的切碎肌腱。

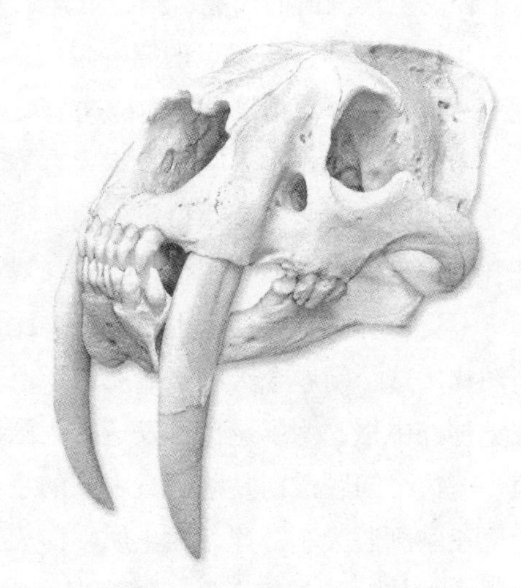

▲剑齿虎的头骨化石，最明显的特征就是两个巨大的犬齿。

剑齿虎的牙齿相当发达，对比狮子和老虎它独特的地方是那十几公分长，锋利威武的

上犬齿。就是这对犬齿，却曾经一度被作为证据，否定剑齿虎属于猛兽。

狮子的上下犬齿都十分锋利，而且相对，合拢起来如同巨大的利剪，加上强劲的咀嚼肌，是完美的武器，一口可以切断猎物的脊椎。所以狮虎这类大猫的捕猎动作十分优美简练，追击扑上猎物的颈背，上下犬齿合力切断猎物的脊椎或者箝住其咽喉，只要一两分钟就可以造成猎物的死亡。

但这个动作放在剑齿虎身上就完全作不出来，因为它的上犬齿明显突出唇外，无法合拢，狮子的犬齿如果是剪子，剑齿虎的就是刀，剪子可以轻易剪断风中飘动的衣带，要是用刀，就不那么容易了。

进一步的调查发现，剑齿虎的獠牙虽然锋利，但并不特别坚固，就像古代的剑一样，如果你追求剑的锐利，那它的韧度就必然下降而容易折，而假如韧度高呢，要想锋利就不容易。铸剑的问题是含碳多少，虎牙的问题则是含钙多少。剑齿虎的牙齿十分锋利，可以轻易切开动物的厚皮肌腱，但如果碰到硬物，比如猎物的大骨头（轻薄的骨头问题不大），则容易折断。

于是就有科学家认为剑齿虎无法像狮子和老虎那样对活物进行有效的捕食，而认为它是一种食腐动物，也就是说，吃人家的剩饭，像今天的秃鹫一样。至于剑齿的功能，则是炫耀武力，或者争夺配偶。

几乎是看到这个观点的第一瞬间，萨就有一个感觉——日本人来了！等到一查，日本动物学家里面持这个观点的堪称主力。

为什么想到日本人呢？日本人有一种天下最较真的性格，在细节上的认真令你不得不服。喜欢摄影的朋友，可能注意到日本人往往对着一片叶子狂拍好几百张，而绝少那种气魄雄浑的片子。日本人往往因此只见局部，不见森林。研究动物也是一样，比如犀牛经常无缘无故地袭击周围其他动物，这个问题今天已经搞明白了，是因为犀牛有一个不受大脑控制的嗅觉神经中枢，为了避免不发达的大脑误事，闻到危险的味道就先冲了再说。但这个问题最初是落到日本人的手里的，日本人怎么研究的呢？当时肯尼亚刚刚通火车，连续发生犀牛撞火车玩命的事情。日本人解剖了死亡的犀牛遗体，然后宣布——谜底揭开啦！死亡的犀牛都是一肚子犀牛粪，而他们聘请的欧洲猎人打死的犀牛肚子里大粪不多，因此可以断定这些犀

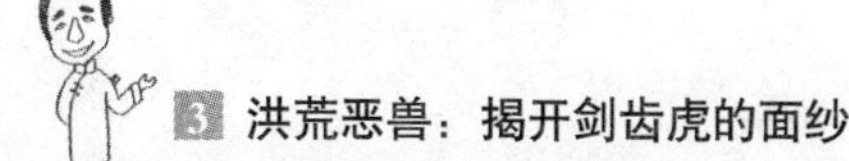


牛是患了消化不良，拉不出屎来引发性情暴躁，故此撞火车自杀……

事后证明，当时正值旱季即将开始，犀牛狂吃积攒能量，当然一肚子大粪，而日本人聘请的猎人猎杀犀牛是在旱季结尾，犀牛没得吃，饿肚子当然没有大粪了，和撞火车风马牛不相及。日本人的思维可见一斑。

▲居维叶(Georges Cuvier，1769 年 8 月 23 日—1832 年 5 月 13 日）法国动物学家，比较解剖学和古生物学的奠基人，提出了灾变论和许多直到今天依然极有价值的生物学论断，被当时的人们誉为“第二个亚里士多德”。

动物学研究权威居维叶认为，动物的各个特征将共同反映它的生活习性和特点，而不能从某一部分就推出片面的结论。他曾经把一块部分骨骼外露的化石拿到课堂，根据其已经露出的胸骨推断这是一种能够飞翔的哺乳动物，然后用石刀敲开化石——大家看到了什么？一头蝙蝠的翅膀骨骼完整地展现出来，赢得了学生的满堂喝彩。

剑齿虎的整个身体构造匀称合理，它的骨骼粗壮，上身比现存的狮虎更为壮实，骨骼构造沉重，显然是为了在上面附着更强劲的筋肉进化而成，大多数剑齿虎有着锋利而可以伸缩的利爪，现存剑齿虎的化石中，带格斗伤的占很高比例，这一切和它锋利的獠牙结合起来，有机地显示这是一种凶猛的攻击性强大的肉食动物，而完全不符合吃腐肉生活的要求——它硕大的犬齿使它难以啃食猎物贴在骨骼上的筋肉，说明剑齿虎在品味上是一个奢侈浪费的家伙，它饱餐后残留的猎物才是其他食腐动物求之不得的佳肴。剑齿虎的凶猛还可以从残存的化石上看出来，美洲出土的古代肉

▲欧洲画家曾经画过早期的虎(祖猎虎)袭击剑齿虎，这显然带有演绎的意味。

食兽祖猎虎的头骨上，就有剑齿虎撕咬的痕迹。

剑齿虎和祖猎虎的搏斗肯定是存在的，不过与此画结果应该不同，用来作此画模特的祖猎虎头骨上就有剑齿虎的齿痕，显然是被剑齿虎一击丧命。

在猛兽家族中，剑齿虎和谁比较接近呢？仔细观察，某种程度上，剑齿虎的身体有些像非洲大草原上的雄狮。雄狮格斗的威力远胜过雌狮，经常出现雌狮捕捉大动物的时候相持不下，而雄狮加入战斗后往往出手就搞定。雄狮为什么有如此强大的战斗力呢？它平时对抗的是其他雄狮，战斗力是和猛兽搏斗练出来的，平时只和草食动物交手的雌狮如何能比?！但是，雄狮主动出击打猎效果很差，因为它身体太重，根本追不上角马或者羚羊。

剑齿虎也一样，它的身体更短，更宽，比雄狮还要沉重，前腿比后腿长，加上一个兔子尾巴，跑起来与其说像老虎，倒不如说更像棕熊。其进攻武器，如犬齿、爪，则极端发达。身体特别粗壮，甚至牺牲了灵活性，表明它对抗的对手有相当强的战斗力，如果没有足够强壮的身体，就无法抵御对手的反击。这一切，都是为了适应它的捕猎生活。正因为如此，今天和大象犀牛同属一类的厚皮大型哺乳动物，才有可能成为剑齿虎的捕猎对象。

在剑齿虎的时代，哺乳动物的主力，就是这些动物。它们向大型化发展，身披坚盔厚甲，大量繁衍起来，极盛时期，地球上到处可见恐象、猛犸、原貘、大树懒等厚皮动物的踪迹。然而，它们也有弱点，因为这类哺乳动物发展较早，在身体机能等方面存在一定的缺陷。今天能够幸存下来的厚皮动物，都已经不是典型的厚皮动物品种，而带有很强的特化现象，不过从它们身上，可以看到古代厚皮动物的点滴影踪。

比如大象，它的大脑已经高度发达，但是依然存在着厚皮大动物对体

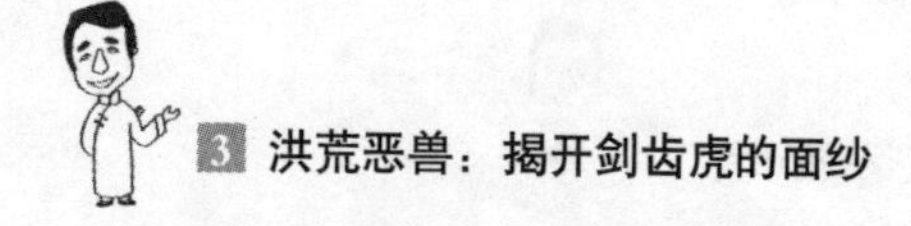


温调节的问题，既不耐寒，又不耐热，于是它只好退缩到热带，然后特化出一对大耳朵，如同散热片一样帮助散热——厚皮动物存在这种问题是因为它们出现的时候地球没有这样强烈的冷暖变化。因此，在黑道吓唬人的时候大可说你不老实削你一只耳朵下来，吓唬大象可不行，削大象的耳朵它就无法生存了，它会跟你拼命的。

犀牛，依然保留了古代厚皮动物比较不发达的大脑，但是它特化出特别敏锐的嗅觉器官，以及相应的盲目冲撞的自保手段。

河马，同样存在大象的问题，且难以持久灵活地奔跑。它选择了进入水中来回避这个问题，而鲸鱼走得更远，干脆入海一去不复返了，大多数肉食哺乳动物，都没有水中捕猎的能耐。

大象的体重，犀牛的脑子，河马的胃口，庶几可以形容古代厚皮哺乳动物的形态。它们的天敌，就是剑齿虎。换句话说，厚皮动物能够进化到今天大象、河马这个水平，正是和剑齿虎几百万年斗智斗勇的结果，还要感谢剑齿虎的促进。否则，没有进化的必要，总鳍鱼到今天还是老样子呢。

其他的肉食兽，能称为厚皮动物天敌的并不多。肉食爬行动物，它们的下颌骨还没有愈合，撕咬坦克装甲一样的厚皮力不从心。恐怖鸟呢？它只有一张嘴巴可以使用，攻击力明显不足。狮、虎、猎豹等今天的肉食兽，它们攻击的目标是猎物的脊椎、气管等部位，锋利的犬齿可以咬死羚羊、斑马，但是猎杀重装甲，大吨位的大象、犀牛并不容易，而且厚皮大动物的反抗能

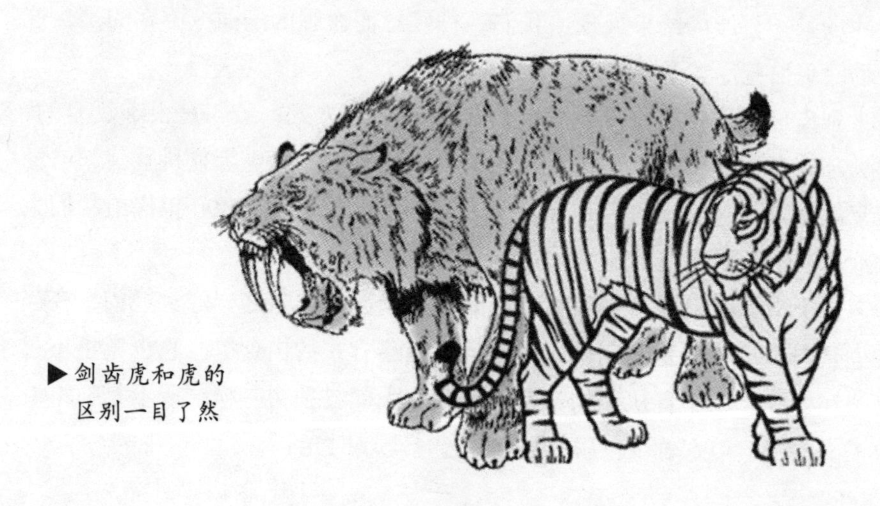

▶剑齿虎和虎的区别一目了然

▲剑齿虎袭击大厚皮动物

力也相当惊人，犀牛顶死狮子并非新闻。剑齿虎灭绝以后，本来厚皮动物应该可以迎来一个新的繁荣的春天的，可是，人已经出现了……

只有剑齿虎能够对付它们。剑齿锋利而尺寸足够，可以轻易的刺穿厚皮动物的装甲防护，而且，其粗壮的身体，也赋予了它和大象、河马正面对战的本钱。

但是，剑齿显然不适合刺穿对手脊椎，切割喉管窒息对手的战术。对剑齿虎的进一步研究发现了它的两个奇特特征：第一，剑齿的刃部有着锯齿一样的锋利边缘；第二，剑齿虎可以把嘴张大到120度——我们人如果这样张口，就要掉下巴了。

根据这两点，结合当时动物遗骨的化石，也许我们可以复原剑齿虎捕猎的场景，复原的结果展现给我们一种残忍而血腥的场面，不幸的是，这种场面恐怕充斥整个剑齿虎生存的时期。

剑齿虎采取的是早期肉食哺乳动物的捕猎方式，最初是很难复原的，因为和它类似的肉食动物在今天的生物圈竞争不过狮虎等猫科猛兽，已经不复存在。不过，幸运的是还有一个幸存者，在20世纪90年代给我们大致地表演了类似的技术。

这个幸存者，就是大熊猫。帮助揭开剑齿虎捕猎之谜的大熊猫，在当年也是肉食动物，是和剑齿虎采用类似捕猎方式的肉食兽。它也竞争不过狮子和老虎，却不肯从生物舞台上退却。大熊猫独树一帜，爷不是抓不着兔子么？好，爷吃竹子！居然被它渡过了艰难时光。

但是，熊猫依然保持了肉食动物的天性，因此，古代也把它列为一种猛兽，成为“貔”，水浒中有一个“貔威将安士荣”，大概就是说他像熊猫一样凶猛——或者，长了一双熊猫眼吧。熊猫还是喜欢吃肉的，只要它能抓得到猎物。

但是在野外，大熊猫很难抓到灵活的狐兔之流。既然抓不到野物，大熊猫要开荤只好欺负家畜了。1990 年，有一头大熊猫离开西溪河保护区连续两次下山食羊。一次咬死圈内 15 只羊中的三只、咬伤两只，食用被咬死的羊。牧人之妻听见狗叫去羊圈查看，大熊猫才受惊窜向西溪河。第二次，它又进入一村民的羊圈，因被发现，受惊向西溪河方向离去。但深夜，该大熊猫又返回，咬死食用圈中的两只羊，次日凌晨被人发现后才顺公路向下游方向离去。

大熊猫第二次下山吃羊的时候，被村民看到了它捕猎的全过程。因为政府早有规定，大熊猫吃羊给补偿，所以没人哄赶。按照村民的说法，大熊猫捕猎的手段相当笨拙，连猫都比不上。它袭击羊的时候，是从侧背抓住羊只，咬羊的颈背部，向两侧撕扯，造成羊负伤，因为羊反抗挣脱，熊猫几次脱爪，又经过多次搏斗，给羊背、羊颈造成几处大伤口，却因为羊的致命部位没有受伤而不能杀死，羊持续反抗，因为羊圈的束缚无法逃脱，最后失血过多而亡。

专家认为，大熊猫看似笨拙的捕羊过程，多少再现了剑齿虎进行捕食的场面。这个手段对付羊可谓文不对题，但是对付厚皮哺乳动物，却恰到好处。

当剑齿虎发现厚皮猎物，——假设它发现一头恐象的时候，它不会采取追击的战术，而是正面交锋——这是因为厚皮巨兽面对肉食动物，采取的战术也不是逃跑，而是对抗。

剑齿虎群居生活，这时的战斗估计会出现一群剑齿虎包围恐象，慢慢接近的场面，而不是单独一头剑齿虎进行挑战。这样的围歼战，可以充分发挥剑齿虎群的作战能力，而且，一头恐象，足够一群剑齿虎饱餐一顿。

于是，不甘灭亡的恐象便会向剑齿虎猛冲来逃生，这个时候，离恐象最近的剑齿虎就会让开正面，利用恐象不够灵活的特点袭击它的侧面或者

背部，它会用锋利的钩爪抓住猎物的厚皮，把自己挂在猎物的身体上（这就是剑齿虎为何前肢更为发达的原因），然后，用锋利的剑齿刺入猎物的背部，狮虎的犬齿如果说如同长枪，那么剑齿虎的剑齿就如同锋利的割刀。《射雕英雄传》里面张阿生的屠牛刀可以吹毛断发，但被大侠拿来当凿子使，结果自然是几下子就断掉。剑齿虎的剑齿也根本不是向猎物的脊椎刺去的，它是深深地插入猎物的肌肉，如同开罐头一样切开猎物的厚皮，像锯齿一样撕扯着切开巨大的伤口！剑齿虎的下颌可以向后张开，因此完全不妨碍剑齿的切割，和大熊猫的攻击力完全不可同日而语！切肉而不切骨，这正是剑齿的作用！

剑齿虎颇有点儿庖丁解牛的功夫。

这样的结果，会造成猎物负伤后大量失血，洪荒时代是没有医院的，因此，被刺伤的猎物其结果将十分不妙，如果大量失血，最终必将倒毙。只要跟踪追击，就能获得猎物。前面提到老虎捕猎犀牛的战术大体如此。但是，剑齿虎不会如此简单地就此罢休，而会群起攻之，形成一头巨兽身体上挂上几头甚至十几头剑齿虎的场面。整个战斗可能持续相当长的时间。其结果就是给猎物真正造成遍体鳞伤，这个场面一定比猛虎扑食要血腥得多……

这样的制造大量失血，并非剑齿虎生性嗜血，目的在于造成猎物尽快倒毙（大概也要几个小时）。厚皮哺乳动物的脊椎等致命部位几乎不可能被咬到，试图通过窒息、切断神经中枢的方式杀死猎物很难，只好通过使其大量失血达到目的，同时，剑齿虎采取群殴的方式加速猎物的死亡，并阻止猎物逃脱——虽然那样猎物终将倒毙，但当时的草原上比剑齿虎还凶猛的猛兽也有，比如裂齿兽，这种其形如熊，其齿如凿的家伙咬起剑齿虎的脑袋也如同我们吃榛子一样，负伤的猎物如果落到这种家伙手里，剑齿虎只有挨饿的份儿。

但是，这种战法的缺点就是猎物会进行长时间的反抗，可以想象厚皮猎物疯狂地挣扎起来，其体重和战斗力不可低估。古代中东就有过一个跟岳家军学过地躺刀的王子，看到敌军披甲的战象无法对付，于是冲到大象腹下，豁开了大象的肚皮。但是，倒下的大象，把王子也砸死了。出土的剑齿虎化石，有很多显示骨折受伤的痕迹，显然，剑齿虎的捕猎是一种硬碰硬的艰辛职业。

厚皮动物的进化和其他肉食动物的竞争，也促进了剑齿虎的进化和发展。

剑齿虎的牙齿结构很适合割断血管放血的要求。厚皮大动物的皮面对锋利如矛的齿刀究竟有多少抵抗能力呢？猛虎可以轻易撕裂牛皮，而厚皮大动物代表大象的皮，比牛皮的质地就差多了，类似生橡胶，有用牛皮作盔甲，没有用大象皮作盔甲的。有科学家曾用投枪做试验，洞穿几十公分的象皮不在话下，证明原始人有捕猎猛犸的能力。而现实中的大象厚皮，也达不到几十公分的厚度。剑齿虎的犬齿结构复杂，内部有一排细小的锯齿，一旦刺进猎物的身躯就可以划开对手的皮肉，比单纯的刀效率更高。给猎物造成失血的大伤口，这是良好的工具。

剑齿的确可能折断，但那是刺中骨骼的时候容易发生的事情，而割肉，它的强度足够。注意剑齿虎的头骨，它的牙齿结构耐人寻味，剑齿的牙根很深，如同刀鞘，深深地镶入颅骨，如果想把剑齿虎的犬齿连根拔出来，除非把它的脑袋拧掉，所以，它的犬齿是两口刀刃薄、刀柄牢固的切肉刀。至于对付大动物受伤后的挣扎，剑齿虎锋利粗壮的前爪显示，它很可能是用前爪把自己固定在猎物的身上，如同蚂蟥一样。这样，它的头和猎物的身体就保持了相对的稳定，即便猎物狂奔也可以照旧从容刺杀。剑齿虎的化石中显示了一定的骨折比例，复原显示，被剑齿虎缠上的大动物，大概是采用滚翻的方法压伤剑齿虎造成这样的伤害，然而，这样它就要暴露出防御薄弱的腹部，颈部下方，给其他剑齿虎的攻击制造方便，而造成战斗更快地结束。

剑齿虎另一种攻击方式是用掌抡击打昏猎物。虽然这用来对付大象似乎有点高度不够，但很有可能是剑齿虎后期改变捕猎对象，对付山羊等猎物时的手段。因为对于那样的猎物，它的巨爪已经足够。剑齿虎吃山羊野牛还是活了十几万年呢。

随着厚皮大动物的繁盛，剑齿虎的发展在一百万年前达到了顶峰，值得一提的是剑齿虎在进化上是很勤奋的动物。从它的产生到灭绝，先后经历了五次大的进化，最后的剑齿虎，食谱上的大部分原料已经把大象改

▲剑齿虎过的应该是一种颇不容易的生活

▲古人类与剑齿虎曾有共处的时期

为野牛了。所以，在包括冰期这样的地球生态剧烈变化面前，剑齿虎都顽强地生存了下来，在美洲发现的最后的剑齿虎化石只有距今不到一万年，那时候，人类已经可以眺望埃及文明和炎黄蚩尤的曙光了。考虑到不是每头剑齿虎都能够变成化石，最后一头剑齿虎的消失还要晚些，不过萨认为黄帝见过剑齿虎的可能性很小，因为权威的看法是亚洲的剑齿虎灭绝的比美洲的要稍早。

山顶洞人头骨化石和剑齿虎化石，揭示着人类和剑齿虎的轨迹有过交线。直到宋代，还有用剑齿虎化石制作笔架等工艺品的。

显然，随着进化，剑齿虎捕猎的技术越来越炉火纯青。它的分布也从美洲经过白令陆桥扩展到了亚洲。在那里，它遇到了强有力的竞争者——杨式虎。这种狮子和老虎的共同祖先，代表了真猫类现代猛兽的出现。

如果观察猛兽的种类，会发现在不同的地区，总是有一种或两种居于顶峰的猛兽，而这些“山大王”各据一方，很少互相往来，形成了动物界的割据现象。不知道当时猛兽们有没有一个类似联合国的组织来协调彼此的边界冲突。

对于哺乳动物来说，这个割据的现象，大致确立于七八十万年前，而直到今天，它的影响还依稀可见。

剑齿虎的地盘，大致控制了南北美洲，以及亚洲北部的部分地区，在这个地区的草原时代，剑齿虎称王称霸。但是，它没能深入亚洲南部，因为那里是当时虎的地盘。亚洲南部当时被森林所覆盖，森林中的动物体形较小，虎比剑齿虎更适合在林间捕杀中型猎物，在森林中剑齿虎竞争败北，只好停止了南进。至于西边，由于中亚干旱的地带猎物太少，环境苛酷，扁平足的剑齿虎也没有能够进入欧洲和非洲。

这样，就在地球上形成了当时如下的布局：

美洲——属于长牙王：剑齿虎

亚洲南部——属于林中王：虎

非洲——属于草原王：狮

欧洲——属于黑暗王：洞狮（大黑鬣狮）

澳洲——属于隔绝王：袋狮

据信是由于人类的竞争，欧洲的洞狮终于灭绝，而澳大利亚的袋狮和剑齿虎也先后神秘消失。结果，就是今天在欧洲、澳洲、美洲，我们都看不到可以称为皇帝级别的猛兽了——美洲最大的猛兽美洲虎，在其他洲只能算是中型猛兽。

它们的空缺，估计再也不会有人类以外的动物来填补了。

但是，上面的清单中，亚洲的中部和北部却没有列入，这是因为，这个地区的王位之争，始终处于混战之中。

应该说剑齿虎在最初的竞争中威风十足，在草原的竞争中所向无敌。剑齿虎化石曾在甘肃省东乡县出土，长 2.06 米，高 1.76 米，牙齿锋利，嘴巴张开可达 90 度，可见其生前的凶猛。

但是，在这个领地，它很快就遭到了两面的夹攻。

从南面的攻击，来自虎的家族。由于气候的不断变换，亚洲中部不断在森林和草原之间变换，从而使剑齿虎与虎出现了交替控制这一地区的局面。

在北面，恶劣寒冷的气候逐渐控制了这一地区，给所有动物的生存都带来危机，剑齿虎的猎物也越来越少，猛犸和披毛犀这样的巨兽受到食物总量的限制，总数不可能太多，而另一种兽类正在等待着挑战剑齿虎。

这就是另一种凶猛的肉食兽——成群活动的犬科动物，狼的祖先出现

了。

单单一头狼并不可怕，可怕的是狼和剑齿虎一样，是成群活动的，而且更为轻捷矫健，可以追击中型哺乳动物，它们的体型小，因此一次所需的食物量也少，想想一群剑齿虎的血盆大口，要吃饱肚子可就比狼困难多了。

在严酷的生存竞争中，剑齿虎顽强迎战，在亚洲北部和美洲北部的剑齿虎也开始向小型、矫健方向发展，发展到极端的典型就是剑齿豹（Homotherium），它整个就是一个对剑齿虎的颠覆。这是剑齿虎一个独特的变种，广泛分布于亚洲、美洲北部。

剑齿虎的传统形象是孔武有力却不喜欢奔跑，对于大猎物的攻击采用大出血的战术。剑齿豹呢？剑齿豹是一种短牙的剑齿虎。它的剑齿缩短，更有力而强固，身体变长利于奔跑，爪子不再缩回，以便快速地追击猎物，剑齿豹是一种群居的，以追猎为主的猛兽。不过，它追猎的对象是猛犸等大型哺乳动物，争夺鹿这样的食物它跑不过狼，但对付起披毛大象，它的战斗力远胜于狼。

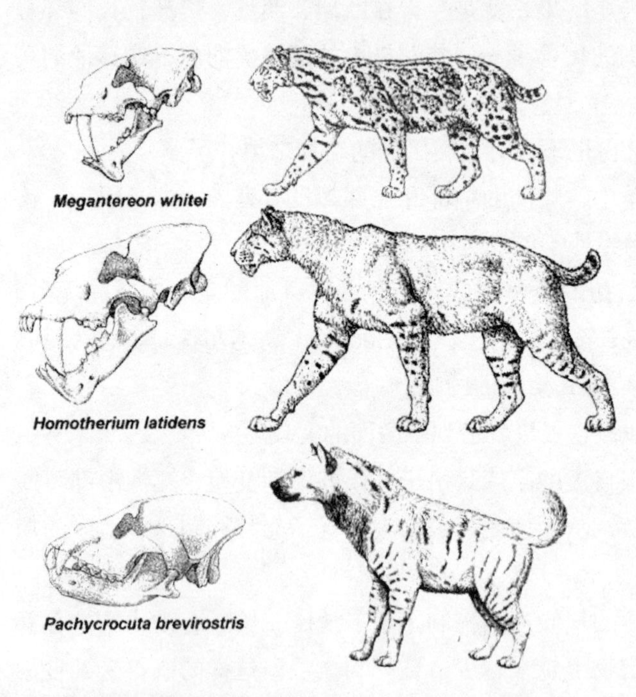

▲剑齿豹，短牙剑齿虎与鬣狗更为接近——很少有人想到，鬣狗居然也是猫科动物。

从形态和结构上说，剑齿豹更有些像鬣狗，它的战术，根据猛犸化石的检验，证明也不再是放血，而是攻击猛犸等猎物的足部，使其负伤后最终不能站立而倒下，沦为剑齿豹的食物。

不过，即便进化到极端的剑齿豹，由于剑齿虎的出身，还是保留了大量的缺陷，比如骨骼比较重、身体结构还是太厚实等，猎豹为了跑得快牺牲了锋利的钩爪，速度可以达到一百多公里每小时，剑齿豹也是这样效仿，但是，它的最高速度，据推测拼了老命也只能跑到60公里。

剑齿豹已经不可能在剑齿虎祖先的基础上继续进化了，在五十万年前，剑齿豹由于自身的缺陷和食物的减少，在竞争中失利于狼群，灭绝。

但是狼群也未能得意很久，最终，随着冰期的消失，虎把自己的控制领地一直推进到了西伯利亚，狼只能沦为虎以下的二级捕猎者了。

在美洲，同样面临生存竞争的剑齿虎走向另一个极端，发展出了重型剑齿虎（Barbourofelis）。这种变态的剑齿虎牙齿居然可以达到73公分长，也是把它放血的水平达到了极限。

顺便说一下，那剑齿虎之前纵横四海的恐怖鸟呢？

说来可怜，恐怖鸟在和剑齿虎的竞争中落败以后，失去了肉食世界的王座，慢慢地连饭也吃不上了，沦为了食腐动物，也就是捡点剩饭。这样又撑了几百万年。可是连吃剩饭也有人来抢，北美大秃鹫这样的食腐猛禽出现以后，哪儿有剩饭它在天上比恐怖鸟在地上总是先一步发现，在这最后一击之下，恐怖鸟终于慢慢地退出了历史的舞台，绝灭了。

剑齿虎最终也绝灭了。对它绝灭的原因，依然众说纷纭。

厚皮大动物的减少是一个重大原因。今天的厚皮大动物，大都生存在非洲等没有剑齿虎的地方，美洲幸存的比如貘则深习水性，剑齿虎这样沉重的家伙，下水的本事它学不会。

这样的打击绝灭了大部分的剑齿虎，但还有一部分剑齿虎适应了变化的世界，继续生存了下来。

人类的出现，无疑也是一个因素。在原始人的洞穴里，曾经发现大量剑齿虎的化石，有人推测是原始人的狩猎打绝了剑齿虎。这个理论有一定偏差。原始人的狩猎，对数量较少，而在积雪上无法隐藏足迹的披毛犀、猛犸无疑影响更大，而对骨头多肉少还凶悍的剑齿虎来说，恐怕不会有这样大的影响。如果萨是原始人，我宁可选择狩猎兔子，也不会去招惹

▲ 袋剑虎的头骨化石

剑齿虎的。其他猛兽的骨骼在原始人洞穴里面也很多，它们依然生存在地球上。显然，这些猛兽和人的冲突，是由于争夺猎物造成的，可以想象剑齿虎刚刚放倒一头大象，原始人就举着棍棒梭标赶来争夺的场面，那，几乎可以肯定是一场恶战的开始……

不过，剑齿虎的绝灭，似乎和人类还是有一定关系，因为人类进入美洲以后不久，那里包括剑齿虎在内的大部分大型哺乳动物，就骤然灭亡。在前面的文章中，我们曾经写过一个推测——人类的迁徙带来了大规模的病毒性疾病流行，最终引发一万年前，许多大型的哺乳动物和鸟类都消失了。

不过，这只是一个推测，剑齿虎究竟是怎样从地球消失的，依然是一个谜。

只有化石上锋利的剑齿，仿佛折射出一万年前剑齿虎的狰狞形象。

最后介绍一种总是被认为是剑齿虎的动物。

这种动物有着比剑齿虎更为夸张的剑齿，但其实它并不是剑齿虎，而是南美袋剑虎（Thylacosmilus）。约一千二百万年前的上新世生活在当时还较与世隔绝的南美洲。它与前面介绍的剑齿虎家族没什么关系，只是长得有点儿像，袋剑虎是有袋类动物，个头与母狮差不多大，但腿较短。它的特点是下颌有专门的骨突，可能有刀鞘的作用，但也可能只是向异性炫耀的工具。不过，这种动物的化石，的确是很让喜欢剑齿虎的朋友看了心头一喜的。这个家伙的牙更大，更薄，如同骑士的马刀，这个玩意儿狩猎的时候怎么能玩的转就更让人难以理解，难道摘下来抡。

萨是决定不费这个脑筋来琢磨了。

# 4 征服天空的丑八怪

看了这个题目有的兄弟要提意见了，征服天空？航空的先驱者那是莱特兄弟啊，虽然长得不能算帅，可也不能叫丑八怪啊，人家是科学家，还能个个长得像周润发似的？

您别误会，我们这里想讲的事情，比莱特兄弟要早一亿多年呢。萨要讲的，是动物世界怎样征服天空的故事，主角呢？赵忠祥老师？不是，主角是那些远古的鸟类和它们的祖先了，这些家伙长得都够水平，基本可以赶上《我爱我家》中的李冬宝或者足球名将戴维斯……

其实，动物界开始向天空挑战的时候，别说鸟儿了，连总鳍鱼还没有上岸呢，在古生代的空中，就开始有飞来飞去的家伙了，它们就是远古的昆虫，据说，那个时候的蜻蜓能够达到两米长，——两米大的蜻蜓？！科学家这么说，可是他也没见过，只是化石里面的确有……那个时候的昆虫还真有藏在琥珀里保存下来的，看起来，和今天的品种居然差不多。

不过，这些小东西对天空的挑战，离征服还差得远呢，一阵狂风吹来，两米长的蜻蜓，就掉水沟里了……

在鸟类之前，真正挑战长空的脊椎动物不是没有，那就是这种形象可怖的翼龙。

▶远古蜻蜓的翅膀化石，推测翼展超过50厘米，出现于三亿年前的石炭纪。

▲翼龙就是这样的

翼龙，有上百个品种，最大的翼展达到十米，这是一种古怪的动物，虽然个子巨大，骨骼却出乎意料的轻捷，拿撒哈拉翼龙来说，它们的身躯达到16英尺宽，体重呢？根据推断，只有一头小狗那样大！

翼龙是1.5亿年前的滑翔高手，可以从非洲飞到美洲——这个并不是开玩笑，而是偷换了一下概念，那个时代，非洲大陆和美洲大陆还没有完全分开呢。反正，在中生代的海面上升气流里，大概经常可以看到在海面上翱翔的翼龙。

有人认为翼龙没有龙骨突，所以应该不会振翅飞翔，萨不以为然。生物实现生存的手段多种多样，你不能说鲸鱼没有鳃就不能潜水对吧。萨更愿意把翼龙想象成振翅高飞的超级大蝙蝠。的确，嘴巴很大的超级巨型蝙蝠，就是翼龙的基本形象了。不过这种巨型动物一定相当脆弱，它的皮膜翅膀根本留不下化石痕迹，估计一定很薄，上面没有羽毛，也没有绒毛，可以想象是很容易戳破一个洞的，那么这大蝙蝠就要完蛋了。好在那个时代空中没有它的竞争对手，就像渡渡鸟不需要武器防范天敌一样。

▲大型掠海翼龙与人和长颈鹿的大小对比

如果要萨给翼龙一个评价，它和鸟儿相比，就像飞艇和飞机一样，属于落后了一个时代的产品，第一次世界大战中，造价昂贵却又装满了一打就着的氢气，飞艇在飞机的打击下根本不是对手。翼龙，和鸟类如果进行生存竞争，结果，大概也一样吧。

然而，翼龙是一种非常有特色的动物，看，这是翼龙头骨，脑袋很大，上边还带着一个古怪的帆状骨板。

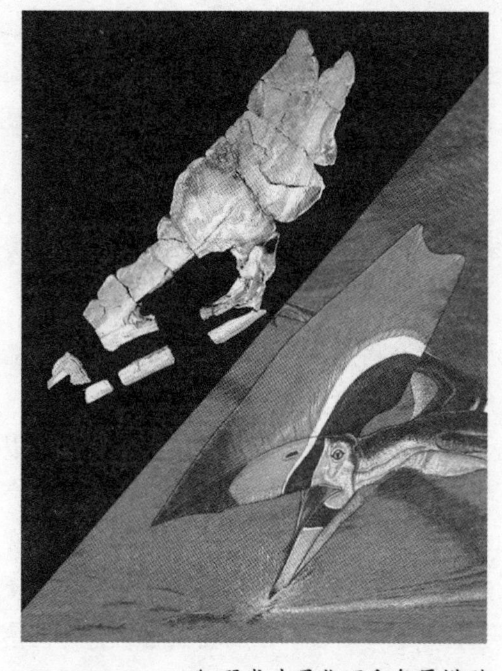

▲翼龙头骨化石和复原模型

但是发达的翼龙尾巴短，越到后期越短（早期的飞龙是长尾巴的），这令看惯了长尾巴鸟儿的朋友们感到有些不可思议。这种不可思议可以理解，因为尾巴对于飞行的东西，比如飞机，是非常重要的，需要靠它保持平衡和调整方向，和水中鱼儿的尾巴一个道理。

▲始祖鸟化石

现代的战斗机，尾巴很重要，据说王伟烈士就是被美国侦察机撞毁了飞机尾巴才不幸遇难。然而翼龙这东西没尾巴，怎么能飞呢？

翼龙自有办法，和鸟儿用尾来控制飞行反其道而行之，它把尾巴放在脑袋顶上，就是脑袋上那块风帆状骨板掌握平衡和方向。人家摇尾巴它摇

头……爬行动物的神经传导毕竟不如鸟儿发达，假如又要控制脑袋，又要控制尾巴，空中的翼龙很容易神经错乱。另外，这块大骨板还有鲜艳的颜色，是求偶的标志，和孔雀的尾巴作用相同。

翼龙是一种勇于挑战的动物，可惜，它的家族，在白垩纪后期和恐龙一起全部灭绝，没有留下后代，出师未捷身先死，泪洒长空啊。脊椎动物真正对天空的征服，要留给鸟儿来完成。

鸟类，是今日天空的霸主——飞机？飞机不能算，您看，有飞机的地方就能有鸟儿，反过来，有鸟的地方就能有飞机吗？比如萨老舅家那鹦鹉笼子里，能跑飞机吗？

科学家们为了追寻鸟类的起源，可以说是煞费苦心。这是因为鸟类的化石是最少的。在空中飞翔的鸟类要保存为化石很困难，它的骨骼轻而中空。少年百科全书中这样形容鸟类化石的形成：“当远古时期的一只鸟寿终正寝，长眠于地上时，它的纤细的骨骼在风吹、雨淋和日晒的打击下，会逐渐破碎解体，最后变成尘埃；即便落在阴暗的地方，也会有其他食腐动物光顾，在它们饱餐之后，原地将只余下一堆破碎的骨头。只有宁静的湖泊和沼泽，才是鸟类永久安息的理想坟墓。在古代湖边或沼泽地栖息的鸟类，在死亡之后如果恰好坠落在细腻的淤泥中，而且此后的漫长岁月中淤泥缓慢地压实，变成石头，没有被温度、压力摧毁，才最终会保留下那只鸟儿的骨骼，幸运的话，还能在岩石中留下羽毛的印痕。如此苛刻的形成条件使鸟类的完整保存成为奇迹，保存下来的每件远古鸟类化石都价值连城。”

总有人运气比较好，1861 年，在德国巴伐利亚的一个采石厂，喝完黑啤酒去上班的工人发现了一件古怪的化石，它大小如鸡，具有与现代鸟类相似的羽毛，但是嘴里长满了牙齿，这个怪物的“尾巴”很长，还有尾椎，翅膀的指端是锋利的钩爪。萨想当时工人们肯定以为啤酒喝多了——上帝啊，这是什么东西？

这就是后来大名鼎鼎的始祖鸟，它生活在 1.5 亿年前的侏罗纪，是至今为止发现的最早的鸟类。这块化石因为发现在采石场，被命名为“印板石始祖鸟”。

似乎是冥冥中对始祖鸟这个名字的尊重，此后的鸟类化石，再也没有比始祖鸟更早的，即便有些种类从进化角度显然不会直接起源于始祖鸟。

▲复原的始祖鸟

科学界公认始祖鸟代表了爬行动物和鸟类的中间环节。

先来看它像爬行动物的一面：嘴里长着牙齿，尾椎上的骨头有20个；骨壁很厚，里面没有充空气，翅膀的前端生有爪子。

再看它像鸟类的方面：具有鸟类特有的羽毛和叉骨，足上有四趾，其中拇指与另外三趾相对。

身披羽毛却满口具牙的动物正是进化论者梦寐以求的化石，它证明了鸟类是从爬行动物演化而来的，说明物种是可以变化的。

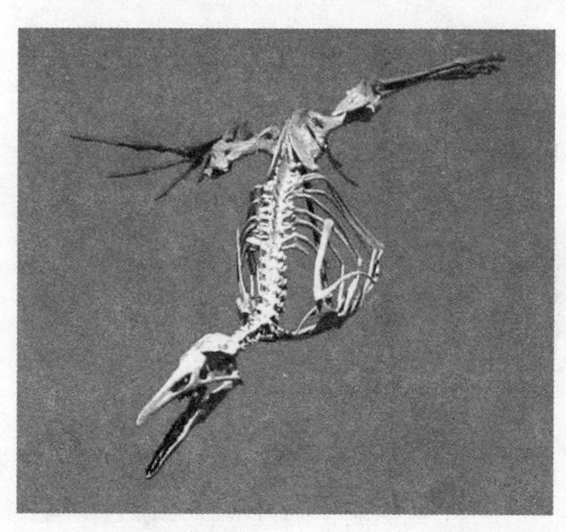
▲远古鸟类化石

始祖鸟实际是一种四不像，要是拔了毛没有人认为它不是兽，可要披上羽毛，又很难认为它不是鸟。这种动物如果现代要一个同类的话，大概只有鸭嘴兽可以相比，这种动物也是四不像，但它和始祖鸟反其道而行之，鸟儿的嘴，乌龟的蛋，哺乳动物的毛……

其实，始祖鸟还不能真正的飞，它笨重的骨骼不适合飞翔，胸部也远没有三版女郎乔丹那样丰满。它是一种善于攀援，但是只能滑翔的“半吊子鸟”。

至今为止，一共发现了七块始祖鸟化石，以及一根羽毛，这就是始祖鸟的全部残存了，每一块化石都价值连城。

始祖鸟出世，其他的鸟儿们都一个世纪不敢出声，离它最近的鸟化石，是六千万年后的黄昏鸟，那是已经开始从飞翔鸟类退化的海鸟涉禽了，怎么一下子从“原始”就到“退化”了呢？从始祖鸟到现代鸟的中间环节，历时数十年，始终没有找到。

黄昏鸟，翅膀已经完全退化，它和始祖鸟中间的神秘动物在哪里？在哪里？

始祖鸟和恐龙中间的神秘动物，你们又在哪里？在哪里？

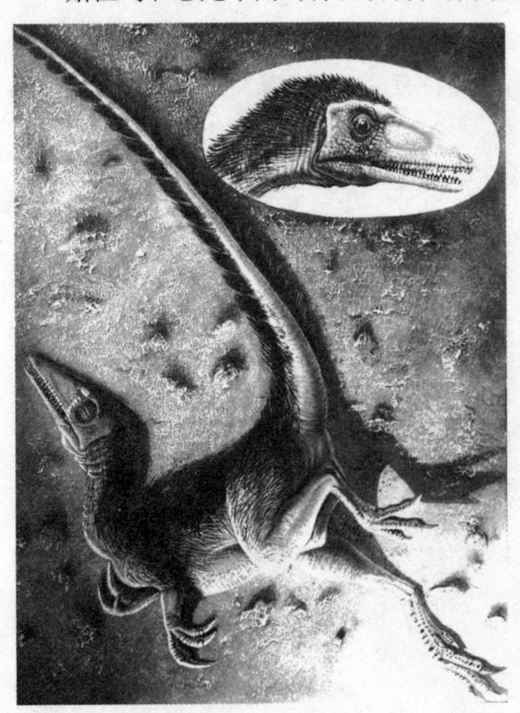
▲复原的中华龙鸟

20世纪90年代的一天，一个中国农民在地里挖出一块化石来，这个地方叫作北票，在辽宁省。他做梦也没想到的是，他的发现让北票这地方在世界古生物学界成了圣地麦加。

此后的四五年里，这里就像煮饺子的大锅一样，接二连三捞出来几百块古代鸟类和长羽毛爬行动物的化石来！

1994年，这个叫作李印山的辽宁农民在北票市附近的荒野里见到一块奇怪的化石，把它卖给了中国地质博

物馆的季强先生，季先生惊讶地发现，这种样子像恐龙的动物居然身上长了毛，而且，仔细看，还可以发现是带有分叉的羽毛！按照当时认为“只有鸟才有羽毛”的观点，季先生把它命名为“中华龙鸟”。

中华龙鸟的化石，因为具有羽毛引发了古生物界的一片板砖，最后的结论是，不行，有羽毛的也不能算鸟，而20年前的一个理论——“恐龙也可能长毛，长羽毛”则占了上风，中华龙鸟，被认为更应该叫作“中华鸟龙”，是带有鸟类先祖动物特征的小型羽毛恐龙，虽然鸟类不是中华龙鸟或中华鸟龙的直系后代。

▲复原的中华鸟龙生活想象图

中华龙鸟还是在地面生活，这怎么也不能算是鸟啊，虽然……有那么几分相似，它最终被改名为中华鸟龙，是兽脚类恐龙开始向鸟类进化的一个原始品种，实际上，它虽然比较原始，生活的年代却比始祖鸟晚，和始祖鸟的关系，就像黑猩猩和人一样，你可以说黑猩猩更像人的祖先古猿，但不能说黑猩猩是人的祖先。小型爬行动物是中华鸟龙的主食，不过也有

◀它的嘴里还是长牙，但羽毛更明显了。

个别的中华鸟龙吃小型哺乳动物。不幸的是当时的小型哺乳动物多半有毒，有些科学家认为我们看到的中华鸟龙标本，就是吃这玩意儿毒死的。不过今天的哺乳动物好像带毒的倒是不多，否则谁还敢去吃牛肉呢？

尘埃初定，但是1998年，辽宁的农民又发现了一块无法解释的化石。

这块化石编号ngmc91，正式名称北票龙，一度被命名为原始始祖鸟，现在证明，它脑袋挺大，一嘴利齿，还是一种善于奔跑的恐龙，看起来，90%的地方还不像鸟，但是，它长羽毛，是不容置疑的事实，比中华龙鸟还是更像鸟了。最初，这种恐龙也曾在国外发现，但没有引起重视。北票龙类恐龙德诺克斯龙（美国）的最初复原图，看起来不过是一种凶悍的小型兽脚类恐龙，那时候人们还不知道它们都是身披羽毛。但根据中国的化石推断，北票龙是一种遍生羽毛，善于纵跳的凶猛动物，它的脚上也有锋利的钩爪，格斗的时候手脚齐上，对手的感觉肯定是和进了青帮开香堂一样——要被三刀六洞。北票龙有一个亲戚——中华千禧鸟龙，也曾被视作鸟儿的，不过，后来发现只是相当的接近。北票龙化石一身羽毛的出世，给

▲北票龙

古生物学界造成了巨大的震荡，结果就是各国的博物馆赶紧往兽脚类恐龙模型的身上粘鸡毛。

比中华鸟龙和北票龙还要早的鸟类祖先是谁呢？现在的推断是“兽脚类”的小型食肉恐龙。迅猛龙是《侏罗纪公园》的明星演员，身材修长，身长 2.5 米，如果站起来，因为尾巴太长，比人稍微矮一点，它是恐龙中凶悍的智能杀手，有点儿像今天的豹子。这种《侏罗纪公园》中凶猛而狡诈的杀手恐龙，现在判断非常可能是鸟类的祖先。鸟的特点是前肢和后肢分工明确，迅猛龙的前后肢分工很好，而且大脑发达，协调性好，这个对于要上天的鸟来说很重要。像萨这样走平衡木都会掉下来的家伙是没法进化成鸟的。对了，这个杀手不冷血，它是和哺乳动物一样的温血动物。

按说，恐龙本来被认为是没有毛的。但是，辽宁农民——在鸟类考古界，“辽宁农民”是一个令人肝儿颤的专有名词，他们发现的孔子鸟震翻了整个古生物学界。现在，这个名字的出现就往往联系着美妙的大发现！——辽宁农民发现的化石证明，迅猛龙实际上是长羽毛，至少是长毛的动物，结果，新的复原图中，迅猛龙就成了这样的形象，能够袭杀比它大得多的愚钝恐龙，锐利的钩爪是它的武器，一亿多年以后出土的迅猛龙爪化石依然锐利如刀。奇怪的是它向鸟类进化的过程中，那种猎杀巨兽的雄风却不见了，个子逐渐变小，不复当年之勇。

迅猛龙的后代中，开始变得更像鸟的，大概就是下面这种——窃蛋龙。说白了，偷人家鸡蛋的小贼啊。

窃蛋龙发现于 1923 年，是在一窝蛋旁边发现的，骨头已经破碎。当时科学家们推测，那是一窝原角龙的蛋，它是在一次胆大妄为的偷窃活动中被杀的。可以想象，当原角龙返回

▲ 窃蛋龙

自己窝的时候，发现窃蛋龙正在试图偷窃它的蛋。愤怒之下，原角龙一脚踩碎了窃贼的脑壳。不过现在证明，窃蛋龙虽然可能确实吃恐龙蛋、昆虫和水果为生，但最初发现的窃蛋龙旁边的蛋是它自己的，它是在保卫自己的蛋时英勇牺牲的，可说是英雄母亲。

窃蛋龙化石上面羽毛的痕迹很明显。它的形象的确不佳，一般个体个子也只有乌鸦大，但是，它的前肢上有大片的羽毛，和野鸡的翎毛差不多了。窃蛋龙的羽毛发达，是因为它要用自己的羽毛孵自己的卵。恐龙都不孵蛋的，但窃蛋龙独出心裁，“作窃之家，焉有被窃之理？”有道理啊，有道理！

还有比它更像鸟的，比如尾羽鸟龙，看上去和鸟类相比就几乎可以乱真了，只有满口牙齿露了馅。尾羽鸟龙的化石，它的最大特点是尾巴没有那样长的尾椎骨了，二十几节尾椎骨融合成一个小片片，羽毛就附着在这个小片片周围，和今天的鸡尾巴差不多，从这个角度，它比始祖鸟更像鸟，可惜，它的生活还是在地上跑，而始祖鸟无论怎样，还是能够滑翔呢。所以，它动摇不了始祖鸟作为鸟类共祖的地位。

这些长羽毛的小型恐龙被认为是鸟类祖先，但是对于它们怎样变成鸟儿，有两种说法争议不休。

一种认为它们是在地面狂奔，扑翼加快速度，就像现在的鸡被你追急了的时候一样，扑上好几百万年，就会飞了。当年达芬奇曾经按照这个原理设计扑翼机，按照上面的理论，如果萨带上这个玩艺儿，扑上几百万年，也会变成鸟儿的。

▲虽然丑陋，也是舔犊情深啊。

另一种，认为它们是营树栖生活，经

常要从一棵树滑到另一棵树，这个过程中羽毛和扑翼越来越重要，最后进化成鸟儿了。

萨的看法，两者都有道理，试想，假如您是一头窃蛋龙，正在偷人家鸡蛋——不对，偷龙蛋的时候给龙妈妈看见了。

当时霸王龙妈妈之类的家伙都是性格很暴躁的，能不讲理的时候肯定不讲理，能讲理的时候……估计会加倍不讲理。

那就只能是玩命地跑啦！窃蛋龙、尾羽鸟龙之类善于奔跑，而且是温血，动作灵敏，当然有可能跑得赢大型恐龙。这个时候，扑翼未必起多大作用，倒是两条腿越长越好，所以，这类长羽毛的恐龙越跑越快，腿越来越长，最后发展成了一种叫作“走禽”的鸟类。

鸵鸟，就是现存走禽中最大的一种。经过研究证实，这种大型鸟类善于奔跑，上肢基本退化，胸骨平实，和飞翔无缘，却能够生存很久。曾经有认为鸵鸟等走禽是鸟类上天以后退化成为陆地鸟类的，现在的研究表明，鸵鸟的脚骨远比飞翔鸟类原始，它从古到今根本就没有上过天。走禽，是鸟类最早的一个独特分支。

如果看鸵鸟的羽毛，也会发现它比较原始，和飞翔的鸟儿的羽毛相比，鸵鸟，特别是新西兰绝灭的走禽恐鸟，都有着毛茸茸的腿，活像《鹿鼎记》里面韦小宝形容的“红毛”“火腿”，那种毛，更像兽而不像鸟。

这种走禽在晓新世发展成狰狞的恐怖鸟，称雄地球两千万年，但是，它们都属于与蓝天无缘的鸟儿。真是的，不想飞你干嘛要做鸟呢？令人百思不得其解。在征服天空的话题里，我们就不对它们多品评了。

▲恐鸟

▲孔子鸟化石

然而，有的恐龙速度很快，如霸王龙时速40公里，不是谁都能逃得掉的，被追急了，还有一个办法就是爬上树去，兽脚类恐龙的前爪锐利有力，抓人当然凶猛，逃命爬树也很实用。于是有一类兽脚类恐龙，越来越多地栖息在树上。后来人类的祖先古猿也是依托这个思路在狮子和老虎的丛林中幸存下来。树啊，多么安全的地方，不是现在有些旅游点还告诉大家，发现野猪之类的追你，好的办法就是上树吗？

这些“飞禽”的发展方向和“走禽”不同，走禽，练的是全身的腱子肉，好像施瓦辛格，飞禽，只要练胸脯上两块挥动翅膀的肉就行了，好像三版女郎乔丹。它们，萨的理解，就是现代飞行鸟类的祖先了。

现在我们可以回到始祖鸟了。始祖鸟的钩爪，就可以被解释为它爬树的工具，当科学家们在辽宁发现下面这种鸟类的时候（也许又是辽宁农民首先发现的），终于相信，在树间滑翔的始祖鸟的亲族们，最终具有了飞翔的能力。

这种了不起的鸟，就是辽宁发现的孔子鸟，生活在1.45亿年前。

始祖鸟，正是窃蛋龙和孔子鸟之间的环节。

这就是古生物学界鼎鼎大名的孔子鸟。真正的鸟儿，终于出现了！

在这块肥沃的土地上，辽宁农民和考古学家先后挖出了几十件孔子鸟的化石，各种各样。经过研究孔子鸟的骨骼，科学家们认为虽然依然保留了前肢的钩爪，但孔子鸟的确已经能够飞翔，但是因为胸还不够大，只能平飞，还不能从地面上一飞冲天。和今天的野鸡相似。

这已经足够了。

我们已经可以宣布：等了这样久，真正的天空征服者——鸟儿终于出现了，让我们来好好看看吧。

能想到么？其实孔子鸟和始祖鸟几乎是同一个时代的动物，只差三百万年。哦，三百万年前我们还是大猴子呢，不过对于一亿四千万年前的鸟类来说，这是一个非常接近的时间了。

始祖鸟有75%的爬行动物特征，而孔子鸟已经只有25%像它的祖先小恐龙了，也许，它晚出现三百万年，只是孔子先生固有的谦让精神吧。

在孔子鸟发现之后，北票的鸟儿从孔子鸟的肩上接连不断地飞向了天空。发现一个接着一个，征服天空的故事，终于可以被清晰地描述出来了。

随着孔子鸟的出现，鸟类的世界繁盛起来，一个新的面对天空的时代已经开启。

讲到这里，鸟类已经不再看着像恐龙了，然而，如果您家里的小家伙想看恐龙，还是可以让她看看鸟儿吧——鸟儿，正是恐龙的直系子孙呢。

值得一提的是，孔子鸟和辽西鸟是始祖鸟后代中的两个家族，辽西鸟和长城鸟是现代鸟类的直系祖先，而孔子鸟家族中，华夏鸟是进化得最好的，它们和辽宁鸟一族分道扬镳，更多地遵循恐龙的生活习惯，比如不孵蛋。于是，很不幸的，这个漂亮的家族和恐龙

▲孔子鸟复原图

▲辽西中生代晚期世界，鸟类和有毛恐龙的乐园。

一起，在白垩纪全部绝灭，据说，恐龙和孔子鸟家族灭亡，不孵蛋是一个重要原因，因为自然孵化的蛋，不同温度下，孵出来的小鸟和小恐龙性别不同……别问萨是不是真这么回事，好几千专家整了一百多年还没整明白呢。

至于辽宁北票为何会有如此众多的鸟类和羽毛恐龙化石，我的看法是恐怕那里当时的河流、湖泊中存在有毒气体，经常会喷发，就像喀麦隆前几年发生的那样。当时没有联合国卫生组织，鸟儿们送命，也不会有人去调查的，鸟儿们没有得到警告，因此“前仆后继”，有毒的水下沙层没有食腐动物能够生存，因此，才使这些宝贵的化石保留下来。

# 5 古兽真容：从恐龙木乃伊的发现说起

木乃伊，晒干，冰冻，油腌，盐渍……除了化石，史前的动物有很多把自己保留下来的方法……

从世界上有了生命，就有了新的物种不断诞生，旧的物种不断绝灭。如果谈到那些今天已经不复存在的远古动物，常常让人产生丰富的联想，比如，现在恐龙已经越画越神，又长毛又迷彩，还有的脑袋上竖着鸡冠子，和我们小时候见到光秃秃、灰溜溜的家伙大不一样。据说这是科学研究的结果，当然要是真有人牵一头恐龙来，或许其形状会让科学家目瞪口呆。

当然，这是不可能的事情了，恐龙这类动物留下的似乎只有化石，真想看看恐龙的模样，那几乎是不可能的。

然而，也不是完全不可能，1953 年，在美国的蒙大那，几个美国佬就真的从地底下挖出一头带着皮和肉的恐龙来，这就是珍贵的“木乃伊鸭嘴龙”——莱昂纳多。

莱昂纳多是一头还处在童年的鸭嘴龙，但已经体长七米，比两个姚明加上一个叶莉还要长。他生活在白垩纪晚期，也就是恐龙家族绝灭的前夜。科学家初步判断其死于食物中毒，由于死亡的时候恰好是倒在一片沙洲上，深深地陷了进去，可是沙洲又很快被晒干燥，所以在被腐蚀之前，这个倒霉的莱昂纳多就变成了天然木乃伊。

直到被挖出来，它已经石化了的身体依然保留着相当完整的皮肤，鳞片，肌肉，甚至肚子里最后吃的那餐饭。科学家们就是通过最后这顿饭的内容，分析了他的死因。显然，莱昂纳多吃了大量的花粉，可见当时裸子、被子植物已经相当繁盛，恐龙的菜谱也从蕨类、藻类扩展到这些高等植物，可是高等植物也带来了新的复杂的毒性，也许就是这些不熟悉的食

▲恐龙木乃伊——莱昂纳多

物要了莱昂纳多的小命。

莱昂纳多的发现有着不可估量的价值，他的肌肉告诉研究人员恐龙的肢体到底能抬多高，从而可以判断他的行动方式，他的最后一顿饭包含了40种不同植物，简直就是对周围生态的一个采样，难怪科学家们如获至宝了。

其实，莱昂纳多这样的“木乃伊”在古生物研究中并不少见，除了化石以外，古代的绝灭动物还有一些通过各种奇特的方式不仅仅把自己的骨骼，而且把自己的皮毛肌肉完整地保存下来，使我们今天可以看到它们生动的形态。莱昂纳多引起特殊的关注只不过因为它实在太过古老，竟然来自六千五百万年前，因此无法令人置信。如果我们看一看都有哪些动物通过“非常规”的手段把自己保存下来，又讲述了哪些故事，无疑是有趣的事情。

▲莱昂纳多身上的皮肤也被保留了下来，展示恐龙当年的外观。

完整保存最多的动

物是昆虫，它们在琥珀中保存了大量完整的自己，有趣的是根据这些化石发现，一亿年前的昆虫和今天并没有多少不同。

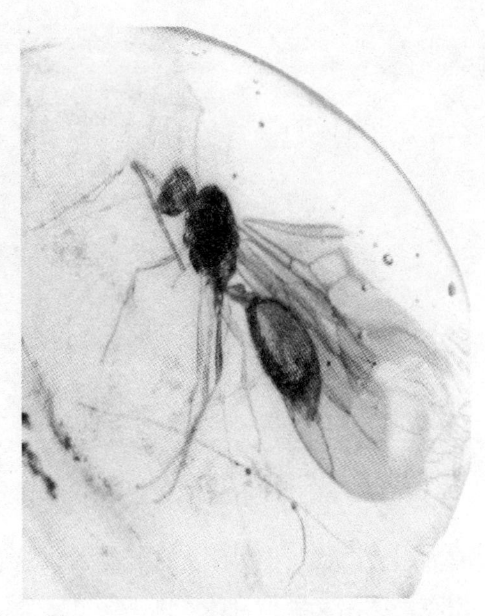
▲化石——琥珀中的昆虫

不过，如果我们谈的动物遗体保存只是昆虫，未免让人扫兴，我们完全可以谈一些更大型的动物……

作为干尸保留下来的珍贵标本，应该首推南美巨食蚁兽。

巨型大懒兽，在巴塔哥尼亚高原曾经发现它的不完整的干尸。从当时情况看，是人类将这种大型的兽类半人工的饲养在深壑中，必要时用石块砸死作为食物。保存尸体上留下了棕黄色的皮毛，让我们知道了大懒兽的颜色。它的皮毛十分粗糙坚韧，对于当时的原始人毫无用处，又让人依稀看到没有把它进一步驯化的原因。不过有很具想象力的朋友提出水浒中的好汉金枪手徐宁有一件雁翎铠，其材料就是大懒兽的皮。这实在只能称为想象了，因为这种动物在一万年前绝灭，当时南美洲的许多大型兽类都一起灭亡了，大懒兽的皮被一个宋朝军官购买做成铠甲这种事未免太过离奇。

南美的气候不利于动物遗体的保存，其他动物的外形大多只能进行推测。哦，也有例外，前文《活战车》中描述的一种叫作雕齿兽的大犰狳也一定程度上保留了自己的形象，它倒真的和人类战争中的防御兵器有些关系。

犰狳今天还生活在南美，身上的铠甲由许多小骨片组成。每个骨片上长着一层角质物质，异常坚硬。于是，这幅铠甲便成了它们最好的防身武器。每每遇到危险，若来不及逃走或钻入洞中，犰狳便会将全身卷缩成球状，将自己保护起来。虽然犰狳的整个身体都披着坚硬的铠甲，但这却不

▲犰狳，一个袖珍的雕齿兽。

妨碍它们的正常活动甚至快速奔跑。原来犰狳只有肩部和臀部的骨质鳞片结成整体，如龟壳一般，不能伸缩；而胸、背部的鳞片则分成瓣，由筋肉相连，伸缩自如。这种动物今天只有 60 公斤大，但我们说的雕齿大犰狳则体重两吨，活脱脱一辆带装甲的坦克，达尔文就曾在南美见过它的遗骸。事实上，各种肉食动物对这种行动迟缓的装甲怪物都毫无办法，可是人类的到来，让它彻底灭亡了——还有人用工具打不开的装甲么？何况这东西还肉味鲜美。

它能保留下来一部分形态，原因是它的鳞甲又大又坚硬，土人保留下来作为盾牌使用，所以可以大量见到。可惜，活的雕齿兽大犰狳我们见不到了。

又名“毛阿”的恐鸟就是另外一个故事了，这种身高 3.5 米的大鸟在新西兰一度存在几十万头，但是因为环境的变迁与人类的猎杀，终于绝迹。

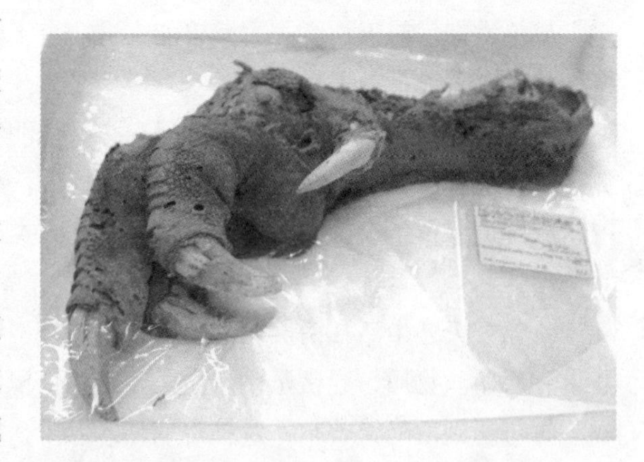
▲恐鸟完整的爪子

等到本世纪人们发现毛阿已经不复存在，并且急于找到它们的原始模样时，科学家们在当地人眼里简直成了疯子——这些衣冠楚楚的

家伙们不断地查询部落人当年把垃圾堆在哪里，然后到垃圾堆里疯狂地翻找——他们希望在那里找到古代毛利人吃掉毛阿后扔掉的羽毛和骨头……

可以想象这样是找不到好标本的，幸运的是不久人们发现了一个盐湖，它的表面有一层硬壳，笨重的恐鸟走在上面很容易穿破这层壳落入湖中，于是在湖里发现了大量恐鸟的标本，足有几十具，都是七千年前落水的倒霉蛋。很有可能湖中的水就带有防腐的天然矿物，所以恐鸟的标本保存很好，其韧带组织甚至还能支撑其直立。

恐鸟这种保存方式属于盐渍了。还有一种方式就是油腌。

披毛犀是冰河时代生存在寒冷地区的大型犀牛，有独角和双角之分，独角披毛犀发展到登峰造极的时候，八十公分的头壳上居然有一个近两米长的巨型大角，它的头骨被发现时，英国人曾经非常兴奋，认为是古代传说的神兽——独角兽还生活在西伯利亚。实际上独角的披毛犀在十万年前，双角的披毛犀在八千年前就绝灭了。

然而，在波兰的斯大卢尼（今天属于乌克兰的一部分），人们却从油田中挖出了完整的披毛犀！这是一头雌性披毛犀的完整标本，沥青和盐使它非常完好，今天还保留在波兰克拉科夫的自然博物馆。发现的完整披毛犀证明这种犀牛除了和现存犀牛的相似之处外，还有一些独特的特征，比如颈部如同马一样长着长长的棕色的鬃毛。

这头披毛犀，估计是误入沥青湖才不幸沉没其中的。有趣的是美国著名的沥青湖化石坑，虽然出土了大量的恐狼、剑齿虎等动物化石，却都是有骨没肉。都是陷入沥青，怎么结果如此不同呢？事后人们经过对比才恍然大悟，原来美国沥青湖比斯大卢尼的沥青要厚而且粘，所以动物误入美国沥青湖，只能是被粘住，要经过几天才会陷入沥青层，

▲波兰发现的“油腌”披毛犀

这期间，其皮肉早被附近的肉食或食腐动物吃掉了——不过因此原因，这里也保留了大量食腐动物之王——大秃鹫的遗骸。它们，显然是吃食时不小心从食客变成了殉葬的。

其实，动物遗体保存的最好方式，莫过于冰冻。在西伯利亚，1793年人们就发现过冰冻的披毛犀，可惜没能完好保存下来。而猛犸大象保存的就更多了。这种四千年前最终绝灭的长毛大象保存下来了不下二万具个体，其中二十五具非常完整。从这些遗体上人们发现猛犸象有很厚脂肪，有些部位可厚达8.5厘米。全身披两层毛，里面一层浓厚细密，是软绒毛，外面一层又粗又硬，长达半米，是暗褐色粗毛，其上颌的一对弯曲的大象牙最长可达4.5米。根据其牙缝和胃部残留的食物鉴定，包括禾本科和香蒲的叶、茎、赤杨、柳，以及可能是白桦的嫩叶，草莓的叶子和青苔等，这些植物迄今仍生长在西伯利亚的靠近北极地带。

西伯利亚像个天然冰箱，大量保存了猛犸的遗骸。由于猛犸保留下来的遗体很多，而且相当完好，甚至还有苏联生物学家用猛犸肉招待来开会的外国科学家的事情，这种事情似乎也只有粗豪的俄罗斯人能够干得出来。

其实，在西伯利亚保留下来的动物冻尸并非只有猛犸和披毛犀，现在发现的还有野马、欧洲原牛等。欧洲原牛现在已经被生物学家复制成功，但并不是通过克隆技术，而是一种杂交筛选的方法，其中苏联发现的原牛遗体标本提供了极好的筛选标准。

而西伯利亚最有魅力的又最神秘的动物遗体，据说是西伯利亚巨虎。这种可怕的巨型猫科动物在一万年前灭绝，但是它的颅骨比今天任何现生虎类都要大，是北美拟狮以外最大的猫科动物——也有说巨虎比拟狮还要大，因为巨虎的颅骨虽然比拟狮短，但是要宽，而体格更加粗壮。它的体重据测算至少超过东北虎（也有说法认为能达到东北虎的两倍，甚至有推测三倍的，尚无标准说法），而它的脑量也相应大于东北虎。尽管这种孤独的，被认为居住在山洞中的猛兽外形粗壮，不一定擅长远距离奔袭，但其强健的躯体和发达的肌肉使其能够猎杀猛犸和披毛犀为食。据推测也正是因为这些大型动物的衰亡导致了巨虎的灭绝。

前苏联发现过巨虎的冰冻尸体，证明了这是一种美丽而凶猛的动物，

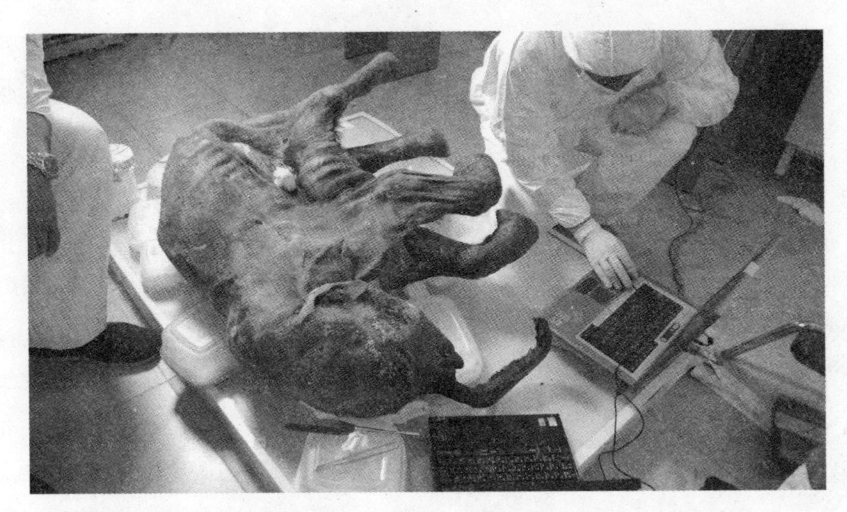

▲科学家在检查一头保存下来的幼年猛犸象木乃伊

甚至在它的胃肠中有一个可怕的发现——它的腹中居然有多头被其吃掉的东北虎！虽然不是成年虎，这种以猛兽为食的现象也充分体现了巨虎生存时候的凶狠。

直到绳文时代，日本仍有巨型老虎存在，并保留了完整标本。有科学家研究后认为“巨虎是东北虎的大型变种”。但由于东北虎没有以同类为食的习性，这样的说法很令人怀疑，但巨虎究竟是何种动物，是一种还是多种，仍然由于研究不足而无法最终确认，只能给它一个“北亚巨虎”的统称。

据说是解剖中保存不够好，苏联的巨虎标本只有很少专业人士见到。对外人来说，巨虎成了一种神秘的猛兽。那么，巨虎到底是怎样神秘的动物呢？非常遗憾的是，看过巨虎的学者都十分失望，他们说——不过是一个放大了的东北虎罢了……

看来，不是每种史前动物，都长得和施瓦辛格一样异类吧。

也许，某一天又会有人在某处矿坑或者咸水湖里发现袋狮或者剑齿虎的标本呢……

# 6 退场的猛兽们：杂谈绝灭的狮子和老虎

▲ 斯文·赫定所画陷阱中的老虎——他发现的新疆虎，发现之时就是绝灭之时。

人类是所有野生动物最大的敌人，即便是最为强大的狮子和老虎也不在话下。老虎，在人类的干预下有多个亚种先后绝灭，包括西亚虎（里海虎），新疆虎，爪哇虎，巴利虎等，狮子也同样命运坎坷，其大型亚种西非狮，开普狮已经灭绝，与之命运类似的北非狮——即著名的巴巴里鬃毛大狮也仅存很少数量（一说今天的北非狮都是混血品种，纯种的北非狮在 1922 年灭绝，参见《报恩的狮子是什么品种》）。此外，印度狮也和中国麋鹿一样，只有半野生个体了。

这其中西亚虎和新疆虎是否真正绝灭尚在争论中，所有老虎的祖先都源自一百万年前接近华南虎的古代虎。外国的老虎算起祖宗来都是从中国出去洋插队的，其中向西的一支发展成了西亚虎，新疆虎则是它的亚种，两种老虎有些差别，西亚虎威武雄壮，新疆虎则轻巧妩媚。认为他们尚未绝迹的原因主要是在中国与中亚交界地区，上个世纪 90 年代以后屡次发现大型猫科动物活动踪迹，特别是土库曼斯坦共和国有人目击野生虎的出没，这个地区没有其他虎种，为西亚虎——新疆虎的可能性极高，但从目击描述看，虎的体型较大，毛皮花纹暗，与体型较小，花纹清晰的新疆虎不太符合，为西亚虎的可能性更大。

新疆虎的发现者是敦煌盗宝者斯文·赫定，1900年，当时新疆的虎文化还很浓厚，斯文·赫定亲眼看到了落入陷坑的老虎，也曾见到中毒的老虎逃入丛林。他的向导就是一个因为打过老虎而外号“打虎将”的罗布人。萨个人的看法是新疆地广人稀，尤其新疆虎生栖的塔里木河下游地区人迹罕至，它的存在大概可以推到70年代，那时候大西海子水库的建立给了新疆整个生态致命的一击，这个水库的修建如愿形成了新的垦区，但结果是塔里木河下游就此干涸，中国第二大咸水湖罗布泊一去不复返，罗布泊孕育的咸水湖沼生态环境完全被毁灭，化作雅丹荒原。70年代考察队员发现罗布泊水只有齐膝深，却有两米多长的大鱼，还在惊讶如何这样浅的地方会有这样的大鱼，不知道那已经是自然生态在进行最后的挣扎了！塔里木河断流后，其下游生命力极强的胡杨林也全部枯死，新疆虎大概就是此时和这里的其他野生动物一起同归于尽。新疆虎唯一可能幸存的希望是部分学者认为，曾有部分新疆虎种群在上个世纪早期西迁中亚巴尔喀什湖地区，在近年新疆生态环境好转后返回，这种可能性虽然微茫，但有一些学者对此抱有乐观态度。

相对于新疆虎，西亚虎存在的可能性更大些，它分布广阔，甚至曾经进入欧洲——欧洲古代可是有老虎的哦，在古代尼安德特人的岩画中出现过围猎受伤老虎的场面，在若干偏远地区幸存的可能也就比较高。

巴利虎和爪哇虎都是老虎进入中南半岛后小型化的岛屿虎种，热带雨林里地域狭隘，大多数动物都会变得小一点，比如马来熊，也进化成了秀气的袖珍狗熊了。这两种老虎虽然灭绝，大家却也不一定太遗憾，因为它们的亲戚——苏门答腊虎还幸存，有兴趣还是可以看到的。

▲西亚虎又名波斯虎，在这张照片上，曾经存在于高加索到波斯的这种老虎，更像一头好奇的大猫。

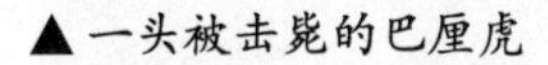
▲一头被击毙的巴厘虎

▲爪哇虎曾经被饲养在动物园中

三种灭绝的狮子也很有来历，根据DNA分析，亚洲狮和非洲狮其实来自同一个祖先，就是古代的杨氏虎（Panthera youngi），这种古代的猛兽，虽然名字是虎，其真正身份是狮子的祖先，它分布极广，北京猿人和它都有过搏斗。和虎一样，这种古代猫科动物的祖先代表着当时的“先进生产力”，它们和剑齿虎等老牌食肉兽相比有很多不同，猫科猛兽动作敏捷，善于追击，能用利爪锐齿致敌于死地，猎捕鹿、羚羊等灵活的草食兽得心应手，剑齿虎就不行了，它动作迟缓，脑筋迟钝，猎杀对象主要是大树懒、雷兽、有袋类这些比较笨拙的动物，别看它牙齿很锋利，却不会咬断敌手的喉管，只能把对手咬个皮开肉绽，弄得它失血死亡，这样，捕猎能力颇落后于时代，要捕捉鹿、羚等灵活的动物，比老虎可费劲多了。

杨氏虎的出现，意味着猫科动物繁盛时代的开始，非洲狮就是其中进化很好的一种。美洲也有猫科动物，比如美洲狮、美洲虎，可不是真正的狮子和老虎，它们的祖先是美洲拟狮兽，美洲虎的学名翻译过来是“美洲大山猫”。

杨氏虎出现的年代是三百六十万年前，比老虎的祖先一百万年的资格要老得多，不知道为什么，它在老虎出现之前就举族南迁，离开亚洲老家，全部进入了非洲。（这只是古生物学一部分专家的观点，且采用。）

既然狮子起源非洲，亚洲狮（包括伊朗狮）的血统就有些可疑了，它其实除了体型稍小，和非洲狮没有什么差别，很不像同时进化的品种。按照考证，它实际上很可能是古代印度王公从非洲贩卖引进用于狩猎的狮子，不料跑掉了，形成了自己的品种。人类的这种干预往往让动物学家感到头大，前些日子有人在南非发现了野生老虎的照片，大家都知道非洲一直没有老虎的，这个新闻太惊人了，后来才发现是从中国被运去野化了的老虎，捣乱啊。

欧洲巴尔干还有一种古老的冰河动物洞狮，和今天的狮子似是而非，算是远亲。洞狮采取了一条不同的进化方式，它们丢掉了一般猫科动物灵巧的特点，占据山洞，体形向巨大笨重发展，身体至少是现在非洲狮的两倍，力量更大，但是从头骨看，智力应该比较低下。无独有偶，人类在这一带的分支尼安德特人也是走了这条路子，变得孔武有力而智力不足，最终为真正的人所淘汰。有一种观点认为在后来北非狮和西非狮的血统中，可能存在洞狮的遗传。科学地分析，这应该是不现实的，因为洞狮与狮子的血缘，就像狮子和老虎一样远。

同时，非洲狮也有北渡，进入欧洲，就是亚里士多德描述过的希腊狮了。

欧洲的狮子在罗马时代被当作害兽灭绝了，欧洲洞狮也同时消失。有些科学家认为它的子孙扩散到北非和西非，形成了北非狮和西非狮。西非狮和普通狮子性格完全不同，它们体色暗淡，不群居，孤独地生活在自己的领地，由于体形巨大，所需要的领地也广阔，数量较少，在生存竞争中败于人类，并被大量猎杀；开普狮产于南非，长着黑色的鬃毛，脸盘周围还有一圈茶色的狮毛。《人猿泰山》中将其称为“墨狮”，如果从攻击力角度看，远远胜过今天非洲狮，但是在人类的不断打击下，它数量少，繁殖力低的缺点最终导致其完全绝灭。1858年，最后一只开普狮于在南非被杀，1865年，最后一头西非狮被猎杀。

有趣的是，最近还有人在巴尔干发现狮子的报道，不过，这种零星的发现，更有可能是动物园里跑出去的狮子了，只能供人一笑。

▲ 洞狮复原图

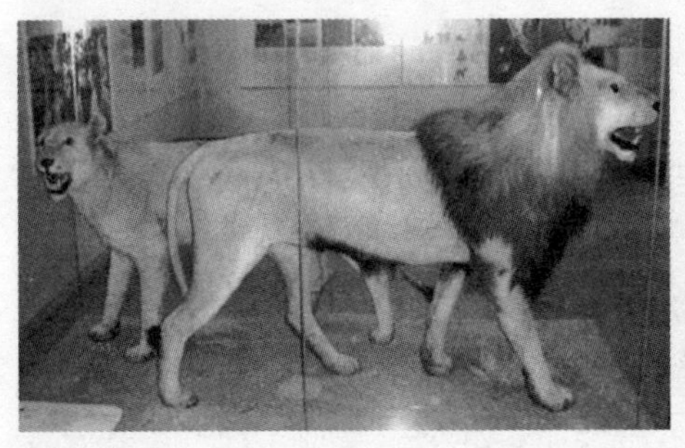

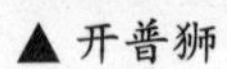
▲开普狮

▲西非狮的近亲北非狮，注意其浓密的鬃毛覆盖整个前半个身体。

可以看出，人类的活动让狮子和老虎的灭绝呈现加速状态。日前的华南虎风波，让我们不无忧虑地想，华南虎，会不会也在不远的将来，被列入这些退场猛兽的名单呢?

最后补充一点，狮子和老虎虽然外观区别比较大，从动物学角度看却是很近的亲戚，甚至可以杂交，杂交的结果便是“狮虎兽”，但是这种基因不健全的杂交品种往往性格极为暴烈，而且狮虎兽的染色体数不一样，生下的后代染色体不配对，所以多数不能产生第二代。不过，狮虎兽有一个有趣的地方，就是由于基因存在问题，它不能如正常哺乳动物那样控制自己的体型，只会无限制地越长越大，所以，庞大的狮虎兽常常在动物园中引来惊异的目光。

▲狮虎兽

看，了不起吧，人类不但会灭绝猛兽，还会制造呢。

# 7 密林犀影：中国的犀牛真的绝灭了吗？

英国的尼斯湖怪兽，被传说了几百年，虽然其中真假证据不断闪烁，而且科学家屡屡进言称蛇颈龙一类的大型爬行动物不可能残存在尼斯湖这样的地方，但仍然有无数热情的人对这一话题百般探索。只要人们的好奇心和想象力存在，地球上这种疑案就永远不会消失。比如中国的天池怪兽，马纳斯湖怪也是相当热门的话题。其实，从概率上说，很多话题远比研究尼斯湖怪看来靠谱些。

比如：中国是否依然存在野生犀牛。

这句话说出来大伙儿肯定该叫了——萨，你吃多了？你撑糊涂了？中国政府都公布犀牛在中国早就绝灭了，难道你要对抗政府不成？

可不能这么说，政府也得讲理对吧？再说野生犀牛也不会颠覆政府，这个罪名文不对题。

不过，今天北京动物园里的犀牛，的确都是从外国进口的。

应该说，犀牛在中国的绝灭，99.99% 已是确定的结论，否则动物园经费那么紧，打死了那些当头的也不能放着自己家有的东西去进口啊。

还有 0.01%，大约就是我们可以存在好奇和想象的地方了。

▲我国连环画《三国演义·七擒孟获》中孟获所穿，即为犀牛皮甲。

要知道，在中国古代，犀牛并不是稀有动物。商纣王组织征伐东夷的军队中，曾记载包括“犀”军——这估计并不

▲错金银犀牛尊

是真的驱使犀牛作战，而是商军中披着犀牛皮盔甲的战士。至少到战国时期，在我国显然还有大量犀牛存在，出土的错金银青铜犀尊，就是战国时候的作品，其造型极为精美逼真（萨在西安出差的时候买过一个赝品，明知是假，但优美浑厚的造型还是让人难以割爱）。而南方的楚国，更是以犀牛数量众多着称，军队普遍使用犀牛皮作为铠甲。虽然由于气候变迁，环境破坏，犀牛渐少，但直到明朝，我国贵州、广西等地依然有犀牛生存。

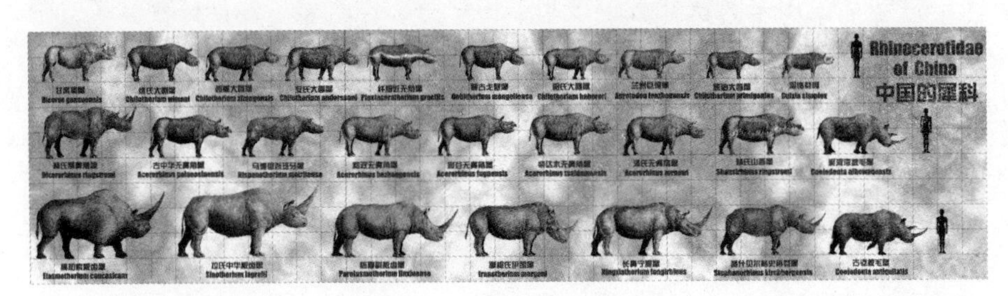


▲在中国生活过，曾经壮大无比的犀牛家族，大部分在冰期后灭绝。

按照文献记载，我国在史前时代曾有大量犀类动物生存，包括新疆地区，青藏高原周边曾生存的巨犀种群。而近代我国生存的犀牛，则分为三种，分别是：

中国大独角犀，即印度犀；中国小独角犀，即爪哇犀；中国双角犀，即苏门答腊犀。

随着人类活动的增加，中国的犀牛活动区域减小，退缩到蛮荒之地，渐渐稀少。以至于李时珍这样的名家，画出来的犀牛都已经不伦不类。然而，毕竟有若干犀牛生存了相当长的时间。只是，中国文化中把犀角视为珍品，导致了中国犀牛的灭顶之灾。清朝南方各省官员出动官兵对犀牛狂杀滥捕。将犀角进贡给他们的上司和皇上，为他们以后升官发财铺平道路。当时最多出动上千官兵，一次能捕几十头犀牛。如此疯狂捕杀，到了20世纪初，犀牛在中国所剩无几。这时的犀牛角更显得珍贵，所以民间滥猎越演越烈。据当时官方资料，1900年到1910年，仅十年间，官方和民间通过狩猎获得的犀牛角就有三百多支。而这之后，犀牛就很少捕到了，1916年双角犀最后一次露面并被捕杀，1920年最后一头大独角犀被捕杀。根据野生动物红皮书记载，中国最后一头犀牛，被猎杀于1922年，是一头中国小独角犀（爪哇犀），在这最后十余年间，共捕杀不足十头。

那么，既然如此，犀牛不是在中国已经绝灭了吗？

但是……

报告绝灭，并不是一个物种真正绝灭的绝对标志。澳大利亚的袋狼，早已被宣布绝灭，但最近却越来越有迹象表明，还有袋狼在塔斯马尼亚等地生存着。只是随着和人类的长期对峙，野生动物变得越发趋于隐藏自己的行迹——按照达尔文主义的说法，这不是动物学得狡猾了，而是不会隐藏的都被消灭了。

近年来，在中国境内颇有一些犀牛出没的报告。

1994年，有报告在西藏山南地区目击犀牛，从独角体形巨大看，似为印度犀。

1996年，有报告在西双版纳目击犀牛，据分析，很像是爪哇犀。

这两个地区，都与目前的犀牛产地印度和缅甸接壤，随着环境的改善，犀牛“越境”来中国生存的可能性是存在的。

说到底，这犀牛还是进口的啊。如此结论不免让人有些失望。那么中国就没有可能存在土生土长的犀牛了吗？

还真的是有一点可能的。

要说这一点，最为引人注目的报告来

▲《本草纲目》犀牛图，已经完全走形。

自于湖南。从七十年代至今，湖南壶瓶山自然保护区犀牛圈林区，曾先后多次有人目击类似犀牛的野生动物，并且被写入《神秘的壶瓶山》一书。根据调查所称，尽管当地可能存在犀牛的消息对外人来说十分新鲜，但当地山民对本地有一种怪兽的事情并不是稀罕事，他们一直把这种动物叫作“犀牛”或者“辟水牛”，而且由于据称这是神兽，从来不敢捕猎。中国古代传说犀牛可以分水，“辟水兽”或“辟水牛”正是犀牛的别称。

1974年，一名外来的生产队员到犀牛圈林区采桑葚，遇上一只豹子，危急之中，密林里冲出一头全身土褐色，模样似猪非猪似牛非牛，头上长角的怪兽，吓得豹子望风而逃，那怪兽也消失在密林深处。

1990年，一位老农在犀牛圈山区砍柴，听到一阵低沉的脚步声。随后，从那脚步声来源的林子里钻出来一头全身褐色的似牛怪兽，额头上生角，体型有黄牛牛犊那么大。那怪兽没有侵害之举，只是在老农不远处慢慢吃草，然后又消失在另一灌木丛中。

1993年，该地杜鹃村一支迎亲队伍路经犀牛圈时，中午时分在一片靠近水塘的草丛中看到三只似犀牛的动物。据迎亲的新郎官描述那些“怪兽”有牛大，但头似猪，一只头上有小角，腿比水牛要粗。当时新郎官他们很害怕，生怕“怪兽”们会伤人。还好那些“怪兽”只一个劲地吃地上的野草。

1995年和1996年，这种目击报告也有几起。

从历史上说，湖南湖北曾经出产犀牛，古书云，荆有云梦，犀兕麋鹿盈之。湖南省攸县曾经在洞穴中发现大量一万年前的犀牛骨骼化石。而壶瓶山北方相望的神农架，曾经发现石化程度很轻的犀牛骸骨，说明直到近代，这里依然有犀牛的存在。犀牛圈的地理十分独特，是峭壁环绕下的一个基本封闭的空间，有“天坑”之说。天坑中植被繁茂，气候温暖，人迹罕至。冬季气温比周边地区约高五摄氏度，这种封闭而独特的环境，可能使一些稀有动物得以在这里保留并生存下来。除了犀牛，当地还有驴头狼和“花熊”即熊猫活动的传说。

根据以上情况判断，如果在壶瓶山地区残存着犀牛，其种类很可能是我们称为“中国双角犀”的苏门答腊犀，这种犀牛在古代曾经广泛分布在我国各地。前面所提到的错金银云纹犀牛尊，其原型就是苏门答腊犀。其云纹装饰，正是取材于苏门答腊犀的毛片形状——苏门答腊犀也是近代在中国生活过的犀牛中，唯一有毛的品种，也只有这种带毛的犀牛，才可能生存在已经变成了温带气候的壶瓶山地区，冬天，壶瓶山还是有降雪的。

目击者的报告，也与苏门答腊犀接近。这种犀牛体形最小，是犀牛家族中的小个子，最高不过1.4米，和目击者称“黄牛犊大小”比较接近。低矮的体形，也使它更适合林中的隐秘生活。

东晋郭璞注《尔雅》“犀似豕”一句时，曾经这样描述苏门答腊犀：“形似水牛，猪头，大腹，卑脚，脚有三蹄。黑色。”

这也符合目击者所说“似猪非猪似牛非牛”的形容。事实上，它的脚短，腹部大，的确有点像猪。日本世界文化出版社的《生物大图鉴》里面有一张锯掉角的苏门答腊犀，就更像猪了。

另外，苏门答腊犀善于泬水，也符合当地山民对“辟水牛”的描写。据分析，近年来当地发现犀牛的目击增加，很可能也与最近几年降水丰沛，使喜水的苏门答腊犀扩大了活动范围，同时犀牛圈地区人类活动增加有关。

唯一矛盾的是苏门答腊犀实际是双角犀，而所有相关报告中都把目击对象描述为独角。但因为苏门答腊犀的第二个角小而不明显，被看成一个角并不是不可能的。

难道，在湖南的大地上，还真的孓遗着一支犀牛的后裔，在人类和自然的双重考验中艰难地生存着？

虽然这种可能性很小，但我们似乎至少可以在好奇的领域中给他们保留一个怀疑的空间吧。

▲苏门答腊犀

# 8 《神雕侠侣》中的神雕品种之谜

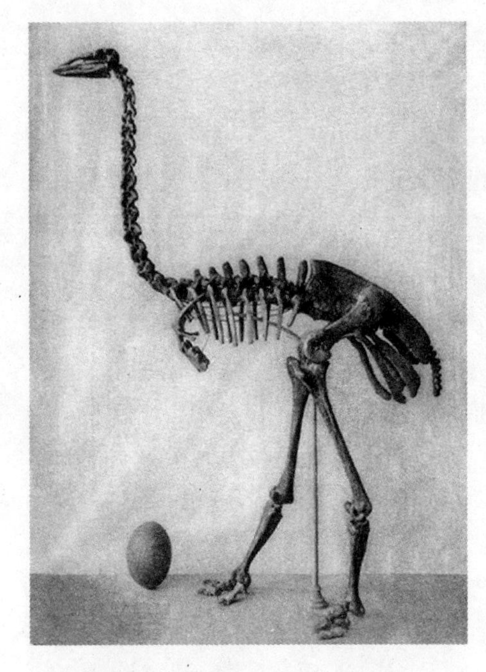
▲ 象鸟骨骼与鸟蛋

《神雕侠侣》是金庸先生的名作，杨过和小龙女自然是主角，然而那头伴随了独孤求败和杨过两位剑仙的神雕，也是一个“名角”。这神雕的品种到底是什么呢？小说里可就神龙见首不见尾了。

金先生自己说，其原型是生活在马达加斯加岛上的象鸟，这种鸟体高可以达到五米，在欧洲航海家中传说很多。马可波罗指它是中国古代大鹏的原型，并且根据传说对忽必烈描述过似是而非的象鸟。忽必烈对此十分神往，曾经专门派人出海找过这种鸟，据说寻找是成功的，但因为该鸟太大，使者仅仅取了一根羽毛带回，但这根羽毛就占满了整整一条小艇的船舱。

真实的象鸟没有这样长的羽毛，有人怀疑使者是弄了一根椰枣树的侧枝来糊弄没见过世面的皇上。虽然如此，象鸟之大，在鸟类世界倒真是无以伦比的。

但是，萨觉得说象鸟是神雕原型，是金先生在故弄玄虚。

象鸟绝灭于17世纪，的确体型高大，它的蛋也很大，能装九升水。但象鸟却是一种素食、性情温和的鸟类，除了个头大些，毫无可怖之处，更没有可能具有凶猛的武功。象鸟生存时代经常被人轻易捕杀，乃至灭绝，这似乎很不符合神雕凶悍的形象。

那么，真正的神雕，其品种是什么呢？经过一番搜寻，萨觉得，或许在动物世界里确实能找到它的真实原型。

且看小说中对于神雕的描写："眼前赫然是一头大雕，那雕身形甚巨，比人还高，形貌丑陋之极，全身羽毛疏疏落落，似是被人拔去了一大半似的，毛色黄黑，显得甚是肮脏，模样与桃花岛上的双雕倒也有五分相似，丑俊却是天差地远。这丑雕钩嘴弯曲，头顶生着个血红的大肉瘤，世上鸟类千万，从未见过如此古拙雄奇的猛禽。但见这雕迈着大步来去，双腿奇粗，有时伸出羽翼，却又甚短，不知如何飞翔，只是高视阔步，自有一番威武气概。"

请大家来看这张图片，是不是与金先生笔下的神雕颇为神似？不过，这并不是小说中的虚构形象，而是曾经称霸世界一时的巨型肉食鸟——恐怖鸟！

恐怖鸟，繁盛的时代在远古的晓新世，正是一种不能飞行的猛禽，是恐龙和哺乳猛兽之间称雄地球的凶恶猛禽。那时候不能适应温度变化的恐龙已经绝灭，凶猛的哺乳动物还没有诞生，地球上的霸主，正是这形貌丑陋的走禽。据说它们直接从恐龙中的一支似驼龙进化而来，从来也没有过飞翔的经历，它们大概来到世间就是为了称霸，根本没有考虑过上天去飞！

▲恐怖鸟

看看恐怖鸟，再回想《神雕侠侣》的故事，可觉得神似？

它的特点和小说中的神雕何

其相似!

“身形甚巨,比人还高”,身高两米五,比人当然要高。

“羽毛疏疏落落似是被人拔去了一大半似的”,早期鸟类羽毛进化不够完全,比现在的鸟儿少是可能的。

“这丑雕钓嘴弯曲,头顶生着个血红的大肉瘤”,恐怖鸟的钩嘴如同利刃,当得这个说法,至于肉瘤,可没法变成化石,无法考证了。

“双腿奇粗,有时伸出羽翼,却又甚短,不知如何飞翔”,当时地上没有霸主,恐怖鸟称雄地球,无需飞翔,全靠矫健的双腿奔跑捕猎,和今天的鸵鸟应该比较相似。

“世上鸟类千万,从未见过如此古拙雄奇的猛禽”,当然没见过啦,恐怖鸟灭绝于始新世之前,人还没有出现,怎么能见过呢?!至于古拙,相貌丑陋,上面的图大家也看到了,要说它美丽,恐怕是比较困难的。

▲恐怖鸟的头骨

因此,萨个人认为,《神雕侠侣》里面的神雕的原型就是它——恐怖鸟!

再看恐怖鸟的头骨,这样的利啄,即便是大象、犀牛也难当一击,难怪小说中说它“能毙虎豹”。杨过的格斗教师如果是这个家伙,而且将它打败,当个武林盟主自然不在话下,当个兽王都是有可能的。

▲狞猛恐怖鸟捕食想象图——设想杨过的神雕若是这个样子,应该很有威慑力。

恐怖鸟的种类很多,称雄一时,这是其中称雄时间最长的狞猛恐怖鸟,产于南美洲,和象鸟都是走禽,它们的确是有几分相似。

在这种凶狠的猛禽面前，当时的哺乳动物只有退避三舍。

可惜，这种酷似金先生笔下神雕的怪鸟不可能出现在宋朝，早在和新生的哺乳类猛兽的生存竞争中，这种可怖的神雕就终于招架不住而灭绝了，江湖成了袋狼、剑齿虎们的世界，只留下它们的化石供人们凭吊。当然，金先生的大笔一挥，让少量恐怖鸟穿过时空幸存下来，那根本就不是难事，连大翻译家鸠摩罗什都成了武林高手呢，何况一只鸟呢？

▲食火鸡，被称作世界最危险的鸟。

今天生活的鸟类中，和“神雕”最为接近的猛禽，大概就是新几内亚的食火鸡了，这种鸟类能够长到 80 公斤，身高 15 米至 20 米，就是这张图的样子。可惜，它也变成了素食动物，但是性格依然暴躁好斗，其铁腿一蹬，据说依然能使猎人开膛破腹。

当然，让杨过这样的大侠身边带一头食火鸡实在有点儿不伦不类。

哦，对了，根据科学家分析，这种猛禽的缺点大概就是智商不会太高——那个大装甲脑袋能有多少脑子呢？恐怕金先生笔下那些高难动作，是玩不出来了。

## 9 八臂哪吒项充的外号到底来自哪种动物?

认识了一个研究梁山兼及动物的兄弟，认为梁山人物的外号很多隐喻某种野生动物。按照他的说法，浪里白条张顺是白鳍豚，一丈青扈三娘是熊瞎子，其他的动物，比如长颈鹿，扬子鳄，中华鲟，甚至连地行性恐龙都上山了，一时弄得大伙儿眼花缭乱。梁山的形象从暴力团向动物园迅速转型。

这位兄弟经过一番死去活来的考证后，认为飞天大圣李衮是猫头鹰化身，而八臂哪吒项充呢？品种更加离奇，居然是毒蜘蛛黑寡妇，理由是八条腿，“肚腹上那一块红，说不定就是作为人物的哪吒所穿红肚兜的原型”。这个观点让正琢磨梁山珍奇动物乐园的萨惊叫怎么水泊中昆虫都出来了？

这哥们儿听了，说萨，你这里面有个小小的误解，蜘蛛，并不是昆虫。昆虫的特点之一是有六条腿，蜘蛛呢，有八条，所以，蜘蛛或者蜈蚣，马陆都不是昆虫，而是其他种类的节肢动物，和螃蟹、对虾的亲戚关系更近些。

原来如此。

然而，萨却不能完全接受八臂哪吒项充的原型是黑蜘蛛。

▲黑寡妇毒蜘蛛，被视为世界最危险的十种动物之一。

且看对项充的形容：“能仗一面团牌，牌上插飞刀二十四把……手中仗一条铁标枪。”

由此可见，项充的特点是攻守兼备，防御有团牌，攻击有飞刀和标枪，长短兵器结合，黑寡妇毒蜘蛛虽然凶狠，但防御能力不佳，至少那个团牌就无法体现出来。

那么，项充的原型，到底是什么动物呢？

这个，研究梁山好汉与动物的关系呢，是一门科学，不能随便标新立异，要有依据对不对？所以，对于项充的研究，也不能够随便，且假定这个家伙的原型应该与蜘蛛有一定的亲缘关系，同时具有较强的防御能力。

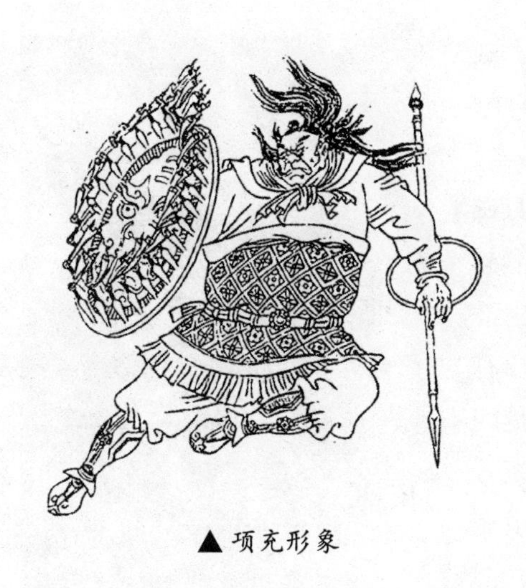

▲项充形象

这不是信口开河。让我们看看此人特点。古本水浒原文写的清楚，——“话说八臂哪吒项充，飞天大圣李衮，二人都是莽汉，当下见了宋江，只说：‘兄长大事不好，快请发兵！’说话没有头尾，宋江哪里明白。众人听说，也都呆了。”

由此可见，这二人显然都是脑袋不太灵便的，就不用往高等动物身上想了。

那么蜘蛛的亲属状况如何呢？

在今天保存的化石中，有一只一亿三千六百万年前的蜘蛛，被凝结在琥珀中，可见家族历史的悠久，同时，它当时的形态，又和今天迥然不同，倒是和某种甲壳动物较为相似。这是有道理的，蜘蛛，虽然看起来貌不惊人，其祖上却是很有门头的，那就是赫赫有名的三叶虫，它们都属于节肢动物。

▲三叶虫，地球生物的第一代霸主，从四、五亿年前到两亿年前，称霸地球的时间比恐龙长多了。

不过，节肢动物门的虾蟹蜈蚣之类的首先被排除，因为它们血缘关系太远，要找，就得找蜘蛛的直系亲属。

蜘蛛是三叶虫的直系后代，不过项充的外号应该与三叶虫无关。这三叶虫最

▲ 水蝎化石

大的也不过十几厘米，看不出有多大威风，其次三叶虫活动的地域限于海洋，在陆地上连生存都不大可能。

但是，三叶虫的直系后代，并不只蜘蛛一种，在它的子孙中比蜘蛛更加威名赫赫的，便是地球第二代霸主——水蝎！

水蝎几乎符合我们所需要的一切有关“八臂哪咤项充”的特征——它是凶猛的肉食动物，它有坚固的盾甲，宛若项充的团牌，它全身有硬刺，如同项充的飞刀，它有一条细长带刺的尾巴，如同项充的标枪，同时，根据英国人最新考证，这种动物已经可以上岸活动，而且，上了岸的水蝎根据留下的痕迹化石，明显动作很不协调，显示它是一种智力不太高的动物，也颇符合项充“莽汉”的特点。

水蝎性行凶猛，当时地球上没有动物能够与它争雄，项充用它作为自己的原型，应该说很有面子。

遗憾的是，这根本是不可能的，因为水蝎这种动物，也早在距今一亿五千万年的时候全部绝灭了，除非项充家祖传是生物学家，否则用这种动物作为自己绰号的可能性根本等于零。

▲ 水蝎复原图。这种恐怖的海怪体长可达两至三米，是从三叶虫直接进化出来的，称霸地球五千万年。

好在，三叶虫的嫡系后代并非只有蜘蛛和水蝎，还有另两个小老弟，一个是蝎子（这个，就不考虑了，因为梁山上有用蝎子作外号的，项充要用这个东西作外号不用遮遮掩掩的，干脆就叫八臂蝎子好

了），另一个，则是鲎，个人以为，这才是八臂哪吒项充绰号的真实来处。

这种动物至今生活于我国两广、福建等南方海域，也可上岸活动，项充主要活动的江苏地区，考虑到宋代气候远比今天温和，当时也应该有鲎（连云港等地曾出土鲎化石），只是数量肯定比较稀少。项充如果小的时候见过它是有可能的。

可以想象，幼年习武的项充看到这样一个顶盔贯甲，倒拖长枪的怪物，如果因此而产生惊讶和崇拜，甚至根据这个怪物的形态装备自己（从水浒的描述看他的确是这样干的），并以此为自己的绰号一点儿都不奇怪。

鲎就鲎呗，怎么变成八臂哪吒了呢？那就只能推测了。

项充明显是个没受过多高教育的江湖粗豪人物，这样稀少的动物他未必认识，抓鲎不是个简单的技术活儿，他恐怕也抓不着，于是只好凭记忆形容着向家乡的文化人请教这个东西的名字。这东西学名当时是没有的，马蹄蟹，三刺鲎，两公婆，海怪什么名儿都有，大家都是乱叫的。宋代的文化人多半脱离生活，恐怕也弄不懂这小莽孩儿问的是什么东西，可能又不能说自己不知道没面子，想想一个很多条胳膊腿（鲎是八条腿么？没文化，古文中的八啊、九啊都是表示多而已，不一定表示具体的数字），倒拖长枪的小将军造型妖仙出现在海滩，一下就想到大闹龙宫折腾东海龙王的哪吒太子了。

就忽悠了一句“八臂哪吒”也没准。世界上一切都有可能……

结果，项充的外号就定下来了。如此说来，鲎对梁山好汉是有启发意义的。那什么，谁去山东，顺便问问宋头领，梁山水族馆的款子，什么时候能拨下来？

▲鲎，是我国特产动物，已经有四亿年历史，它具备水蝎几乎全部的特征——盾形的护甲，尖利的护刺，尾部的剑形锥。

# 10 养个熊猫当宠物

说起熊猫这种动物来，大家第一个印象就是可爱，第二个印象还是可爱，但是……古往今来，用熊猫作宠物的，却是罕见。理由显而易见，那是国家特级保护动物啊，你敢弄去当宠物？用不了几天警察同志就该来了，再说熊猫数量太少，价值连城，这个宠物的成本太高了。

不过，这是现在有了动物保护法的时代，以前呢？以前有没有人养过熊猫作宠物？

民国时代，罗斯福时代有个美国女孩儿露丝曾经从中国偷出去一只熊猫幼仔，起名“诗琳”，过海关的时候是以“携带宠物狗一头”报关的。愚蠢的海关官员缺乏起码的动物知识，看了半天也无法分清熊猫和狗，就此放行。“诗琳”成为第一头公开展出的大熊猫。这是熊猫作为“宠物”的唯一记载，不过，这应该是瞒天过海的权宜之计，当不得真。

曾经就这个问题问过在动物园工作过的一个朋友，人家说这太自然了，熊猫这个东西，根本不适合当宠物。第一，熊猫懒惰而且向来不卑不亢，丘吉尔那么大的名人都对这个自以为是的家伙无可奈何，缺乏像波斯猫一样讨主人喜欢的习惯，养它当宠物谁伺候谁啊？第二，熊猫饲养困难，必须吃新鲜竹子，而且容易消化不良，需要专家管理，一般人家养不起。第三，熊猫消化力弱，每天不停地吃，不停地拉，您养的宠物到处拉巴巴你能吃得消？第四，熊猫的祖宗是猛兽，吃肉的，因为笨抓不着猎物才改了吃竹子，外表温文尔雅，发起脾气来拿您手指头当胡萝卜啃不新鲜，谁敢养？

萨说你说的不对啊，这四条没一条站得住脚的。第一，现在家里的宠物有几个是它伺候你的，您没看有那天天雪糕都舍不得吃的大妈拿小牛肝喂狗的么？第二，一般人家养不起，那有钱有势力的人家也养不起么？这些人还是养宠物的大户呢。第三，熊猫的巴巴和你的不一样，干净得很。

研究过熊猫的科学家形容，熊猫的巴巴就是一个一个青翠欲滴的小金字塔，不但没有异味，还颇有观赏性。它吃的是竹子么，当然干净喽。第四，猛兽怎么了，演人猿泰山那位斯蒂夫·希佩克还养老虎呢……

▲美国女服装设计师露丝和她的“宠物狗”诗琳

我们那哥们儿说萨是强词夺理。

其实，这并不是强词夺理，古籍上没有讲有人养大熊猫当宠物，但是，考古发现却证明真的有人养过这种动物，而目的很可能就是当宠物。

这个人，就是西汉的薄太后。

薄太后，又名薄姬，为刘邦侧室，其人性格随和谨慎而有德行，时人称许。薄姬生汉文帝刘恒，也就是文景之治的开拓者。她的寿命很长，文帝死后两年才去世，葬在陈忠实写的那个白鹿原附近的南陵。她的墓在唐代被盗，据说当时尸体依然保存如旧，说明汉代的遗体保存技术有着不亚于古埃及的先进之处。因为被盗过，对她的墓葬没有进行过多的考古发掘，倒是1975年发现的她的陪葬坑颇有价值。

这个陪葬坑中，发掘出若干种动物的尸骨，根据考古学家的研究，认为都是薄太后生前喜爱的宠物，养在上林苑中，太后死时，自然也拉来陪葬了。其中颇有稀奇的品种——包括大熊猫。

司马相如的《上林赋》提到过上林苑里饲养熊猫，但假如没有这个陪葬的实物发现，那也可以解释为汉武帝有保留DNA库的初步设想或某种科学研究的需要，不能确认是当过宠物。

养宠物，爱动物，倒是很符合薄太后的性格。从历史记载来看，薄太后是个很有生活情趣而且温厚的人，今天西安卖的“太后饼”据说就是她喜欢吃的东西。薄氏并不以美貌着称，而且最初并不是刘邦的妾。她早年是魏王豹妾，魏王豹对她也不十分宠爱，只是因为有相士说这个女人会生

▶海关愚蠢？你来分分看，狗跟熊猫区别就那么明显么？如今，用松狮犬打扮成大熊猫，是一种宠物的时尚。

皇帝重视些而已。魏王豹为韩信声东击西所擒，薄氏改嫁刘邦，同样不受宠，刘邦只是因为别人讽刺薄氏，对她怜悯才“幸”之，一次就有了刘恒，以后对她也很冷落。这种种困境换慈禧只怕早变态了，而薄氏并不在意。后来到儿子的封地，游山玩水，给儿子照顾照顾饮食，就很快乐。她的墓葬，恰在文帝与高祖陵寝之间，人称“东望吾子，西望吾夫”。想想当时吕后已死多年，吕氏又有叛逆之名，薄太后的儿子孙子都当了皇帝，如果她性格不是恬淡仁厚的话，把吕后从刘邦墓旁赶出去自己去占那个位置谁也不能说什么。而薄太后没有这样干，看来她活着的时候，就是一个对弄权争竞没有多少兴趣，而且富有仁爱之心的人。

顺便说一下太后饼的做法：将板油撕去皮膜，切成小丁，刀背砸成油茸。加入用栓皮、花椒熬成的调料水和适量精盐搅拌均匀。取面粉加水和成面团，揪成面剂，用手按平后擀成长形面片，抹上一层油茸，卷成圆柱形，搓成长条，反复行叠后再揪成小剂，制成饼坯。在饼坯上刷一层鸡蛋液或蜂蜜水，放人铁炉中烘烙，待外皮呈金黄即成。

扯远了，这些和熊猫没关系。

在薄太后的墓葬中，的确发掘出了熊猫的骨骼。有人说发掘出的完整熊猫骨骼只有一个头骨，这是不正确的，当时考古记录，陪葬坑又分成多个分坑，每个动物一坑，骨骼的摆放有一定的规矩。同时陪葬的犀牛，就保持着跪伏的姿势，估计是杀死后重新摆好。（杀……犀牛？汉朝人有这样生猛么？这有什么奇怪，咱们古代还专门有杀龙的呢，宰个犀牛算什么？）大熊猫的骨骼已经散乱，可能是受到地震或地下水的影响，只有头骨比较完整而已。

▲薄太后陵陪葬的熊猫下颌骨

就是从这个头骨上，也可以研究出很多东西了。这头大熊猫的营养不错——大熊猫吃竹子，牙齿上会因此有被称为“竹石”的残留物。从发掘出的熊猫头骨上“竹石”的附着看，薄太后墓葬中的大熊猫看来有充足的竹子吃，若不是宫廷饲养师富有经验，就是当时西安周围的气候比现在温暖湿润得多，有大量的竹子生长。而从这头大熊猫的牙齿磨损来看，其死亡时还没有成年。

这一点，也从另一个角度证明这头大熊猫的宠物身份——很多动物在幼年时其攻击性都远逊于成年。比如马戏团的猩猩，一到繁殖年龄就不能再用了，需要送到动物园去，否则十分危险。在卧龙大熊猫保护基地，和幼熊猫合影并不是新鲜事情，还有些客人抱着熊猫照相的，其乐融融。要是成年大熊猫，那就是危险举动。薄太后如果养熊猫当宠物，也不大可能养成年的大熊猫，老太太又不是人猿泰山，真要是熊猫发起疯来可应付不了。

可惜，汉代的自然环境已经一去不返，此后，历代北方君王的宫廷，也就没有了饲养熊猫作为宠物的记录，毕竟，这个东西太难捉到了。而萨那位朋友所说的四个理由，也不是完全没有道理。

▲熊猫攻击起人来，也是很厉害的。

忽然想起，薄太后的爸爸是南方人，她喜欢熊猫、犀牛这些动物，是不是有着对南方的一丝怀念呢？

## 11 报恩的狮子

萨曾看到一篇劝善的文摘，讲的是罗马奴隶罗支莱斯，因为曾经救过一头狮子，在斗兽场中又被狮子所救的经过，其内容如下：

“古罗马斗兽场曾经有千百次人兽相搏的血腥场面，但在此却上演过一次饥饿的狮子救奴隶的奇迹。

那次，在斗兽场上，饿了好几天的狮子被放了出来。当时，缩在墙角的囚徒罗支莱斯颤抖着拎起长矛，默默地祈祷。他想自己快要完蛋了，但愿狮子能给自己留下一具全尸。

饿极了的狮子一眼就瞅到了墙角的人，它大吼一声之后，便迫不及待地猛扑上去。罗支莱斯眼睛一闭，把长矛向前一刺，狮子却灵巧地避开了。就在这千钧一发之际，那只狮子突然停止了进攻，并且围着罗支莱斯打起了转转。然后它又忽然停了下来，缓缓地在罗支莱斯身边卧下，温顺地舔着他的手和脚。

全场顿时鸦雀无声。不一会儿，猛地爆发出热烈的欢呼声。罗马皇帝也大为惊讶，破例地把罗支莱斯叫到看台上来询问缘由。

▲罗马斗兽场中，奴隶与狮子的搏斗是常见场面。

原来在一年以前，罗支莱斯在路边发现一只受了重伤的狮子，他小心翼翼地给狮子包扎了伤口并照料它直到伤口愈合，才送它回到森林。今天在斗兽场里遇见的正是这只狮子。

听完了罗支莱斯的讲述，罗马皇帝也大为感动，立即赦免了他。

人们说真正救他的是罗支莱斯本人，而不仅是那只不失仁义的狮子。正是他自己种下了善因，所以他才收获了善果。”

这是讨论因果的一个很好教材。然而，萨对这篇文章的兴趣并不在因果报应上，而在那头会报恩的狮子身上，确切地说，萨觉得讨论一下这狮子的品种是件很有意思的事情。

大家都知道，今天的欧洲，除了动物园以外，是找不到狮子了，今天的狮子，只有非洲狮和亚洲狮两种，非洲狮产在中非以南，亚洲狮产在印度，罗马人虽然聪明能干，要从这种地方弄几头狮子回意大利恐怕是不太容易。

但是，在古代，狮子的分布远比现在广，一万年前，狮子曾经广泛分布于欧洲和小亚细亚各地，包括英国、挪威这样的地方，都有狮子的骨骼出土。然而，这些狮子都在人类进入史前时代之前，就已经灭绝了，不可能出现在罗马的斗兽场上。

无独有偶，在欧洲的一角，却有一支欧洲狮子的孓遗幸存了下来，一直到罗马时代，那就是在希腊保留下来的希腊狮。

希腊狮和它的近亲伊朗狮，和我们中国还有一点儿特殊的关系。今天在中国见到的石头狮子，原型就是它们。这种狮子的鬃毛不是很多，面孔比今天的狮子更浑圆些。因为中国一度将西部边界扩张到中亚细亚，而且把西边的疆土和盟国统称为西域，所以，它们在中国古籍中还有一个名字叫作西域狮。

看看右面希腊狮的雕像，是不是和中国的石头狮子有些相像？

▲希腊狮雕像

在希腊神话中，狮子也是经常出现的，包括狮子的词根 Leo，都是希腊文，可以肯定，在赫克里斯的时代，希腊的狮子还是不太少的。它是有可能出现在罗马的斗兽场上的。然而，这头报恩

▲希腊神话中大力神赫克里斯大战狮子

的狮子，是希腊狮的可能性却不大。

这是因为文中提到罗马皇帝在得知奴隶罗支莱斯被狮子救下之后，对他进行了赦免。随着人类活动的增加，希腊狮的栖息地渐渐破坏，且不断遭到猎杀，终于绝灭于公元一世纪，而罗马开始出现皇帝，则正在此时，公元14年，提比略成为罗马皇帝。这时候的希腊狮应该已经极为稀少，即便想捉到斗兽场，恐怕罗马的猎人也没有那个运气。至于与希腊狮亲缘密切的伊朗狮，因为当时波斯尚不是罗马属地，就更不可能来参加角斗了。

更大的可能，这头狮子是属于号称“狮中之王”的巴巴里大狮。

巴巴里大狮，是历史上被称为最威严的狮子，在罗马时曾经广泛分布于北非各地，这种狮子体重五百磅，比普通狮子重20%，外观上，它有着多处不同于今天非洲狮的特点，比如它的眼睛是灰色的，而今天狮子的眼睛是褐色的，它的鬃毛异常茂盛，接近面部的地方为金色，不但比普通狮子长，而且一直蔓延到半个上身，故此异常雄伟。巴巴里狮是仅次于东北虎的大型猫科动物。罗马人将其带入欧洲，成为尊严和力量的象征。英国特拉法尔加广场上的狮子像就是一

▲希腊狮画像

头巴巴里狮。

罗马的皇帝曾经将大量的巴巴里狮带回欧洲，主要就是作为斗兽场的角斗之用。支持这头报恩的狮子属于巴巴里狮还有一个证据，那就是奴隶罗支莱斯救下狮子后，是将它放入森林。巴巴里狮，正是一种生存于森林中的狮子，这一点也是它与今天生存于草原的非洲狮的不同之处。

▲巴巴里狮

不过巴巴里狮在非洲未能逃脱绝灭的命运，随着北非植被的破坏，巴巴里狮被迫走出丛林，接近人类，而因此遭到警惕的人类的猎杀。18 世纪初，利比亚的巴巴里狮绝灭，19 世纪初，埃及的巴巴里狮绝灭，1922 年，最后一头野生巴巴里狮在摩洛哥被猎杀。

值得欣慰的是，日前，有些科学家在英国肯特郡动物园，意外地发现了巴巴里狮的后代还生活在这里，它们的祖先是摩洛哥国王当年赠送的，而当地动物园一直将这个狮子家族当作普通狮子来饲养！虽然是唯一的一个家族，但它独特的外观和硕大的体形，还是解释了它们不同凡响的来历。怎样保护和扩大这唯一的巴巴里狮群，是今天动物学家很热衷的一个话题。

▲古希腊人所绘洞狮

罗支莱斯的身份是囚犯，罗马皇帝曾经用巴巴里大狮在角斗场处死了数万囚犯（主要是基督徒），从这种种巧合看，这报恩的狮子是巴巴里大狮，应该有 99% 的可能了。

还有百分之一是

什么呢？

那就可能是一种怪物了。

也许，他救的是曾经称雄于欧洲大陆的冰河猛兽——洞狮。

洞狮，顾名思义，是住在洞里的狮子。真正住在洞里的狮子也曾经有的，西非狮，即人猿泰山中泰山杀掉的“墨狮”，就是住在洞里的。但洞狮虽然也住在洞里，却并非真正的狮子，它是一种与狮子有血缘关系，但更加庞大凶猛的猫科动物，开始活跃于一百万年以前。它开始称霸的时候，狮子还没有发展起来呢。它的真名翻译过来应该是“穴居狮猫”——虽然叫猫，这可是一种身长三米，性格暴躁孤独的凶猛大猫。它在外观上和狮子的唯一相似之处就是都长有长长的鬃毛，曾经被原始人用岩画记录下来。

欧洲的洞狮，据记载绝灭于一万年前最后一次冰河的消失，其原因一来是和人类争夺洞穴作为居巢被大量猎杀，二来是它作为主要食物的大型欧洲野马绝灭，失去食物的洞狮因此随之绝灭。

既然洞狮绝灭于一万年前，为何还有可能出现在罗马的斗兽场上呢？这是因为有些科学家根据种种遗迹推断，这种孤独的大型猛兽，曾经一直残存到2000年前，也就是罗马的时代。这是因为洞狮属于在山区生存的动物，人类进入文明史后渐渐转移到平原生活，与洞狮争夺巢穴的斗争趋于缓和，因此洞狮的残余得以苟延残喘，不过因为它数量太少，繁殖能力差，食物又不充分，最终还是走上了绝路。

既然可能幸存到罗马时代，那么洞狮进入斗兽场角斗的可能性就不是没有，虽然把它抓住送到罗马的可能性比希腊狮更小。

而且，根据行为模式判断，那报恩的狮子多半和洞狮没什么关系。

因为科学家发现，洞狮虽然体格庞大，脑量却很小，因此应该属于反应迟钝，缺乏感情的动物，要它拥有和人类进行交流的情感，就未免有些强“狮”所难了。

当然，事情写到这里，就和狮子救奴隶的原文毫无关系了，那篇文章的原作者看到，只会大叫跑题吧。

# 12 “绝影”化作绝响

“曹操赖典韦当住寨门，乃得从寨后上马逃奔，只有曹安民步随。操右臂中了一箭，马亦中了三箭。亏得那马是大宛良马，熬得痛，走得快。刚刚走到淯水河边，贼兵追至，安民被砍为肉泥。操急骤马冲波过河，才上得岸，贼兵一箭射来，正中马眼，那马扑地倒了。操长子曹昂，即以己所乘之马奉操。操上马急奔。曹昂却被乱箭射死。操乃走脱。”

“操军缓缓而行，至襄城，到淯水，操忽于马上放声大哭。众惊问其故，操曰：‘吾思去年于此地折了吾大将典韦，不由不哭耳！’因即下令屯住军马，大设祭筵，吊奠典韦亡魂。操亲自拈香哭拜，三军无不感叹。祭典韦毕，方祭侄曹安民及长子曹昂，并祭阵亡军士；连那匹射死的大宛马，也都致祭。”

摘自《三国演义》第17—18回

在《三国演义》里，描述了这段曹操征张绣的战斗，其中曹操乘坐的大宛马十分吸引人。这段故事并非演绎，在《魏书》中对此有所提及：“公所乘马名绝影，为流矢所中，伤颊及足，并中公右臂。世语曰：昂不能骑，进马于公，公故免，而昂遇害”。如果不是这匹叫作“绝影”的骏马，老曹早就“挂”了。它不但神骏，而且善解人意，能够熬痛带伤把老曹从险境中背出来，

▲山丹马，中国今天标准的军马。

自己终于被射死，因此被曹操后来将其与典韦、曹昂、曹安民一齐祭祀。

萨对此查阅了一些资料，从现有材料看，大宛马最接近的后代应该是现在的山丹马，这种马体形优美，奔行迅速而且能够持久，更大的优点是易于驯服，服从性强。

大宛马原产中亚细亚，经过汉武帝征服大宛之战流入中国，很好地改良了中国的马种。

中亚的草原素来就是好马的天下，这里出产的阿拉伯马是后来日军侵华的“东洋马”和马术比赛中“纯种马”的前身，大宛马应该与其有较近血缘关系，是中亚北部出产的另外一种好马了。它的身材比东方典型的蒙古马高大得多，这一点，在今天的山丹马身上，也表现突出。当时中国的马匹身高普遍在1.5米左右，而大宛马能够达到1.8米以上，而且身材修长匀称。故此这里出产的马匹，被中原惊为“天马”。绝影应该是所谓“天马”的后代。

历史上对于汉武帝派李广利大军夺大宛马之战颇有微词，认为是劳民伤财的做法，实际上它的影响是大大改善了汉军骑兵的马种，使两汉铁骑在对抗游牧民族的战争中长期占据装备的优势——李广利本人没有来得及享用他的胜利果实就战败于匈奴，十分可惜。以后东汉和三国时期，北方少数民族再也不能靠他们的骑兵在汉族军队面前占据得天独厚的优势，大宛马和它的杂交后代功不可没。

但是，今天我们已经看不到纯正的大宛马了。

大宛马被称为汗血宝马。推测所谓“汗血”，是因为它生于西域地区的时候，皮下有当地特有的一种寄生虫，全力奔行时会导致毛细血管轻微出血——这对马的健康和奔跑能力都没有多大影响，但是附会传说就成了很神奇的现象。当汉武帝取得大宛马后，史书记载经过几代就不再有汗血的现象，乃是因为这种寄生虫不适应中原气候，加上饲养的卫生条件改善，不再生存的原因。而同时记载其矫健也渐渐减色。

这其中一个令人抱憾的原因是中国中原地区在使用战马时，有一种习惯——骟马。骟过的马驯顺，易于指挥，而且不容易出意外——马不骟会出怎样的意外呢？让我们来看看唐朝名将李光弼的一次战例。

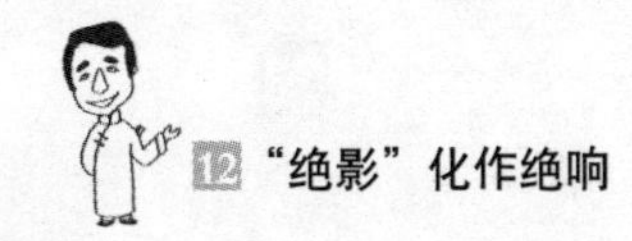


李光弼奉命平定安史之乱。公元759年，和史思明军隔着一条河安营扎寨。史思明在河的南岸，李光弼在河的北岸。

当时，史思明有一千多匹好马。他为了显示自己的力量强大，每天都把这些马赶到河边的沙洲上洗澡，并且巧妙地让这些马循环不断地出现，以此冒充数量多。

▲ 大宛马——是我国旅游标志“马踏飞燕”创作的原型，看看那个标志，就可以了解其英姿了。

这些马确实是好马，李光弼并不理睬史思明的骗术，但是很想把这些好马弄到手。马在河的对岸，怎样才能办到呢？李光弼注意到史思明的战马多为公马，而且按照胡人的习惯没有骟，于是决定用母马把史思明的那些战马引诱到河这边来。可是两性的马是互相吸引的，这边的母马也会被对岸的公马诱过去呀，这样一来，不就弄巧成拙了吗？

李光弼又想出办法来了。他让士兵找来了五百匹正在奶着驹的母马，把这些母马赶到河边，而把小马驹留在城里。这些母马因为惦记小马驹，咴儿咴儿地叫个不停。河对岸的公马听到母马的叫声，还以为呼唤自己呢，开始回应。但是，李光弼的母马一心想跑回城里去和亲生骨肉会合，不会被对方的公马诱过去。于是，史思明的公马就急不可待地游过河来和母马亲近了。

这样，李光弼的士兵毫不费力就把史思明的一千多匹战马引回城里去了。

看，这就是不用骟马的问题。中原军队之间对决时，这种事情很少发生。

但是，骟马的结果，使好马不能留下后代，从而使马匹的培育呈现一代不如一代的境况。

晋朝以后，由于武将和骑兵逐渐向重甲方面转变，大宛马的劣势逐渐显现出来，那就是它腰身比较纤细，细腰长腿，灵活但不善负重，对于两汉的轻骑兵来说得心应手，对于后来的重甲骑兵，就不是好的马种了。随着南北朝时期

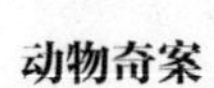

出现了铁浮屠等典型的重甲骑兵，大宛马逐渐让位于比较粗壮而不够灵活的河曲马了，得不到重视的大宛马，马种更加退化，不复“天马”之名。

▲吕布的赤兔马等似乎都没有留下直系后裔，估计与当时已经开始骟马有关。

大宛马马种在唐代已经退化，而这个时候，“天马”却得到一次复兴的机会。优秀的纯血阿拉伯马马种在五代进入中国，给“天马”补充了新鲜的血液。阿拉伯马此时进入新疆这一点令人惊异，而这一段历史喀喇汗王朝的东进，以及西域最长的一次独立抗击外敌入侵还有关系。

于阗王李圣天和他的儿子都自奉中国守臣（其实中国的中央政府忙于内战，根本无法给他们任何援助，只是个名义而已），也是出色的军事家，依靠信仰的忠诚和归义军的支持，虽然兵力远远逊于喀喇汗王朝却多次把它打得落花流水。公元 998 年，喀喇汗王朝首都喀什噶尔被于阗军攻占，阿里 · 阿尔斯兰汗战死。

但是，喀喇汗王朝实际上是当时阿拉伯帝国扩张主义者作为东侵的据点，因此中亚各国纷纷派出圣战者前往中国参战。阿拉伯帝国从巴格达派出将军贾拉里丁 · 穆哈提率领的两万名远征军，被认为是征服中国的决定力量，穆哈提的头衔翻译过来竟然是“中国总督”，他的部下由从麦加来的四位大伊玛目统领，几乎是哈立发王朝所能动用的全部精锐。这支军队在前往中国的路上得到中亚乌兹别克等圣战者志愿军的加盟，到达疏勒的时候达到了 14 万人，不但精锐，而且部队数量是中国方面的六倍，气焰嚣张。

他们主要都是骑兵，带来的，就是纯血阿拉伯骏马——也是所谓“天马”的另一个支系。但是，于阗军为主的“中国边防军团”巧妙地采用阿史那必寒式的诱敌深入战法，在“殉教者岭”设下埋伏。公元 1000 年 11 月 11 日，一场激战，“中国总督”和他部下的四个大伊玛目全部埋骨舍依德（圣战殉难之墓）麻扎，“圣战者们像雪崩一样被杀死”，于阗军大获全胜。虽然多年以后于阗和归义军在喀喇汗军和西夏的夹击下最终覆灭，但阿拉伯帝国扩张的黄金时机也过去了，中原已经重新出现了强盛的中央政权。阿拉伯帝国的东侵被遏制在西域，可以说这一战改变了东方历史。

长期占据北方的少数民族依然迷信重骑兵的冲击力，无论是西夏的铁鹞子，还是金国的连环马，都钟情于重骑兵的落日余晖，而蒙古军团的迁徙式征服，又得力于耐长途跋涉，适应寒冷气候的蒙古马，结果使“天马”在北方无法得到重用；南方呢，河川水网加上山区丘陵，小型的马匹更受青睐，既不产大宛马，也没有引进的需要，久而久之，马种都退化成了“三等残废”，韩世忠曾经得到一匹 1.7 米高的好马，就惊叹它太高，“非人臣所能骑也”，而奉献皇帝，可见当时南方的马种状况。到的明代建国以后，火器盛行，辎重增加，更强调马匹的载重和拖曳能力，“绝影”得不到用武之地。只是在西北，默默无闻地留存下来，马种自然也未能得到充分的改进。

就这样，“绝影”，终于成了绝响，这种优美的战马，逐渐消失于中国历史的主流脉络。今天不再能看到汗血宝马，是一件十分令人遗憾的事情。

然而，“山重水复疑无路，柳暗花明又一村。”最新得到的消息，是在乌兹别克斯坦和土库曼斯坦交界地区，发现存在一批野化了的大宛马后裔，它们的祖先曾经为人所驯化，但是因为某种原因重新回到大自然，故此保留了相当多的大宛马原始特征。也许，能够重新看到威震天下的汗血宝马，并不是一个不能实现的梦想了。

▲阿拉伯马，一度给“天马”带来了回光返照般的希望。